Photoshop
电商视觉营销·网店美工·广告设计
完全学习教程

张丹 著

机械工业出版社
China Machine Press

图书在版编目（CIP）数据

Photoshop 电商视觉营销·网店美工·广告设计完全学习教程 / 张丹著. —北京：机械工业出版社，2016.8（2020.1 重印）

ISBN 978-7-111-54819-5

Ⅰ. ①P… Ⅱ. ①张… Ⅲ. ①图像处理软件－教材 Ⅳ. ① TP391.413

中国版本图书馆 CIP 数据核字（2016）第 216444 号

视觉营销是电子商务必不可少的营销手段之一，它主要利用色彩、图像、文字等增加商品与店铺的吸引力，最终达到营销目的。本书以电商视觉营销的理论精髓为主线，结合 Photoshop 网店美工与广告设计实操案例，实现了理论与实践的融会贯通。

全书共 10 章，分别为编者精心总结、归纳出来的 10 个视觉营销核心要点，讲解如何通过视觉设计吸引消费者点击进店，形成店铺流量，进而激发其购物欲望，把这股流量转化为成交量，并且在这一过程中塑造网店的品牌形象，将有效流量转变为忠实流量，让网店走上可持续发展之路。讲解完理论之后，紧接着通过分析具有代表性的网店装修模块设计案例，让读者学会运用理论带动实践、增强应用能力。

本书适合从事网店美工及广告设计的设计师阅读，对网店店主、运营人员或营销人员来说也是极具指导意义和实用价值的参考书。

Photoshop 电商视觉营销·网店美工·广告设计完全学习教程

出版发行：机械工业出版社（北京市西城区百万庄大街 22 号　邮政编码：100037）

责任编辑：杨　倩

印　　刷：北京天颖印刷有限公司	版　　次：2020 年 1 月第 1 版第 4 次印刷
开　　本：184mm×260mm　1/16	印　　张：13
书　　号：ISBN 978-7-111-54819-5	定　　价：59.00 元

客服电话：（010）88361066　88379833　68326294

华章网站：www.hzbook.com

投稿热线：（010）88379604

读者信箱：hzit@hzbook.com

前言
PREFACE

随着电子商务的迅猛发展，视觉营销越来越受重视。因为消费者在网店中购物时接触不到商品实物，所以电商视觉营销就是通过色彩、图像、文字等形成的强烈视觉冲击力来吸引消费者点击进店，形成店铺流量，进而激发其购物欲望，把这股流量转化为成交量，并且在这一过程中塑造网店的品牌形象，这样才能将有效流量转变为忠实流量。因此，网店的美工和广告设计人员除了要精通设计理论和图形图像处理软件的操作，还必须具备一定的视觉营销理念和思维。本书以电商视觉营销的理论精髓为主线，结合 Photoshop 网店美工与广告设计实操案例，实现了理论与实践的融会贯通。

内容结构

各章关键词	理论要点	实操案例
第1章 聚集	视觉营销的第一步是聚集消费者的视线，只有引起消费者的注意，才能为营销争取机会	案例1：男士商务皮包新品促销活动宣传图设计 案例2：女装促销活动宣传图设计
第2章 信任	信任是电商的根基，只有获得了消费者认可与信赖的设计才能换来点击与转化，达到视觉营销的最终目的	案例1：女鞋店铺首页轮播图位置的欢迎模块设计 案例2：网店首页的平跟女鞋系列商品展示区设计
第3章 专属	个性鲜明、独一无二的专属形象的建立能让店铺在消费者眼中更富有生命力，从此走上可持续发展之路	案例1：品牌女鞋店铺的店招与导航条设计 案例2：女鞋店铺首页设计
第4章 细分	细分思维能帮助商家更好地展现营销内容，在方便消费者购物的同时获得他们的好感与关注	案例1：饰品店铺商品详情页中的自定义导航栏设计 案例2：女包商品详情页的商品细节展示设计
第5章 融合	融合的视觉设计不仅能让商家的品牌形象在统一中得到巩固，加深消费者对品牌的认知，而且能引发新的商机	案例1：跨品牌联合打造情侣装的商品详情页设计 案例2：银饰店铺商品详情页的设计师推荐单品区设计

续表

各章关键词	理论要点	实操案例
第6章 情感	在视觉设计中加入激发消费者共鸣的情感表现，能拉近商家与消费者的距离，促使消费者购买商品	案例1：银饰店铺的会员中心版块设计 案例2：银饰店铺的商品详情页设计
第7章 取舍	适当的取舍能让设计更加主次分明，使消费者能够快速抓住营销重点	案例1：男士手表商品主图设计 案例2：钻石项链商品宣传图设计
第8章 坦诚	正视自己的缺点才能赢得消费者的尊重与信赖，从而引发商机	案例1：农家食品店铺的买家须知版块设计 案例2：商品降价促销直通车图片设计
第9章 痛点	通过视觉表达揭示消费者的痛点，能让他们印象深刻；此外，有时商家自揭“伤疤”也能换来同情，从而促进销售	案例1：商品详情页中的痛点信息说明图片设计 案例2：化妆品商品详情页功效展示区设计
第10章 移动端	移动端与 PC 端的视觉设计有联系也有区别，移动端的设计思维更加“移动化”	案例1：藏饰店铺手机端首页设计 案例2：服饰店铺手机端店铺活动页面设计

编写特色

●本书没有深奥和枯燥的理论，而是通过剖析电商视觉营销的成功案例，总结和归纳出其中的思维精华，简单易懂却行之有效。

●每章的设计案例在详解操作步骤之前，通过“初步构想”和“灵感发散”结合本章的设计理论厘清设计思路，让读者学会运用理论带动实践、增强应用能力。

读者对象

本书适合从事网店美工及广告设计的设计师阅读，对网店店主、运营人员或营销人员来说也是极具指导意义和实用价值的参考书。

本书由华北水利水电大学艺术与设计学院张丹老师编写。尽管作者在编写过程中力求准确、完善，但是书中难免会存在疏漏之处，恳请广大读者批评指正，除了扫描二维码添加订阅号获取资讯以外，也可加入 QQ 群 736148470 与我们交流。

作者

2016 年 7 月

如何获取云空间资料

扫描关注微信公众号

在手机微信的“发现”页面中点击“扫一扫”功能，如下左图所示，进入“二维码/条码”界面，将手机摄像头对准下右图中的二维码，扫描识别后进入“详细资料”页面，点击“关注公众号”按钮，关注我们的微信公众号。

获取资料下载地址和提取密码

点击公众号主页面左下角的小键盘图标，进入输入状态，在输入框中输入本书书号的后6位数字“548195”，点击“发送”按钮，即可获取本书云空间资料的下载地址和提取密码，如右图所示。

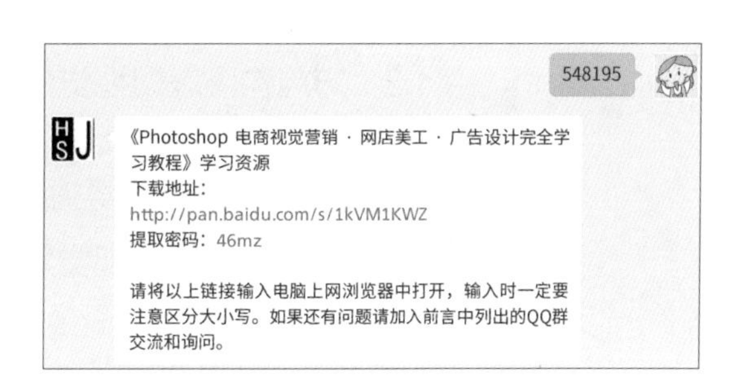

打开资料下载页面

在计算机的网页浏览器地址栏中输入前面获取的下载地址（输入时注意区分大小写），如下图所示，按Enter键即可打开资料下载页面。

输入密码并下载文件

在资料下载页面的“请输入提取密码”文本框中输入前面获取的提取密码（输入时注意区分大小写），再单击“提取文件”按钮。在新页面中单击打开资料文件夹，在要下载的文件名后单击“下载”按钮，即可将其下载到计算机中。如果页面中提示选择“高速下载”还是“普通下载”，请选择“普通下载”。下载的文件如为压缩包，可使用7-Zip、WinRAR等软件解压。

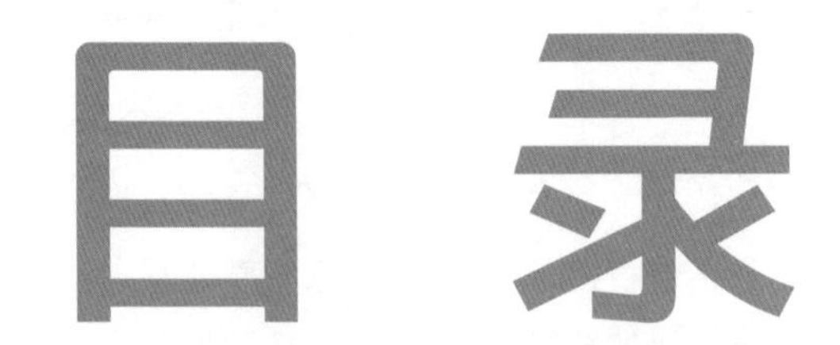

CONTENTS

前言

如何获取云空间资料

1

第1章　用视觉设计聚集消费者的目光

1.1　用色彩让设计更聚焦　/12

1.1.1　利用色彩搭配聚焦主题　/12

1.1.2　利用色彩的联觉聚焦图片　/13

1.2　巧用构图表现视觉焦点　/15

1.2.1　吸引眼球的标签装饰　/15

1.2.2　通过势能引导消费者的目光　/15

1.3　页面布局形成视觉焦点与视觉动线　/15

1.3.1　用视觉动线引导消费者　/16

1.3.2　利用好首焦位置　/17

案例 1　男士商务皮包新品促销活动宣传图设计　/17

案例 2　女装促销活动宣传图设计　/25

第2章　提升信任感的视觉设计

2.1　信任驱动心甘情愿的消费　/32

2.2　利用视觉元素增强画面的可信度　/32

2.2.1　能带来信任的视觉元素　/32

2.2.2　能带来信任的视觉表现　/33

2.3　彰显店铺可信度的视觉设计　/37

案例 1　女鞋店铺首页轮播图位置的欢迎模块设计　/ 38

案例 2　网店首页的平跟女鞋系列商品展示区设计　/ 46

第3章　专属形象赋予店铺生命力

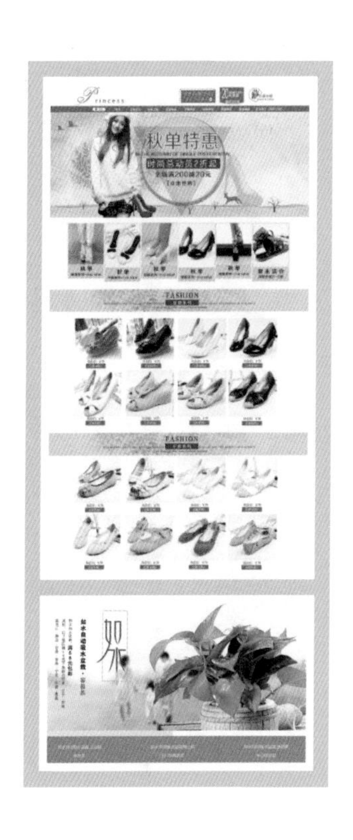

3.1　强化品牌意识，加深店铺印象　/53

3.1.1　定位店铺　/53

3.1.2　确定品牌视觉形象　/54

3.2　品牌形象的设计规范　/55

3.2.1　品牌徽标使用标准　/55

3.2.2　主色调使用标准　/55

3.2.3　字体使用标准　/56

3.2.4　装饰标签使用标准　/57

3.2.5　导航条设计标准　/57

3.2.6　商品展示标准　/57

3.2.7　摄影标准　/58

3.2.8　系列海报展示标准　/58

3.3　单品专属形象的设计与打造　/58

3.3.1　找准单品的专属宣传特色　/58

3.3.2　加入品牌精神与兼顾单品特点　/59

3.4　品牌专属精神与文化的视觉表现　/59

案例 1　品牌女鞋店铺的店招与导航条设计　/60

案例 2　女鞋店铺首页设计　/68

第4章　视觉营销中的细分设计

4.1　细化分类让消费者更快找到商品　/ 77

4.1.1　根据商品特点进行的常规细分　/77

4.1.2　根据店铺特点进行的特色细分　/77

4.2　细分让商品与店铺更具营销力　/78

4.2.1　细分受众心理，找准诉求点　/78

4.2.2 根据品牌需求细分设计方向 /79

案例 1 饰品店铺商品详情页中的自定义导航栏设计 /81

案例 2 女包商品详情页的商品细节展示设计 /85

第5章 增强感知力、引发新商机的融合设计

5.1 细分中的融合 /95

5.1.1 依托品牌精神实现视觉表现的融合 /95

5.1.2 多品牌的融合推广 /96

5.2 融合营销中的视觉设计 /98

案例 1 跨品牌联合打造情侣装的商品详情页设计 /99

案例 2 银饰店铺商品详情页的设计师推荐单品区设计 /105

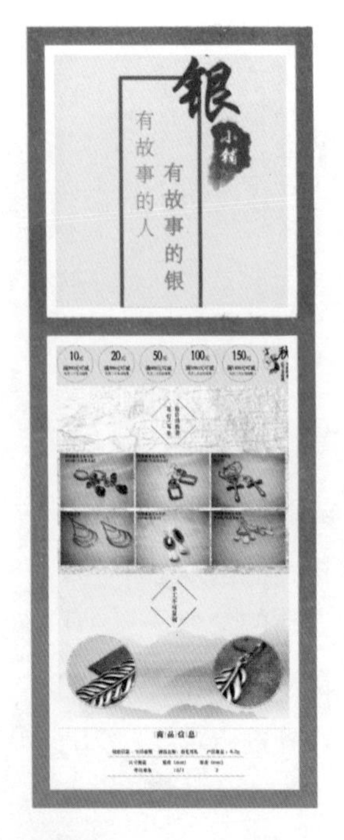

第6章 让视觉设计激发情感共鸣

6.1 通过情感认同获得更多青睐 /112

6.2 打好视觉感情牌 /112

6.2.1 品牌中的情感体现 /112

6.2.2 推广中的情感体现 /113

6.3 回头客营销中情感的视觉表现 /117

6.3.1 VIP 会员制度的情感表现 /117

6.3.2 具有趣味与亲和力的情感表现 /117

6.3.3 在互动中增进感情 /118

案例 1 银饰店铺的会员中心版块设计 /119

案例 2　银饰店铺的商品详情页设计　/126

第7章　视觉营销设计中的取与舍

7.1　精简画面，突出重点　/135

7.1.1　牺牲信息　/135

7.1.2　牺牲卖点　/136

7.1.3　牺牲受众　/137

7.2　经营上的“牺牲”的视觉表现　/138

7.3　为创新而牺牲　/139

案例 1　男士手表商品主图设计　/140

案例 2　钻石项链商品宣传图设计　/144

第8章　化劣势为优势的坦诚设计

8.1　用坦诚去优化消费体验　/151

8.1.1　总结消费者的评价，坦陈不足　/151

8.1.2　商家亲自试用，总结与坦陈不足　/152

8.2　坦诚让特色升级　/153

8.2.1　商品本身的不足或许也是卖点　/153

8.2.2　坦陈服务的不足　/154

8.3　坦诚让营销更轻松　/155

案例 1　农家食品店铺的买家须知版块设计　/157

案例 2　商品降价促销直通车图片设计　/160

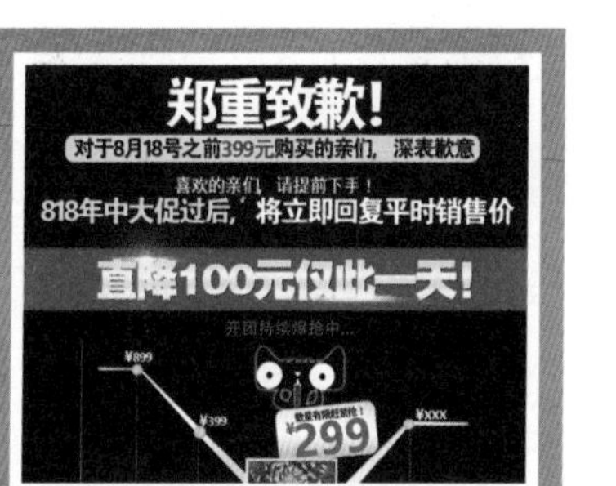

9

第9章 找准痛点，让设计直击人心

9.1 戳中痛点，制造营销的噱头 /170

9.2 让消费者了解商家的“痛” /170

9.3 从消费者的痛点开始设计 /172

案例 1 商品详情页中的痛点信息说明图片设计 /175

案例 2 化妆品商品详情页功效展示区设计 /181

第10章 移动电商的视觉设计

10.1 设计要注重移动端用户体验 /190

10.1.1 给消费者带来良好的操控体验 /191

10.1.2 给消费者带来简洁的视觉体验 /192

10.2 在创新与尝试中维系新老顾客 /196

案例 1 藏饰店铺手机端首页设计 /197

案例 2 服饰店铺手机端店铺活动页面设计 / 205

第1章

用视觉设计聚集消费者的目光

视觉营销的第一步是聚集消费者的视线，在引起消费者注意的基础上，进一步激发消费者的关注，才能为营销争取机会。本章首先对网店视觉营销中聚焦理论的知识点进行分析与归纳，然后结合实际操作案例，讲解如何从视觉设计出发去引起消费者的关注，获得更大收益。

如今，我们早已从物质匮乏的卖方市场进入由消费者自由选择与主导的买方市场，在这样的时代背景下，注意力经济（The Economy of Attention）这一概念被搬上了营销的舞台。美国人Michael H. Goldhaber在1997年发表的《注意力购买者（Attention Shoppers）》一文中首先提到：“对于经济而言，消费者的‘注意力’可以说是一种重要资源，要获得经济效益，首先需要让消费者注意到你的存在。”

没错，在这个眼球经济的时代，让消费者在视觉上聚焦商品是形成购买的前提，这一点在主要依靠视觉去传递商品与交易信息的网店中表现得尤为明显。因此可以说，对于网店而言，视觉的聚焦是营销的第一步。在进行网店的视觉设计时，通过一些手段去表现与传达营销信息，搭建视觉的磁场，吸引消费者的注意、聚集消费者的目光，并让消费者在短时间内准确接收营销信息的关键点，且快速引导其进行购买，才能更好地形成买卖的转化、完成销售。

1.1 用色彩让设计更聚焦

研究表明，人们的视觉对色彩与形体这两个视觉元素的感受有着一个变化过程：在接触到某一事物的前20秒，人们所注意到的80%的内容为事物的色彩，20%为事物的形体；2分钟后，人们的注意力会稍微分散，但此时会注意到的内容仍有60%为事物的色彩；5分钟后才会开始对色彩与形体形成均衡的感受，如下图所示。这告诉我们，在人们观察事物时，色彩是较具吸引力的视觉元素，也就是说，色彩具有一定的视觉聚焦作用。因此，聚集消费者的目光可以首先从色彩入手。

视觉感受随时间变化分布情况

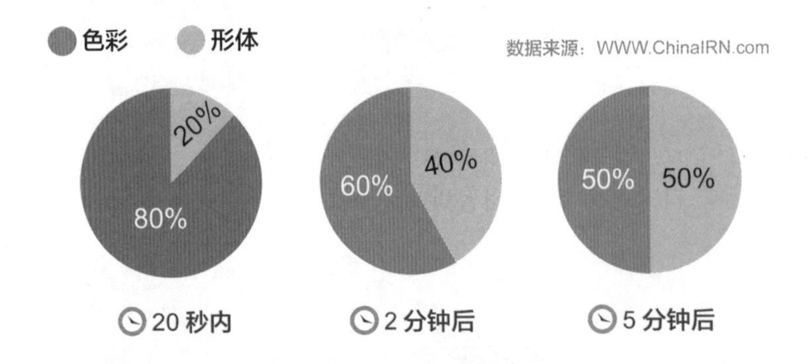

1.1.1 利用色彩搭配聚焦主题

先来看看右图，相信大多数人会有这样的困惑：这张图究竟要传达什么信息？鲜亮的红色女鞋在图片中尤为显眼，观看者的视线会首先落到此处。那么，这张图片的设计目的是突显商品吗？可是图片中并没有相应的卖点说明文字，只有优惠活动说明，但是文字信息却模糊不清。这样的图片让人无法捕捉到设计者的用意，因而无法很好地将信息传递给消费者。

其实，这张图片属于促销广告图片，这类图片主要是通过对促销内容的宣传

来吸引消费者的目光，从而促进销售。然而图中促销信息的表现力非常薄弱，不足以引起消费者的注意，其原因在于色彩使用不当。

图中的促销文案采用了白色与少量黄色这两种明度较高的色彩，而背景色彩主要为浅灰棕色，其明度也较高。如下图所示，白色位于色立体模型的最高点，也就是明度最高的位置，黄色与浅灰棕色也接近白色，由于色彩属性相近，高明度与高明度色彩的搭配无法形成抢眼与强烈的对比效果，这就导致了图片中的文案信息不能得到突显。

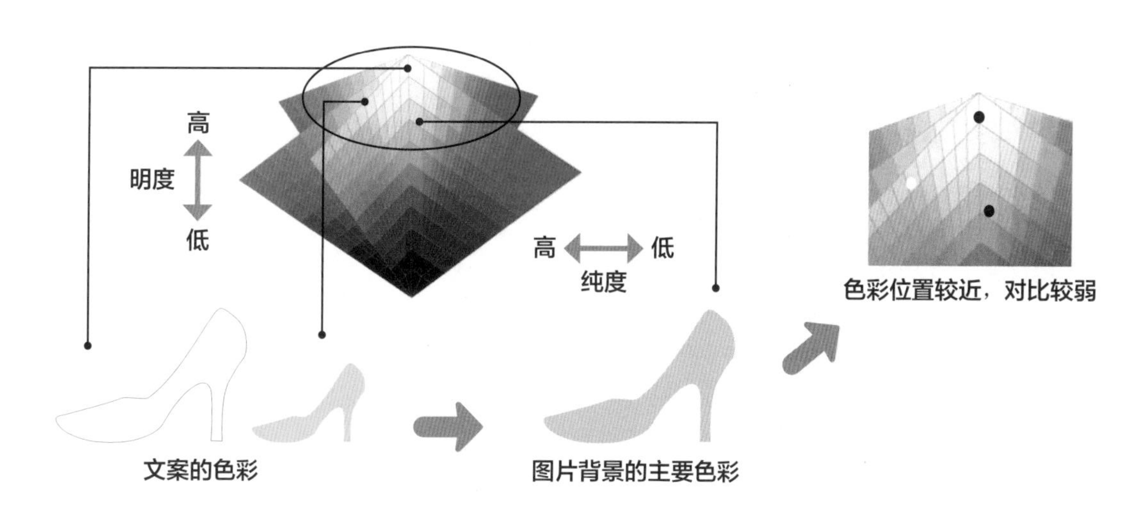

找到问题的症结后，我们来对这张图片进行改造，通过改变文案色彩并添加装饰色块，加强文案与背景的对比，结果如下图所示。

1.1.2 利用色彩的联觉聚焦图片

在心理学上，一种感觉触发另一种感觉的心理现象被称为联觉现象，而色彩的联觉可以简单地理解为由色彩引发的联想。例如，当人们看到蓝色、黑色时往往会联想到高科技和高品位的事物，看到橙黄色又往往会联想到餐厅里的灯光和食物。这样的例子还有很多，如下表所示。

色相	心理感受	联想到的商品	色相	心理感受	联想到的商品
红色	兴奋、热情、不安	敬酒服、年货、口红、红包	紫色	高贵、气质、智慧	晚礼服、化妆品
橙色	能量、激进、快乐	食品、暖光灯具	黑色	肃穆、黯然、神秘	高端奢侈品、车饰、鼠标、键盘
黄色	鲜明、欢快、喜悦	荧光笔、蜂蜜、柠檬	白色	神圣、无邪、质朴	医疗用品、餐饮器皿、婚纱
绿色	清新、活力、健康	药品、环保袋、盆栽、空气净化器	灰色	科技、朴素、优雅	戒指、手机、电脑
蓝色	冷静、忧伤、严谨	男士用品、科技电子产品	粉色	天真、甜美、浪漫	母婴用品、少女饰品

色彩的联觉现象可以说是人们感知色彩的一种经验，在消费过程中，人们也会自觉或不自觉地运用这种感知习惯。同时，由于人们的视觉对于色彩的感知最为敏感，因此，人们在浏览购物网站时，很可能会首先通过色彩去识别商品。

例如，当消费者想要购买一些零食时，很可能会忽略一些其他色彩的事物，而将注意力集中在寻找橙黄色的事物之上，因为在他们的经验中，橙黄色是容易引起食欲的色彩，他们已经习惯于将食物与橙黄色联系在一起。让我们先来对比如下所示的两张图片。

这两张图片的内容与主题都围绕着零食商品展开，但它们有着不同的主色调。消费者看到这两张图片后，首先会注意色彩，形成如下所示的感知心理。

左图以蓝绿色为主色调，好像与我想要购买的零食的形象色彩不搭调，这张图片所传递的信息应该不是我所需要的。

↓

不再关注图片中的信息与内容，放弃点击。

右图以橙黄色为主色调，与我想要购买的零食色彩相匹配，说不定正是与零食相关的图片，我要继续了解一下。

↓

继续关注图片中的信息，并可能执行点击操作。

上面这个例子说明，即使图片内容不变，不同的色彩运用也会让消费者做出相反的选择。要吸引消费者的目光，需要根据消费者的习惯认知，寻找最能代表和表现商品的色彩，将其运用到相关的视觉设计之中。

1.2 巧用构图表现视觉焦点

除色彩元素外，人们对于图形元素的感知也较为敏锐。利用图形分割布局、装饰图片，营造主次分明的构图效果，也能形成吸引消费者眼球的焦点，激起消费者接收信息的兴趣。

当然，构图的形式数不胜数——对称式构图、集中式构图、斜切式构图……下面并不具体介绍某种构图形式，而是重点讲解构图的思路与要点。

1.2.1 吸引眼球的标签装饰

通过 1.1.1 中的实例我们已经知道，色块可以将某些视觉元素衬托得更为显眼，这样的思路也可以运用在构图布局设计中，通过标签图案的添加，突显图片中的重点信息。

右图采用了三段式集中构图的形式，将商品展示信息分别放置在画面的左右两边，文案部分则放置在了画面的视觉中心这一显要位置，并添加了标签图案进行衬托，可谓双管齐下，足以吸引消费者的视线。

1.2.2 通过势能引导消费者的目光

势能是指利用视觉元素的排列组合、造型或构图方式，让已经聚集了消费者视觉的设计进一步形成一种牵引力，以将消费者的目光引导到商家需要消费者关注的重要信息上去。这是一种更具深层意义的设计思路。

如右图所示的图片便采用了势能引导的构图。首先，模特的姿势构成的三角形起到了箭头指引的暗示作用，消费者顺势便望向文案部分。其次，模特的视线与面部朝向文案部分，也在无形中暗示消费者看向文案部分。

1.3 页面布局形成视觉焦点与视觉动线

网店虽然是以互联网为载体的店铺，但也需要像线下的实体店那样对商品进行展示。例如，网店的首页就相当于商品的展示空间，商品详情页则可以让消费者更详细地了解某件商品，就像在实体店中消费者通过感官与商品进行接触、从而直接感受商品质量和款式一般。虽然消费者在网店中不能直接接触商品，但是电商商家却可以通过合理设计店铺页面，让消费者获得身临其境的购物体验。不论是店铺首页还是商品详情页的设计，都离不开对商品、店铺、活动等信息的“排兵布阵”。安排好店铺各个页面的框架与布局，也是网店美工与广告设计的重要内容。

1.3.1 用视觉动线引导消费者

网店的首页就如同实体店的货架，首页中的商品展示图片则是货架上的商品。相较于商品摆放杂乱无序的货架，消费者当然更愿意看到商品排列整齐的货架，这也更便于他们挑选商品。因此，网店首页的商品展示图片布局通常采用如右图所示的整齐划一式布局，这虽然是一种最为传统和保守的布局模式，但很“保险”，设计制作的难度也很低，适合新手。并且在如今这个推崇“快阅读”的时代，消费者很容易失去浏览的耐心，而整洁的排列能让消费者获得快速、轻松的浏览体验。但要注意图片数量不宜过多，横排的图片最好不要超过 5 张，否则仍然容易让消费者在浏览时产生压力和倦怠感。

整齐划一的排列方式虽然简洁，但看多了也不免让人感到有些死板。此时便需要考虑通过灵活多变的图片组合排列方式形成视觉动线，一方面可以减少消费者浏览时的枯燥与乏味感，另一方面还能引导消费者按照商家的期望看完所有重要信息，如下图所示。

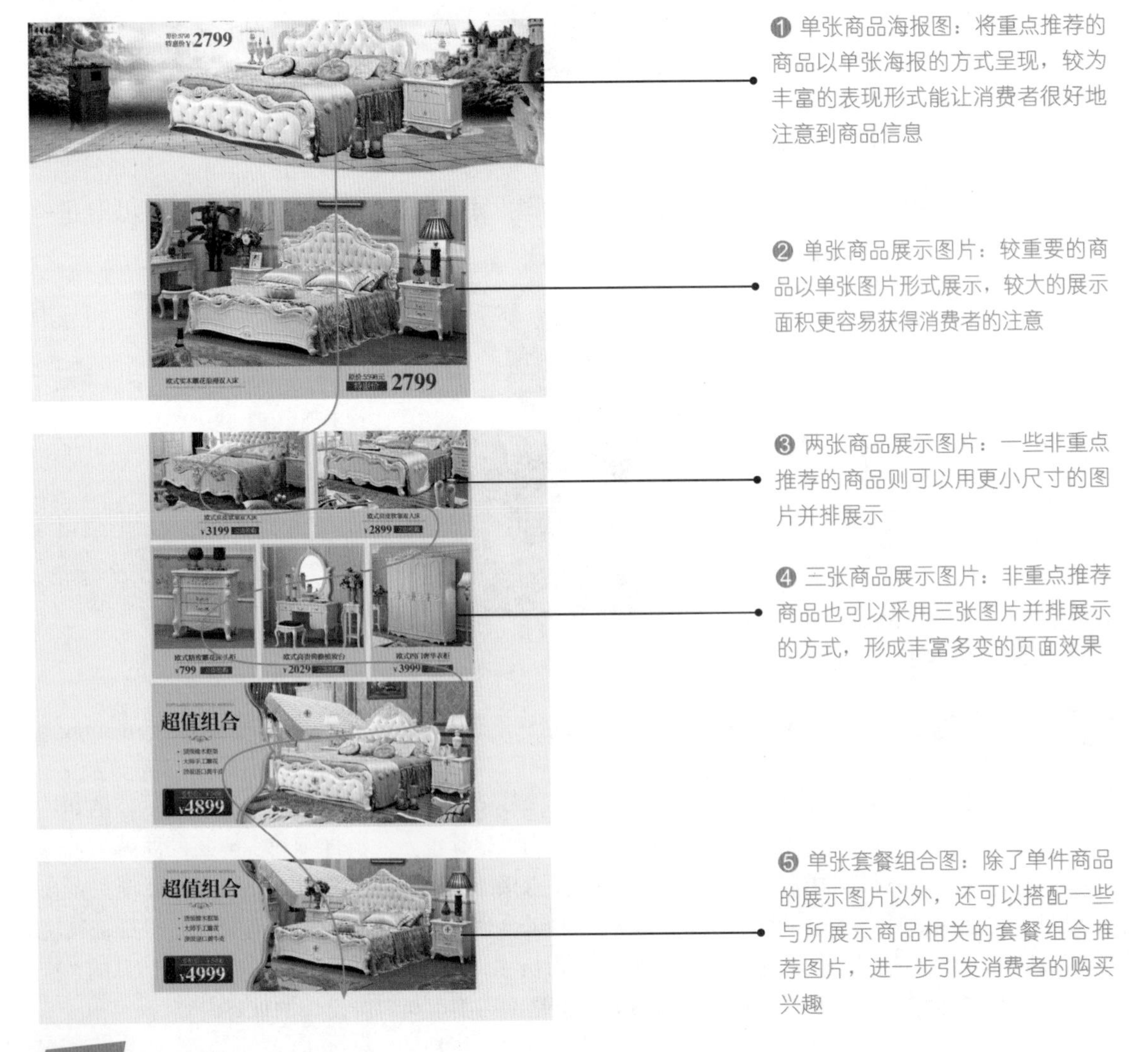

1.3.2 利用好首焦位置

在上个实例中，重点推荐商品的海报图片被放置在了商品展示版块的开端，以吸引消费者关注，让他们产生继续浏览页面的兴趣。同样的道理，在对店铺首页及商品详情页中的版块进行布局设计时也要利用好开端位置，以留住消费者的目光。

店铺首页的开端即店铺首页的第一屏，它是网页打开后第一时间出现在消费者视线中的页面区域，在视觉营销中被称为首焦区域，在该区域中会形成首焦位置，如下图所示。如果这部分内容能够首先抓住消费者的眼球，便能大大提高消费者继续浏览店铺页面的兴趣。

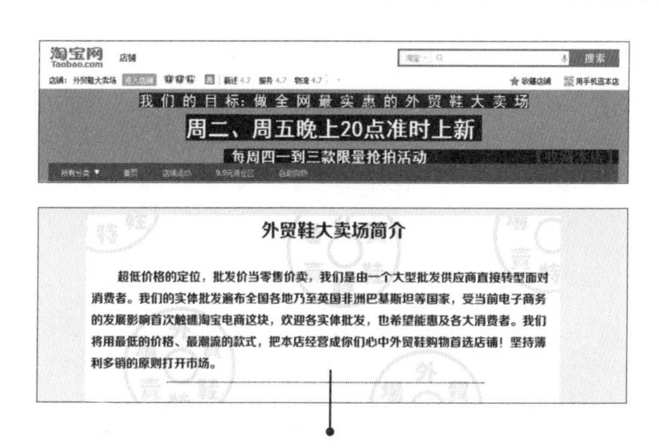

首焦位置：以文字为主的表现形式，内容为卖场的简介

首焦位置的内容安排同样要考虑消费者追求轻阅读与轻松购物体验的心理。左图中的首焦位置安排的是以文字叙述为主要表现形式的卖场简介，消费者有可能不会去阅读这些信息，原因有两方面：首先，过多的文字会让他们失去浏览的耐心；其次，消费者在进入店铺后迫切想要了解的是商品的信息，而非卖场的信息。相比之下，下图所示的网店首页的首焦位置中安排的内容采用了图文结合的表现形式，就能让消费者有进一步浏览店铺的冲动。

❶ 有趣的图片展示，能让消费者通过视觉获得较为愉悦的体验

❷ 文案部分的内容是店铺中的优惠活动，对于大部分消费者来说都是极具吸引力的。文案部分的表现形式也避免了长篇大论，而是用简洁的文字与图形装饰相结合，让消费者能够轻松获取关键信息

案例1 男士商务皮包新品促销活动宣传图设计

初步构想

❶首先要思考的是如何通过色彩的准确运用，让消费者第一眼就将视线聚焦在宣传图上。参考前文所述，最好选择高明度的色彩，如黄色，因为根据色彩的联觉效应，黄色总是能引起人的警觉和注意。

❷该宣传图是使用在淘宝商品搜索页面左右两侧的钻展图片，所以接下来要考虑的是如何根据竖版的构图对画面进行区域划分，营造稳重、大气的视觉效果。

❸从商品角度考虑，男士皮包的材质和款式是表现的重点。如何把商品材质好、款式新等优

点更好地传达给消费者，通过图像、文字还是别的表现形式，这也是宣传图设计的一个重点。

❹许多淘宝消费者习惯根据商品销量来判断商品是否值得购买，这一点要考虑在宣传图上表现出来。

❺如何利用画面图案引导消费者视线，也是需要考虑的。

将以上这些内容都构思好了再动手进行设计制作，就会达到事半功倍的效果。

灵感发散

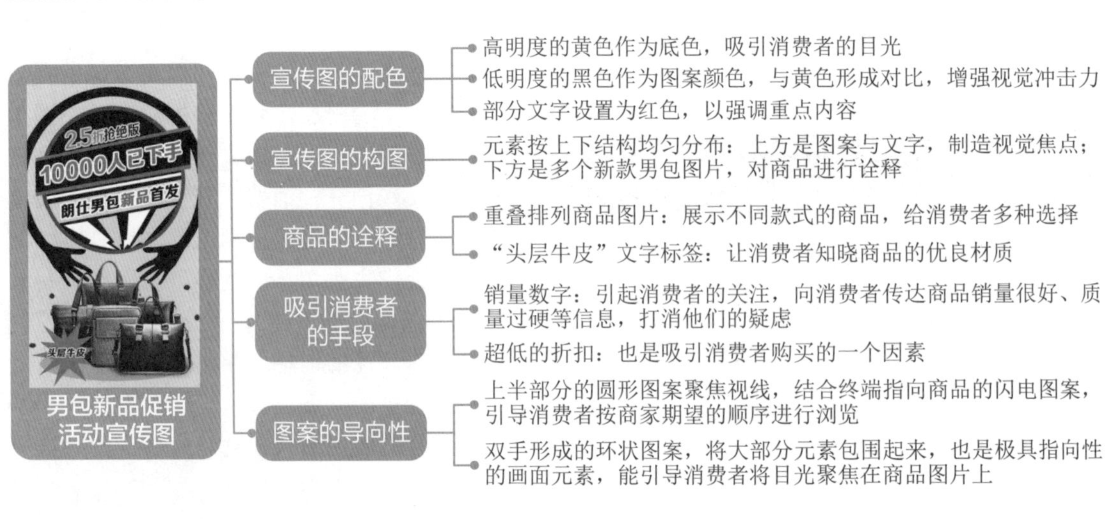

操作解析

素　材：随书资源\素材\01\包.psd

源文件：随书资源\源文件\01\男士商务皮包新品促销活动宣传图设计.psd

步骤01 打开 Photoshop，执行“文件 > 新建”命令，在弹出的对话框中按下图设置文件大小、名称等，单击“确定”按钮，创建新的文件。本案例要制作的是放置在淘宝网钻展位置的宣传图，尺寸要求是宽 750 像素、高不限，如果完全按照这个尺寸来制作，图片的清晰度会得不到保证，因此，这里设定的尺寸比要求的尺寸大。制作完成后，在锁定长宽比的前提下将图片缩小至要求的尺寸，再上传至淘宝网。

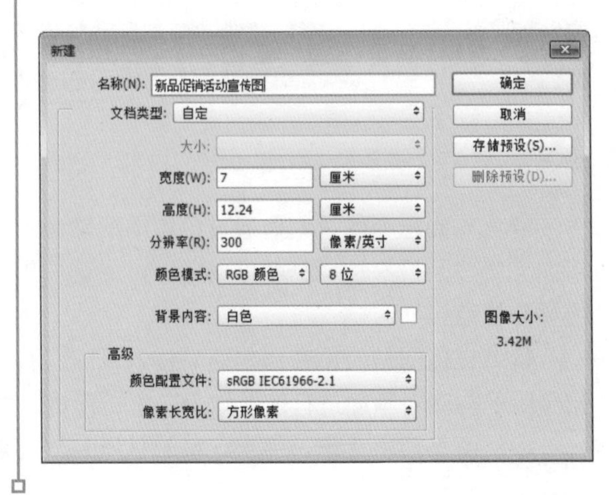

步骤02 在工具箱中单击前景色色块，在弹出的“拾色器（前景色）”对话框中设置前景色为黄色（R254、G225、B1），按快捷键Alt+Delete，填充整个画面为黄色，作为宣传图的底色，以吸引消费者视线，如下左图所示。按快捷键Ctrl+R显示标尺，然后从上方拖动参考线到画面5.5/4.5的位置，帮助确定接下来需要绘制的图案的位置。确定以后，使用移动工具将参考线拖出画面，开始制作图案部分。单击椭圆工具，按住Shift键在画面中拖动，绘制出正圆形路径。按快捷键Ctrl+Enter将正圆形路径转化为选区，设置前景色为黑色，新建“图层1”，对选区填充黑色，然后取消选区，制作出宣传图上半部分的黑色圆形图案，如下右图所示。

步骤03 单击“图层”面板中的“创建新图层”按钮新建空白图层“图层2”。单击画笔工具，在选项栏设置画笔为硬边圆、15像素，在工具箱中设置前景色为白色，按住Shift键在黑色圆形上绘制一根较细的白色直线，按快捷键Ctrl+T在线条上生成自由变换框，将白线旋转一定角度，使其斜向将黑色圆形分割成两个部分，如下左图所示。新建“图层3”，使用吸管工具在黄色背景中单击取样，设置前景色为黄色，然后单击多边形套索工具，在白线下方绘制矩形选区并对其填充黄色，完成后按快捷键Ctrl+D取消选区，制作出黑色圆形分裂成两部分的图像效果，如下右图所示。

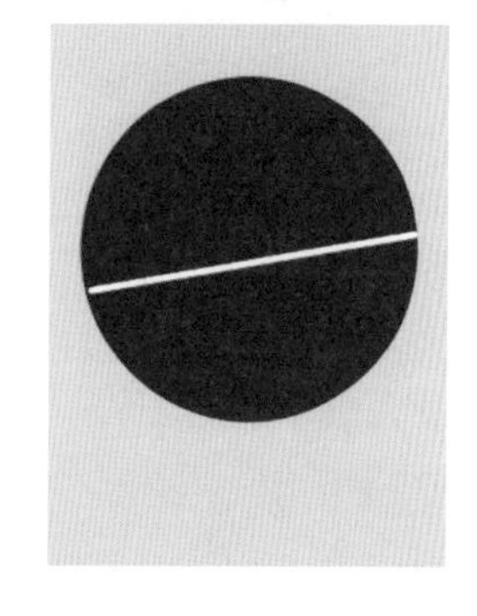

步骤04 继续新建“图层4”，使用钢笔工具在圆形下半部分绘制闪电形状的闭合路径，设置前景色为白色，按快捷键Ctrl+Enter将闭合路径转化为选区后对其填充白色，如下左图所示。重复此操作，再新建三个图层继续制作黄色与白色的闪电，如下右图所示。注意将闪电图案的顶点指向圆形底部的中间，形成图案的导向性。

步骤05 新建“图层8”，在工具箱单击椭圆工具，按住Shift键绘制一个比之前的圆更大的正圆形路径，转化为选区后对其填充黑色，接着在“图层”面板更改该图层的“填充”为0%，如下图所示。这样做是为了消除画面中的黑色圆形图像，但是在圆形图像上设置的图层样式可以得到完整保留。

步骤06 双击“图层 8”的图层缩览图，在弹出的“图层样式”对话框中勾选“描边”选项，在右侧的面板中设置描边的“大小”为44像素、“位置”为“外部”、“不透明度”为100%、“颜色”为黑色，如下左图所示。然后单击“确定”按钮，画面中出现黑色的环状图案，如下右图所示。此时读者应该能领会上一步中将图层的“填充”设置为0%的用意。

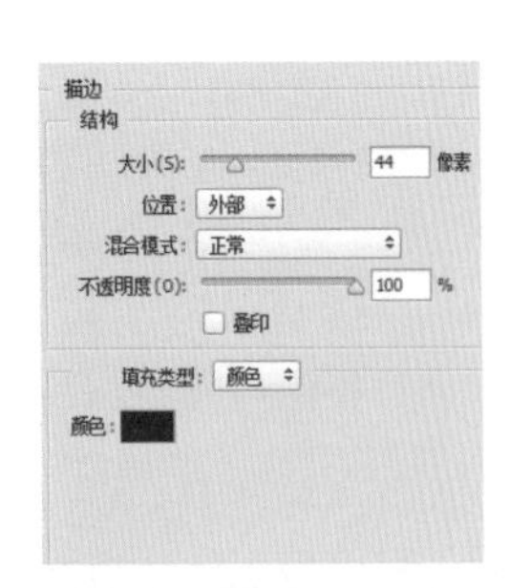

步骤07 新建“图层9”，设置前景色为黄色，选择画笔工具在下半部分黑色圆环位置涂抹，将多余的黑色圆环图像遮盖掉，方便之后制作手的图案，如下图所示。

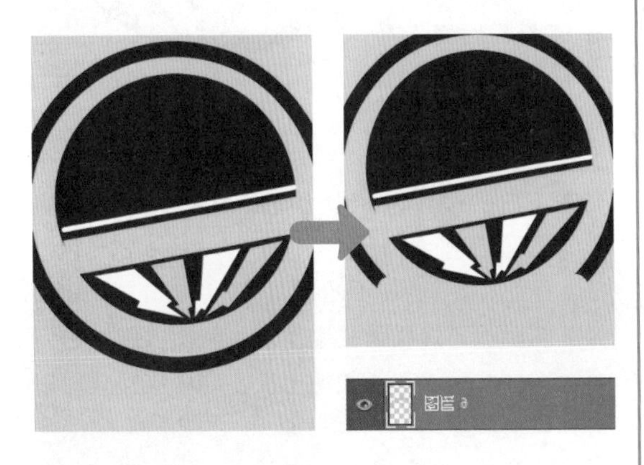

步骤08 在工具箱单击自定形状工具，在选项栏单击“形状”选项后的下拉三角按钮，在弹出的面板中单击“扩展”按钮，在弹出的快捷菜单中选择“全部”命令，如下左图所示。在弹出的对话框中单击“确定”按钮，将所有的形状载入到面板内，如下右图所示。接下来需要从这些图形里找到手的形状。

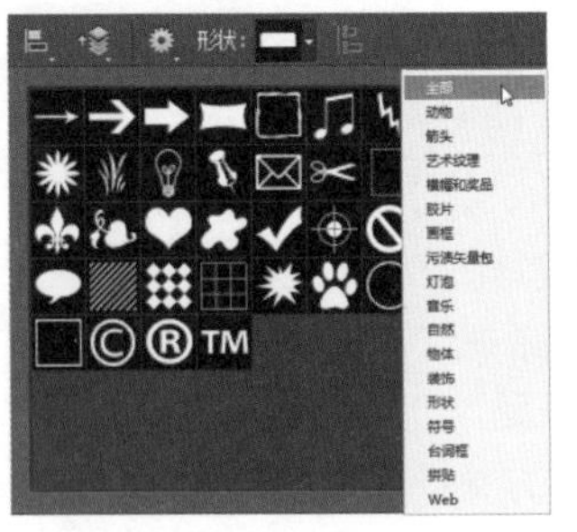

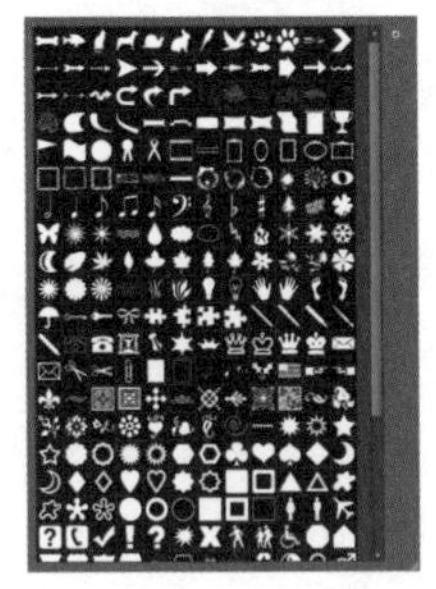

步骤09 在面板中选择“左手”形状，新建“图层 10”空白图层，在画面中绘制手的路径。按快捷键 Ctrl+T 在路径上生成自由变换框，如下左图所示。在自由变换框内右击，选择“垂直翻转”命令，将其垂直翻转，形成手指向下的效果。然后对手的路径进行旋转与变形，使其能与黑色圆环形成相同的动势与方向。调整好手的位置与形状之后，按 Enter 键将路径转化为选区，对选区填充黑色，制作出第一只手的图案，如下右图所示。

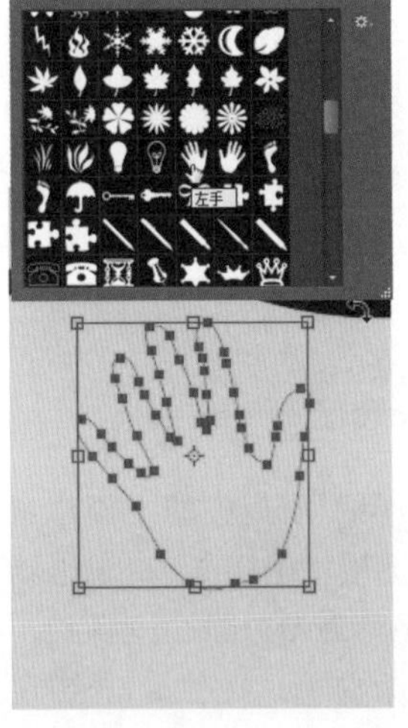

步骤10 选择当前图层，在工具箱单击画笔工具，在选项栏选择画笔为“硬边圆”（这样的画笔绘制出的图像边缘是清晰的），然后设置前景色为黑色，在黑色环形和手掌之间涂抹，使它们自然地结合起来，如下左图所示。按快捷键 Ctrl+J 复制“图层 10”生成“图层 10 拷贝”图层。按快捷键 Ctrl+T 将复制的手进行水平翻转，再移动到如下右图所示的位置，并使用画笔工具修补缺失的地方，这样就制作好了两只伸出的手的图案效果。

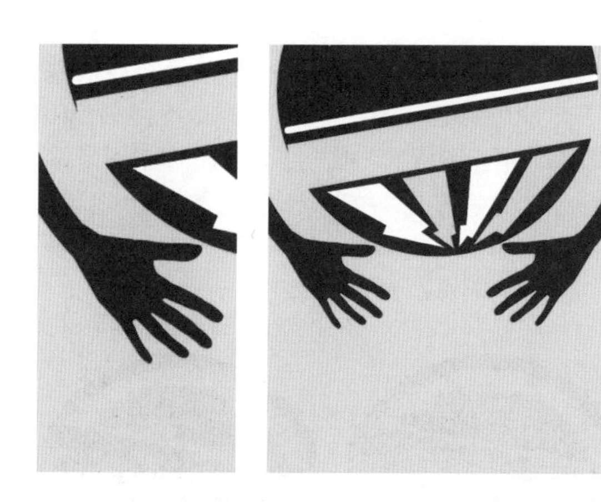

步骤 11 复制“图层 1”生成“图层 1 拷贝”图层，将最开始绘制的黑色圆形图案复制并移动至图层面板的最上层，更改其“填充”为 0%，隐藏图像。双击该图层缩览图，在“图层样式”对话框中选择“描边”选项，在右侧面板中设置“描边”的“大小”为 18 像素、“位置”为“内部”、颜色为深灰色（R77、G77、B77，这是为了和黑色圆形图案有所区别而又不会显得突兀），如下左图所示。这样制作出的描边效果比之前单独的圆形图案更有细节感。这个步骤与之前制作黑色圆环的原理相同，在不影响黑色圆形上各个图案的同时，为黑色圆形描上深灰色的边，完成后效果如下右图所示。

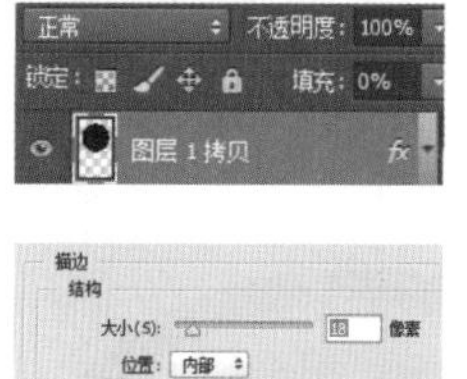

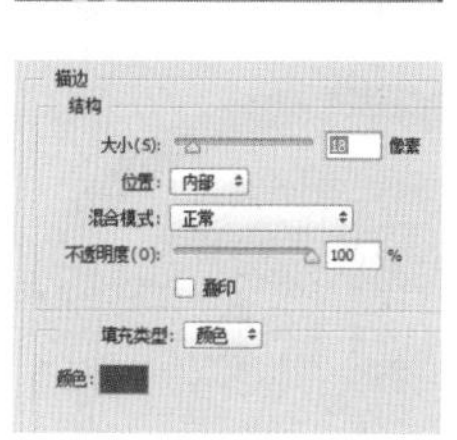

步骤 12 新建“图层 11”，使用多边形套索工具绘制四边形选区，对其填充红色（R240、G4、B70），作为之后要添加的文字的底色，以突显文字，完成后取消选区。复制该图层生成“图层 11 拷贝”图层，按快捷键 Ctrl+A 全选图层中的图像，并按 Delete 键将其删除，在红色四边形的位置绘制一个高度小于红色四边形的选区，对其填充黑色。按快捷键 Ctrl+Alt+G 创建剪贴蒙版，制作出具有上下两条红边的黑色四边形图案，如下图所示。

步骤 13 新建“图层 12”，使用椭圆工具在画面下方绘制椭圆路径并转化为选区，对选区填充与背景色同一个色系的橘黄色（R255、G150、B0），如下左图所示，这个椭圆图案将作为之后放置男包商品图片的底部图案。取消选区，新建“图层 13”，使用椭圆选框工具在画面两侧绘制椭圆选区，并对它们填充深灰色（R47、G44、B39），制作出几个灰色小圆点，丰富画面，如下右图所示。

步骤 14 执行“文件 > 打开”命令，打开素材文件“包 .psd”（本案例中用到所有的男包图片都在这个文件中）。将其中的“图层 1”拖动至本案例的文件中，生成“图层 14”，将男包图片按下左图所示放置在手掌图案的中间偏左侧位置。继续将“包 .psd”中的“图层 2”和“图层 3”拖动至本案例的文件中生成新的“图层 15”和“图层 16”，按下右图所示进行重叠放置，放置时要注意调整包与包之间的距离。这里选择的包的颜色都较深，主要是为了与上方黑色的圆形图案相衬，使画面达到平衡。

步骤 15 在“图层 16”下新建“图层 17”，设置前景色为深灰色。单击画笔工具，在选项栏选择画笔笔尖为“柔边圆”（这是为了使绘制出的阴影边缘呈现更加自然的虚化效果），接着设置“不透明度”为 45%、“流量”为 45%（这样在绘制阴影时通过重复涂抹，就能得到深浅不一、更加真实自然的阴影效果）。在左侧的黑色男包的底部绘制阴影，效果如下左图所示。完成后将“包 .psd”中的“图层 4”拖动至本案例的文件中，生成新的图层“图层 18”，按下右图所示将包重叠放置在最前面的位置。

步骤 16 在“图层 18”下方新建“图层 19”，使用画笔工具绘制出中间的咖啡色男包的阴影，如下左图所示。将“包 .psd”中的“图层 5”拖动至本案例的文件中生成新的“图层 20”，并在该图层下方新建图层，使用画笔工具绘制最前方的男包的阴影，如下右图所示。

步骤 17 阴影绘制完成之后，开始进行文字部分的制作。单击“图层”面板下方的“创建新组”按钮，创建“组 1”。在该组内新建一个空白图层，单击横排文字工具，在画面上部分输入文字“2.5 折抢绝版”，选中输入的文字，执行“窗口 > 字符”命令，打开“字符”面板，对文字的字体、大小、颜色等进行设置，如下图所示。

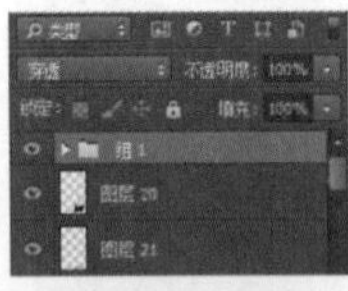

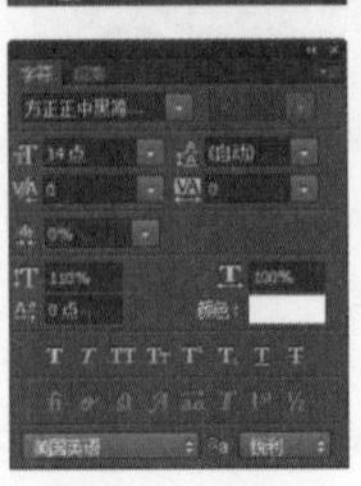

步骤 18 继续使用横排文字工具选中数字“2.5”，在“字符”面板设置文字大小将其变大，然后选中文字“2.5 折”，更改文字颜色为红色

（R229、G66、B60），突出低折扣这个重点。如下图所示。

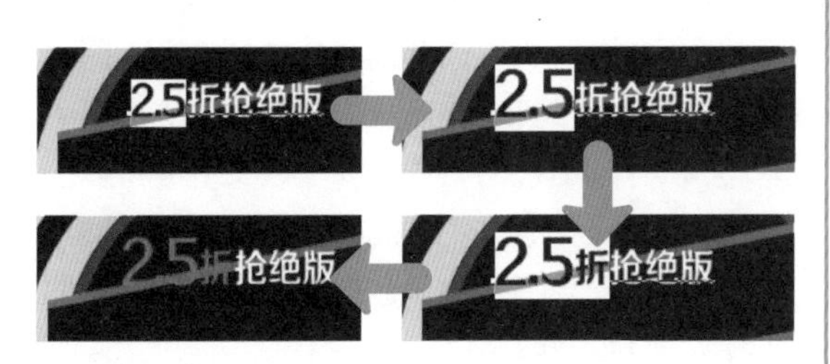

步骤19 单击“图层”面板下方的“添加图层样式”按钮，在弹出的快捷菜单中选择“描边”命令，在对话框中按下图所示设置参数，更改描边颜色为背景的黄色。

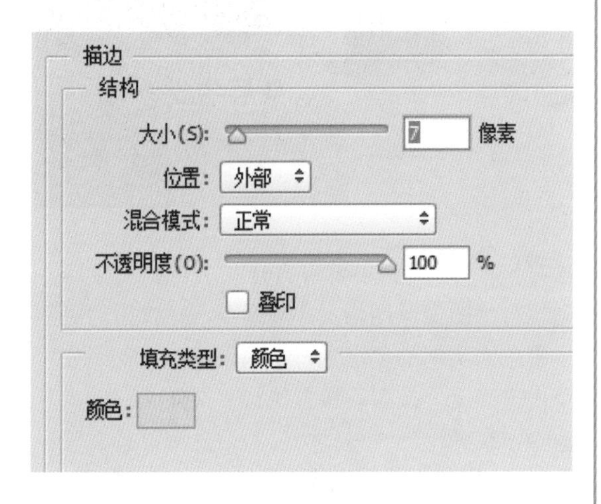

使用横排文字工具选中文字“抢绝版”，更改其颜色为黑色，使文字更加醒目，如下左图所示。按快捷键 Ctrl+T 在文字上生成自由变换框，按图对文字进行旋转，放在红色线条之上，使文字的排列更加规整，如下右图所示。

步骤20 使用横排文字工具选中文字，在“字符”面板中单击面板下方的“仿斜体”按钮，为文字添加斜体效果，使其呈现一定的动势，与下方的四边形图案、白色线条等结合得更加自然，如下图所示。

步骤21 使用横排文字工具继续在圆形图案中输入文字“10000 人已下手”，如下图所示。接下来将对这一排文字进行调整，使文字与图案更好地结合起来。

步骤22 使用横排文字工具选中输入的文字，在“字符”面板中按下左图所示设置参数，改变文字字体、大小、颜色等，完成后将文字移动至黑色四边形位置，并按快捷键 Ctrl+T 在文字上生成自由变换框，将鼠标指针移动至四个角的位置，对文字进行一定角度的旋转，使其与黑色的四边形图案相平行，效果如下右图所示。

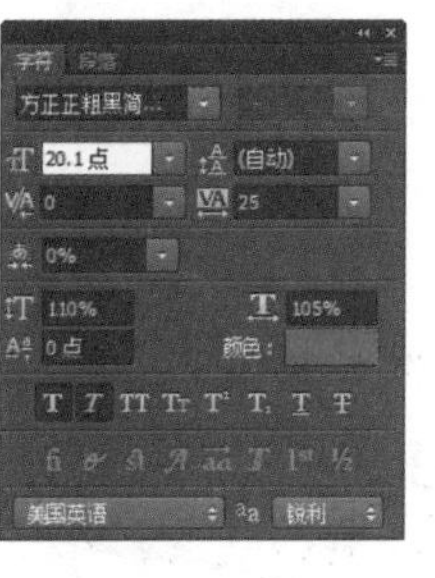

步骤23 单击“图层”面板下方的“添加图层样式”按钮fx，在弹出的快捷菜单中选择“描边”命令，在弹出的对话框中按下左图所示设置参数，为文字添加白色描边效果，使文字在画面中更加醒目，效果如下右图所示。

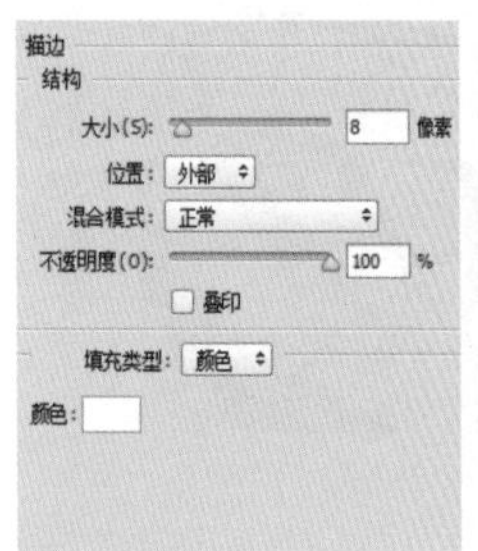

步骤24 继续使用横排文字工具在黄色矩形处单击输入文字“朗仕男包新品首发”，选中输入的文字，打开“字符”面板，对文字的字体、颜色等进行更改，具体设置如下左图所示。调整完成后，按快捷键Ctrl+T在文字上生成自由变换框，将鼠标指针移动至四个角的位置，对文字进行一定角度的旋转，使其与黄色的四边形图案相平行，效果如下右图所示。

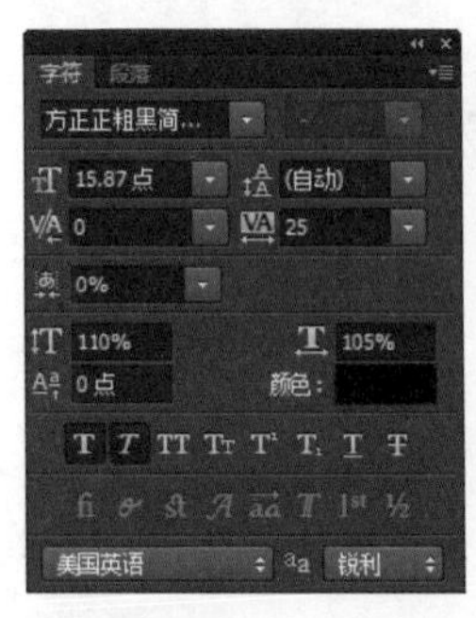

步骤25 使用横排文字工具选中“新品”两字，在“字符”面板中更改其颜色为红色，以突出这一信息。单击“添加图层样式”按钮fx，在弹出的快捷菜单中选择“描边”命令，在弹出的对话框中按下左图所示设置参数，为文字添加白色描边，效果如下右图所示。

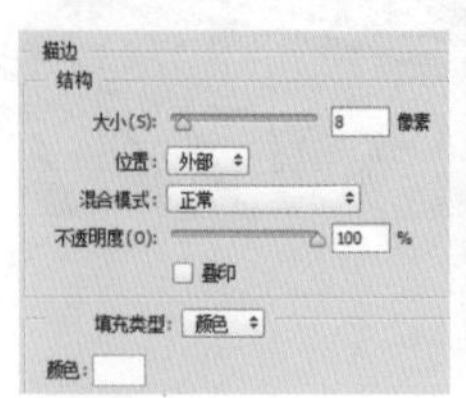

步骤26 单击自定形状工具，在选项栏选中“星爆”形状，新建图层，在男包的左侧绘制形状路径后转化为选区并填充红色，如下左图所示。单击文字工具，在形状中输入文字“头层牛皮”，以强调男包的材质，并更改文字的字体、大小等，完成后单击“添加图层样式”按钮fx，为文字添加白色描边效果，如下右图所示。至此便完成了宣传图的制作。

步骤27 如果要将宣传图上传到淘宝网，则执行“图像 > 图像大小”命令，在弹出的对话框中按淘宝网的要求进行参数设置，设置完成后单击“确定”按钮。接着执行“文件 > 存储为”命令，在弹出的“另存为”对话框中设置文件保存路径，格式为jpg，完成后单击“确定”按钮即可，如下图所示。

案例2　女装促销活动宣传图设计

初步构想

本案例要设计的是一张多个品牌女装的促销活动宣传图，一般出现在活动页面的首焦位置，这个位置非常重要，所以图片的制作更要细致。

❶首先要定下整体的颜色基调，选择更贴合女装促销主题的色彩。

❷该宣传图为横幅式，需要考虑如何根据这种形式的幅面安排文字和图像等视觉元素，形成吸引消费者眼球的构图。

❸利用视觉元素的排列组合、造型等形成牵引力，更好地将消费者的目光聚集到重要的信息处。

❹精心撰写和设计文案以得到更多关注，使消费者聚焦促销内容并下单购买，达到促销活动的目的。

灵感发散

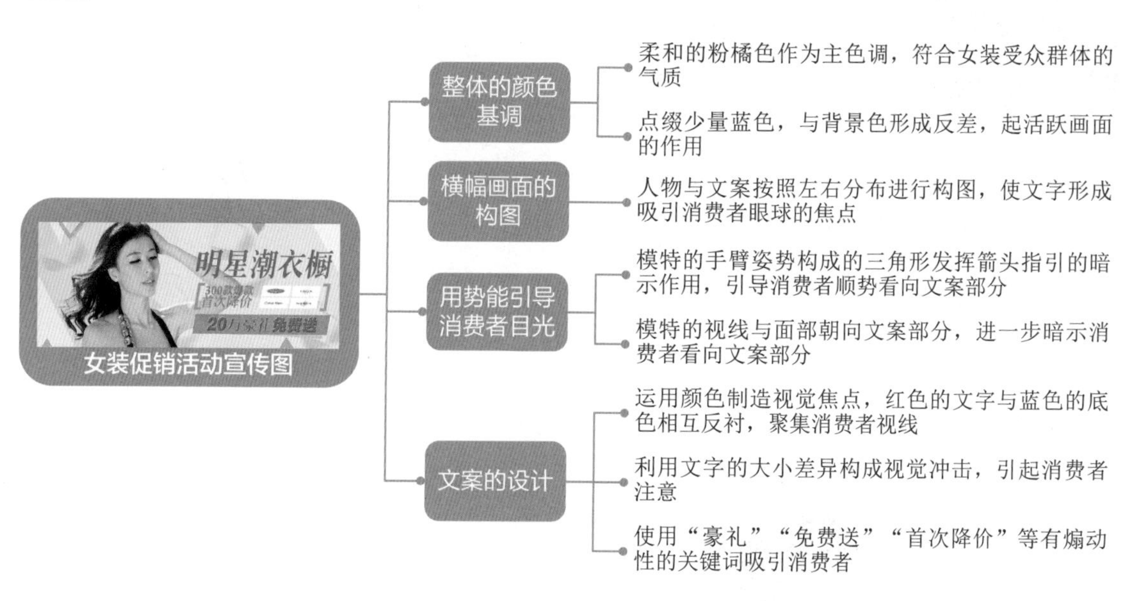

操作解析

素　材：随书资源\素材\01\人物.jpg、背景.png、标志.png

源文件：随书资源\源文件\01\女装促销活动宣传图设计.psd

步骤01 在 Photoshop 中打开素材文件“人物.jpg”，之所以挑选这张图片，是因为模特的手臂姿势和视线方向能形成引导消费者视线的势能。接下来需要将模特图像抠取出来，执行“窗口 > 通道”命令，打开“通道”面板，利用通道来进行头发部分的抠取。首先选择“蓝”通道，因为这个通道中模特头发与背景之间的对比差异更大，更便于抠出发丝；接着按快捷键 Ctrl+J 复制生成“蓝 拷贝”通道，如下图所示，接下来的操作都在这个复制的通道中进行，以免影响原来的通道信息。

步骤02 按快捷键 Ctrl+L 弹出“色阶”对话框，按下图所示设置参数，增强“蓝 拷贝”通道中图像的明暗对比，增大模特头发与背景的明暗差异，使灰色的头发呈现更黑的状态。选择画笔工具，设置前景色为黑色，在通道中将头发图像内部发白的高光位置等涂抹为黑色，与白色的背景形成对比。

步骤03 按住 Ctrl 键单击“蓝 拷贝”通道的缩览图，载入通道中白色部分的选区，再按快捷键 Ctrl+Shift+I 反选选区，即选中图像中的黑色部分，包括黑色的头发、衣服、草地等图像。在“通道”面板中单击上层的“RGB”通道，使画面呈现有颜色的状态，然后在“图层”面板中选择“背景”图层，按快捷键 Ctrl+J 复制选区内图像生成“图层 1”，单击“背景”图层前的“指示图层可见性”按钮隐藏“背景”图层，只显示“图层 1”，可看到画面中包括完整的头发图像及其他呈半透明状态的图像，如下图所示。

步骤04 选择“图层 1”，使用橡皮擦工具把除头发和头发边缘的脸部、手部图像之外的大部分图像擦去，如下图所示。

步骤05 单击“背景”图层前的“指示图层可见性”按钮重新显示“背景”图层，使用钢笔工具沿着模特的轮廓绘制路径，因为头发图像已经利用通道抠取出来了，所以头发部分的绘制不用太精确，如下图所示。

按快捷键 Ctrl+Enter 将路径转化为选区之后，按快捷键 Ctrl+J 复制“背景”图层中的模特轮廓生

成“图层 2”，按住 Alt 键单击“图层 2”前的图标，可以查看该图层上抠取的模特图像效果，如下图所示。

步骤06 单击“图层 1”前的图标，显示该图层。同时选中“图层 1”和“图层 2”，按快捷键 Ctrl+Alt+E 合并选中的图层生成“图层 1（合并）”，将抠取的头发部分和身体部分的图像进行合并，完成整体模特图像的抠取，如下图所示。

步骤07 该宣传图作为淘宝网首页的轮播图，尺寸要求是宽度 950 像素、高度不限。这里按照之前的做法，在 Photoshop 中新建一个比要求的尺寸更大的图片，如下图所示。

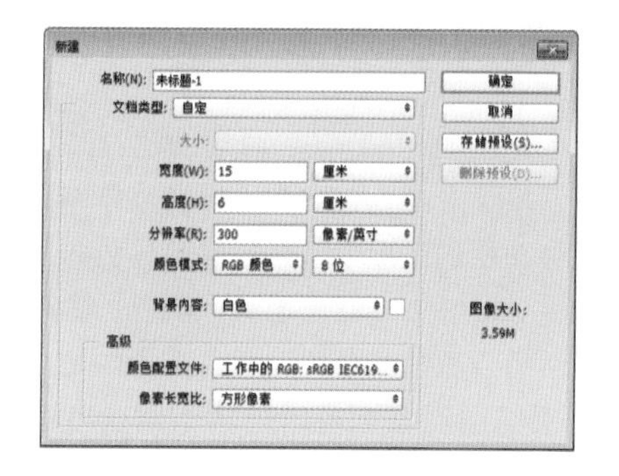

步骤08 单击“图层”面板底部的“创建新的填充或调整图层”按钮，在弹出的菜单中选择“渐变”命令，创建“渐变填充”调整图层，在弹出的“渐变填充”对话框中单击渐变颜色，在弹出的“渐变编辑器”对话框中设置渐变颜色为深粉色（R255、G213、B188）到浅粉色（R252、G231、B218），作为宣传图的底色，确定整体的颜色基调，如下图所示。

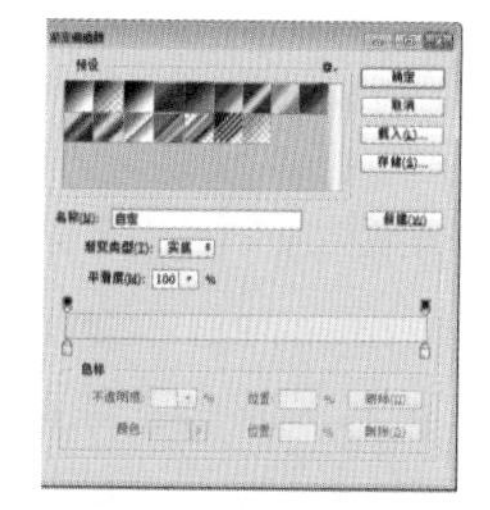

步骤09 打开素材文件“背景.png”，将其中的衣服图案拖动至本案例的 PSD 文件中生成“图层 1”，丰富背景效果，如下图所示。

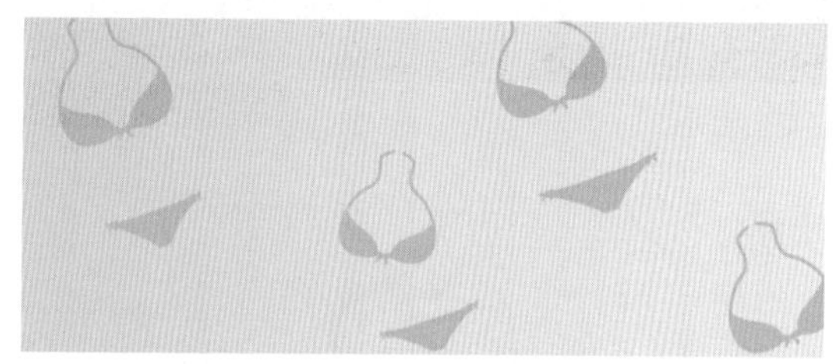

步骤10 选择衣服图案所在的“图层 1”，执行“滤镜 > 模糊 > 动感模糊”命令，在弹出的对话框中按下左图所示设置参数，单击“确定”按钮，接着更改图层的“不透明度”为 70%，如下右图所示。

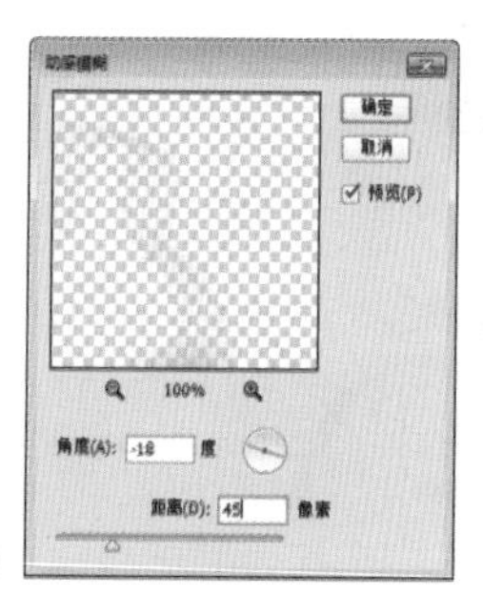

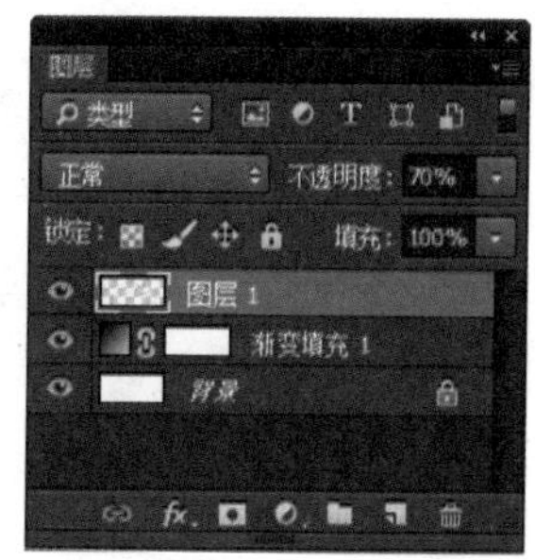

经过模糊化的衣服图案与背景相融合，变得不那么醒目，以免喧宾夺主，如下图所示。

步骤 11 将之前抠取出的模特图像拖动至本案例的 PSD 文件中生成“图层 2”。按快捷键 Ctrl+T 在模特图像上生成自由变换框，在变换框内右击，在弹出的快捷菜单中选择“水平翻转”命令，然后按住 Shift 键拖动四角的节点，等比例调整图像大小，如下图所示，按 Enter 键确定操作。

步骤 12 在“图层”面板底部单击“创建新的填充或调整图层”按钮，创建“曲线”调整图层，在“属性”面板中分别选择“RGB”“红”“绿”“蓝”通道，更改曲线的形态，调整图像的颜色，如下左图所示。按快捷键 Ctrl+Alt+G 创建剪贴蒙版，使颜色调整效果只作用于模特图像，调整后对比度加强，并且增加了黄色调和红色调，以符合背景色调，如下右图所示。

步骤 13 继续创建“可选颜色”调整图层，在“属性”面板中选择“红色”“黄色”“洋红”选项进行参数设置，如下图所示。

按快捷键 Ctrl+Alt+G 创建剪贴蒙版，使颜色调整效果只作用于模特图像，调整后模特肤色中的黄色调被降低，洋红色调被去除，皮肤呈现偏粉效果，如下图所示。

步骤 14 按快捷键 Ctrl+J 复制“可选颜色”调整图层，加强颜色调整效果，使模特的皮肤更粉嫩，洋红色调被完全去除，皮肤更通透，与背景也更相衬，如下图所示。

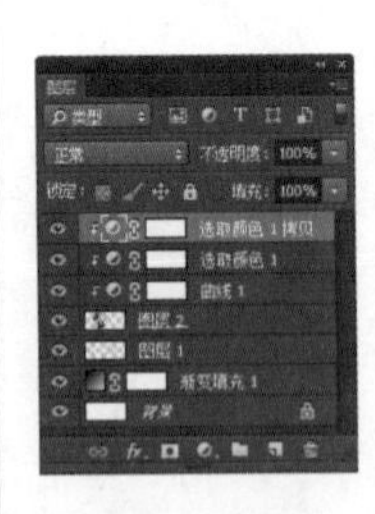

步骤 15 在“图层”面板创建“曲线”调整图层，按下左图设置参数，提亮整体画面。选择该调整图层的图层蒙版，设置前景色为黑色，按快捷键 Alt+Delete 填充蒙版为黑色，隐藏提亮效果。然后设置前景色为白色，选择画笔工具在调整图层的图层蒙版中对模特右侧区域进行涂抹，恢复这一区域的提亮效果，创造出模特右侧偏亮、左侧偏暗的光影效果，如下右图所示。

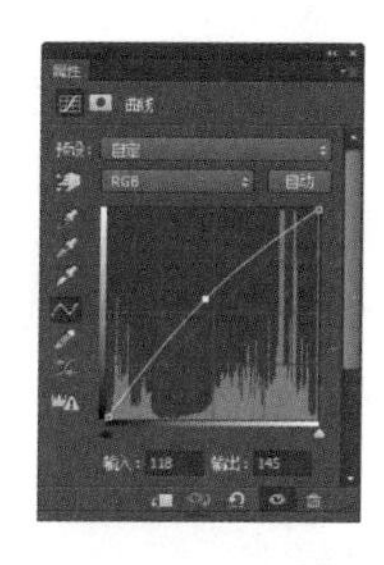

步骤 16　在“图层”面板新建“图层 3”，使用多边形套索工具在模特右侧绘制四边形选区并填充蓝色（R79、G236、B243），作为文字的装饰标签，如下图所示。

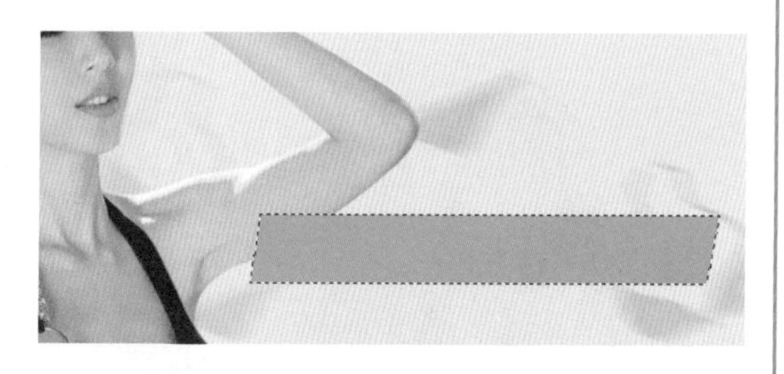

取消选区后在“图层 3”下方新建“图层 4”，继续使用多边形套索工具在蓝色四边形下方绘制选区并填充橘色（R255、G194、B160），制作出四边形的阴影效果，丰富画面层次，如下图所示，完成后取消选区。

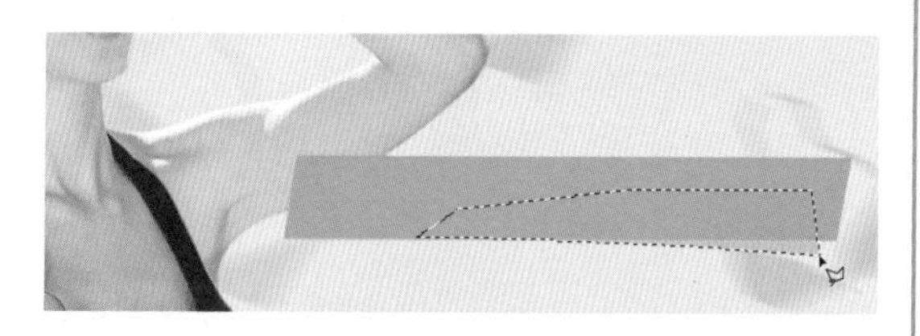

步骤 17　接着绘制一些图案作为装饰。在“图层 3”上方新建“图层 5”，使用多边形套索工具在画面最左侧绘制三角形选区。按住 Shift 键不放，当鼠标指针形状变为⊳+时，继续绘制其余的三角形选区，并对选区填充白色，如下图所示。

完成后取消选区，在“图层”面板更改该图层的“不透明度”为 50%，将这些图案调整为半透明状态，丰富宣传图的画面背景，如下图所示。

步骤 18　新建“图层 6”，使用多边形套索工具绘制一些选区，并填充上与蓝色四边形一样的颜色。取消选区后，更改图层的“不透明度”为 60%，为画面背景添加少量冷色调，如下图所示。

步骤 19　双击“图层 6”的缩览图，在弹出的“图层样式”对话框左侧勾选“投影”复选框，在右侧的面板中按下图所示设置投影的各项参数，为上一步绘制的图案添加投影效果，增强立体感。

步骤 20　接下来为宣传图添加文字。使用横排文字工具在模特图像右侧单击输入文字“明星潮衣橱”，如下图所示。

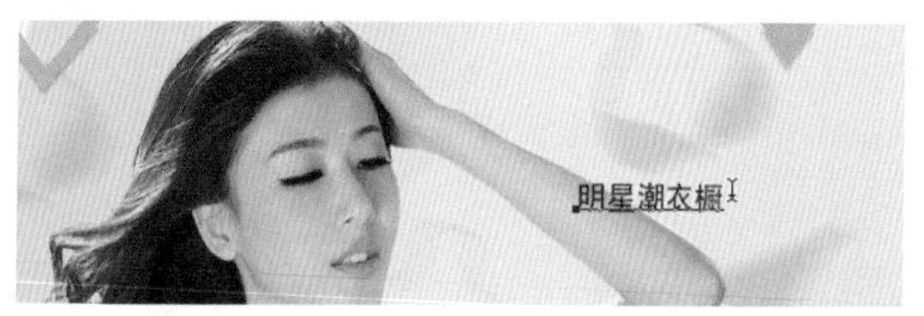

选中文字后在“字符”面板中设置字体、大小等，其中颜色为红色（R250、G56、B30），并单击“仿斜体”按钮，制作出醒目的主体文字，如下图所示。

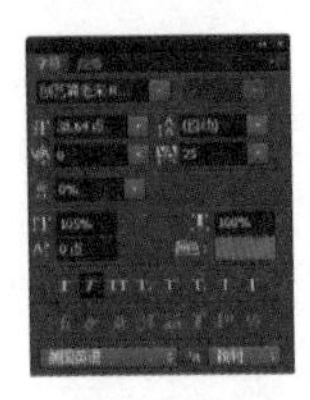

步骤21 继续使用横排文字工具在“明星潮衣橱”下方单击输入文字“300 款爆款”，选中文字后在“字符”面板中设置字体、大小等，其中颜色为橘黄色（R235、G112、B54），如下图所示。

步骤22 继续使用横排文字工具在文字“300 款爆款”下方单击输入文字“首次降价”，选中文字后在“字符”面板内设置字体、大小、颜色等，要将文字设置得比上方的文字大一些，通过文字的对比产生差异，吸引消费者的注意，如下图所示。

步骤23 使用横排文字工具在蓝色四边形中单击，输入文字“20 万豪礼免费送”。分别选中“20”“万豪礼”“免费送”，在“字符”面板内设置不同的格式，增强文字的视觉冲击力，如下图所示。

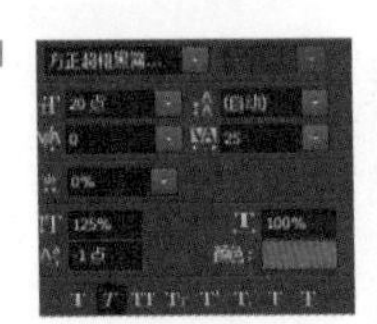

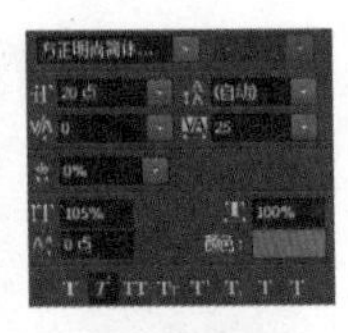

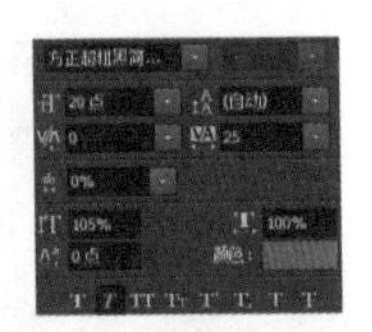

步骤24 打开素材文件“标志 .png”，将其中的品牌标志图像拖动至本案例的 PSD 文件中，按下图摆放，提升宣传图的档次。

步骤25 新建一个图层，使用多边形套索工具在如下左图所示位置绘制平行四边形选区，并对其填充橘黄色（R255、G149、B99）。执行“选择 > 修改 > 收缩”命令，在弹出的对话框中设置收缩量为 13 像素，单击“确定”按钮，将选区缩小，然后按 Delete 键删掉四边形图案的中间部分，形成四边形边框，将标志与文字围住，使它们结合得更紧密，如下右图所示。

步骤26 取消选区之后，继续使用多边形套索工具在上下边框上绘制选区并清除图像，制作出只有左右两侧有边框的图案，完成本宣传图的制作，如下图所示。

第2章

提升信任感的视觉设计

信任是电商的根基，电商的视觉设计也是如此。只有获得了消费者认可与信赖的设计才能换来点击与转化，达到视觉营销的最终目的。本章即围绕信任这一主题，结合实际操作，讲解什么样的网店视觉设计才能提升消费者的信任感。

2.1 信任驱动心甘情愿的消费

阿里巴巴集团董事局主席马云在淘宝十周年的卸任演讲上曾反复提到“信任”这个词，他特别指出：阿里巴巴本来是没有可能成功的，而员工、买家与卖家之间的相互信任，让阿里巴巴成为了第一大电商平台。对于电商，马云也表示：互联网上做生意，必须要信任，电子商务最重要的就是信任。的确，如今我们已经进入一个信任消费的时代。

传统电商在第一轮发展中奉行“流量至上”，认为只要有更多流量，就会有更多订单。然而随着买方市场的来临，消费者有了更多的选择和更大的主动权，他们最终会为哪些商品买单则与信任有关。营销学中著名的 AIDA 模式也随之进化成了 AITDAS 模式，如下图所示。

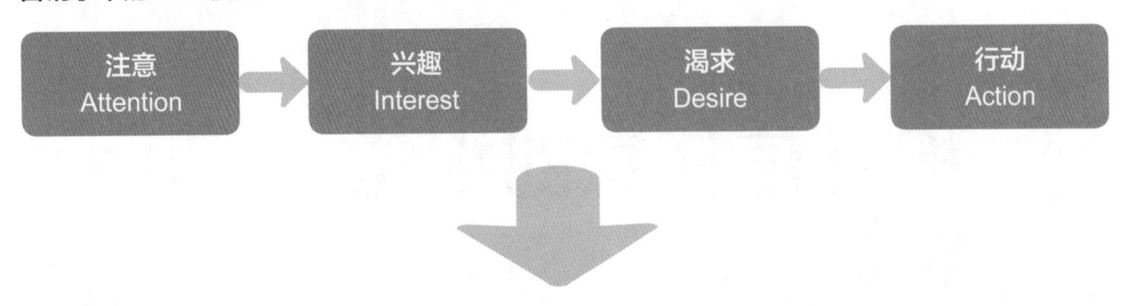

营销新模式——AITDAS：

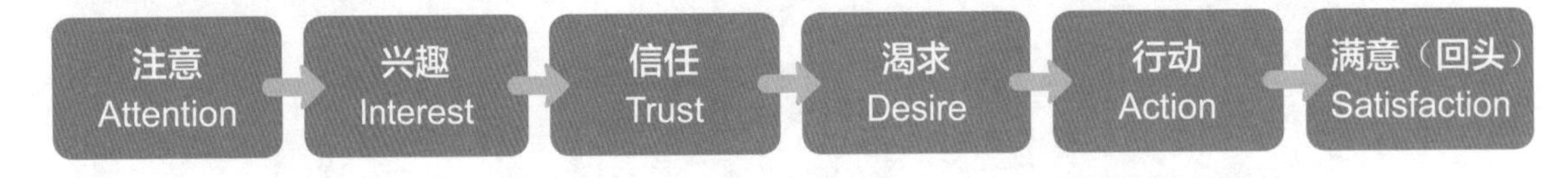

从 AITDAS 模式可知，商家只有取得消费者的信任，才能不断地赢得新客户、留住老客户。对于无法让消费者亲身感受商品的网店而言，只能牢牢抓住视觉设计这根“救命稻草”，通过合理的视觉设计在消费者心目中建立可靠的印象，为商机的孕育打下基础。下面就来讲解如何通过视觉设计获得消费者的信任。

2.2 利用视觉元素增强画面的可信度

在网店的营销过程中，影响消费者信任感的因素众多，如商品质量、服务态度、口碑评价等，这些因素都需要通过视觉传达给消费者。

2.2.1 能带来信任的视觉元素

某些视觉元素本身就具有正规感、权威性与影响力，对消费者具有心理暗示作用，消费者看到它们后总是会产生信任。这些视觉元素中常用的有以下三种。

■ 品牌徽标

大多数消费者都有这样一种思维定势：知名品牌的商品是有品质保障的。的确，品牌能带来正规感，这也是品牌的力量与效应。

品牌徽标（logo）是消费者用于识别品牌的视觉元素，也是品牌的“面子”。如下图所示，将品牌徽标运用在商品展示图中，既能传播品牌形象，又能为平淡的商品图片戴上品牌的“光环”，在一定程度上博取消费者的信任。

■ 第三方认证标志

第三方认证标志是第三方认证机构客观、公正地对企业的合法性、真实性或商品质量的可靠性进行查证与核实后，对能够达到相应标准的企业或商品发放的第三方认可的证明。消费者看到第三方认证的标志后，通常会对企业或商品感到放心。有时，一些被权威机构、媒体推荐的商品或店铺也相当于得到了第三方的认可，消费者对这类商品或店铺也比较容易形成信任感，如右图所示。

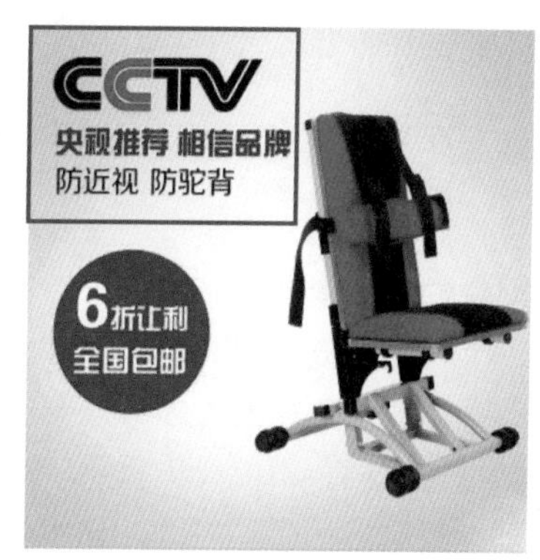

■ 明星效应

明星也能在一定程度上让消费者产生信任感，这就是“明星效应”。有些商家会选择拥有良好公众形象的明星为商品或店铺代言，此时，明星对商品质量起担保作用。消费者在商品或店铺的广告中看到明星的形象后就可能产生这样的心理：“明星推荐的商品应该不会差到哪里去”，从而对商品形成较高的信任感。

2.2.2 能带来信任的视觉表现

上面所说的三种视觉元素虽然能收到立竿见影的效果，但对于大多数中小卖家来说，既没有品牌或品牌知名度不高，又没有充裕的资金邀请第三方机构或明星为自己“站台”，是不是就无路可走了呢？当然不是。即使没有在图片中添加任何突显信任感的视觉元素，也可以通过视觉表现的精心设计获得消费者的信任。下图为某小品牌蚕丝面膜的轮播广告图片，图片中没有明确的品牌徽标或第三方认证标志等信息，但仍然拥有较高的点击率，这说明其能让消费者产生较高的信任感。

❶ 商品图片被排列在画面四周，精巧的构图与布局极富设计感，从视觉上提高了图片的可信度

❷ 文案被放在画面中心这个突出的位置上，既便于消费者识别，又能让他们感受到设计的用心，从而形成信任感

上面的例子也为大卖家敲响了“警钟”：拥有知名品牌或明星代言并不意味着就可以高枕无忧了，如果这些视觉元素的视觉表现过于粗糙和随意，也是无法获得消费者的认可的。具备信任度视觉元素的图片更需要通过规整的设计给消费者带来被用心对待的体验，这样的体验才能让消费者首先产生视觉上的信任，进而转化为心理上的信任。下面就来说说能带来信任的视觉表现要在哪些方面下工夫。

■ 商品图像的拍摄与处理

商品主图、直通车主图或各种促销广告图片的设计制作必然会用到商品图像。一张合格商品图像的产生包括商品拍摄与后期处理两个过程。

首先来分析商品拍摄。对比如下所示的两张商品促销宣传图片，就第一感觉而言，你会点击哪张图片呢？显然大多数人会选择点击右边的图片。左图中的商品图像在拍摄上的最大问题就是随意、模糊、不能突出重点，这也是对消费者的信任感影响最大的三个方面。右图中的商品图像则经过精心拍摄与打磨，显然更容易获取关注与信任。因此，在前期拍摄时，需要注意商品的摆设布置及相机对焦等方面的规范。

拍摄环境昏暗、杂乱，相机焦点未对准商品，画面一片模糊，商品主体不突出，显得劣质、不专业，消费者很难不对店铺的专业程度产生疑虑

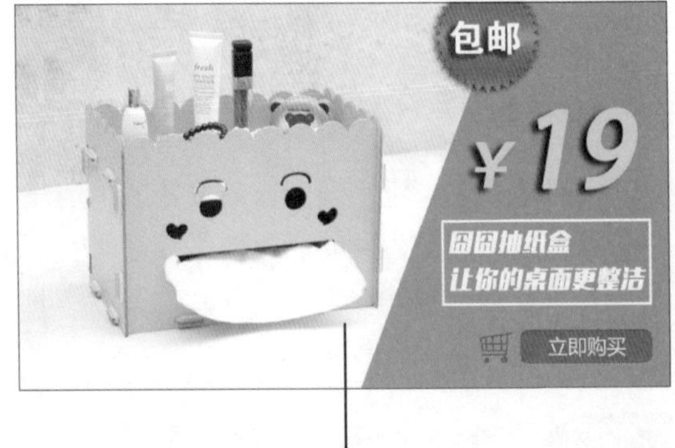

拍摄环境明亮、整洁，商品主体清晰、突出，消费者能明显感受到这张图片经过专业的构思与设计，会不由自主地感到安心

接着分析后期处理。商品拍摄完成后，还需要对图像进行调色、抠图、修补等修整，以更好地突显图片的主题。在这个过程中同样不能忽视会影响消费者信任度的因素，例如，在调色时需

要注意容易引发交易纠纷的色差问题。对于消费者较为看重色彩的商品，如服饰等，要注意调色不可过度，不能让商品图像的颜色失真。如下所示的两张图片中，左图为服饰的真实色彩，右图为调色后的色彩，两者的差别不言而喻。这种不当的调色处理会对消费者识别和挑选商品造成误导，当消费者收到实物发现差别后，必然会产生不满，对店铺的信任感也会大打折扣，有可能给出差评甚至要求退款退货，自然更不可能成为回头客了。

^ 麦色

^ 茶汤色

除调色外，将拍摄的商品照片进行褪底处理后运用到视觉设计中，也是常见的设计手法，如下图所示。在进行褪底处理时要细致认真地抠图，否则过于粗糙的处理效果既不能带来较佳的视觉体验，也不能让消费者感受到商品的品质，反而会引发他们的抵触心理。

拍摄的商品照片原片

褪底后：商品的轮廓平滑整洁

图片的运用：精细的褪底处理让图片更具品质感

■ 装饰效果的添加

想要使促销图片、商品主图等具备可信度，除了需要对商品图像进行规范、细致的拍摄与修饰外，在图片中添加装饰效果也能让图片变得更可信。当然，装饰效果的添加也要得当。如下图所示的宣传图片添加了不少装饰效果，但许多设计细节不标准、不规范，降低了图片的品质感。消费者看到后很可能产生这样的心理：宣传图片都这样了，商品的质量估计也好不到哪儿去。

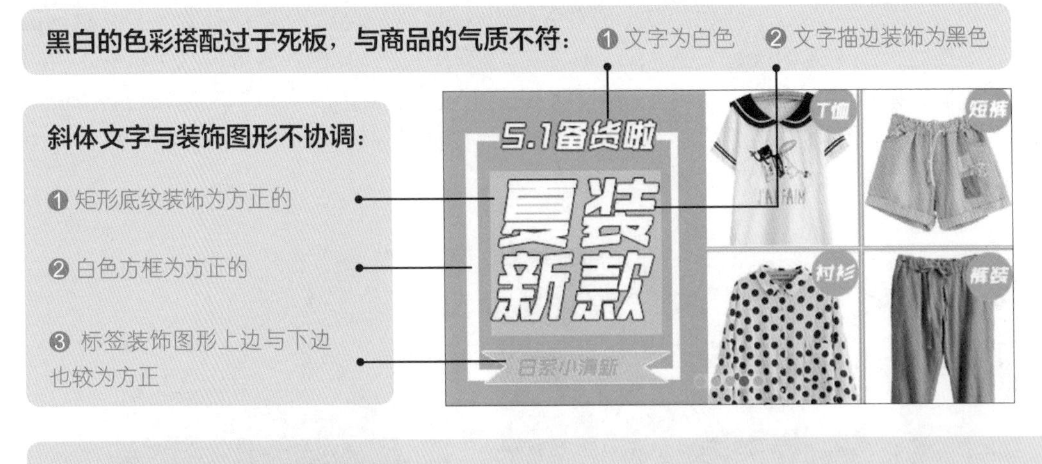

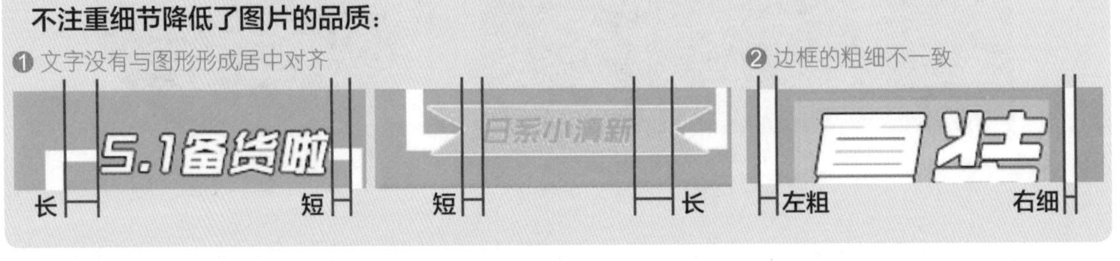

对上面的案例进行如下修改：首先，将文字的色彩更改为橙色，装饰描边改为白色，活泼的色彩搭配让文案更为突出和清新亮丽，与商品的风格十分协调，醒目的视觉效果让图片的质量也得到了提升。然后，将文字与装饰图形居中对齐，对各元素的间距、线条粗细进行统一，让图片在整体上显得精致、干练，标准化、规范化的细节处理让图片更具品质感。最终的修改结果如下图所示，显然比原图更容易让人产生信任感。

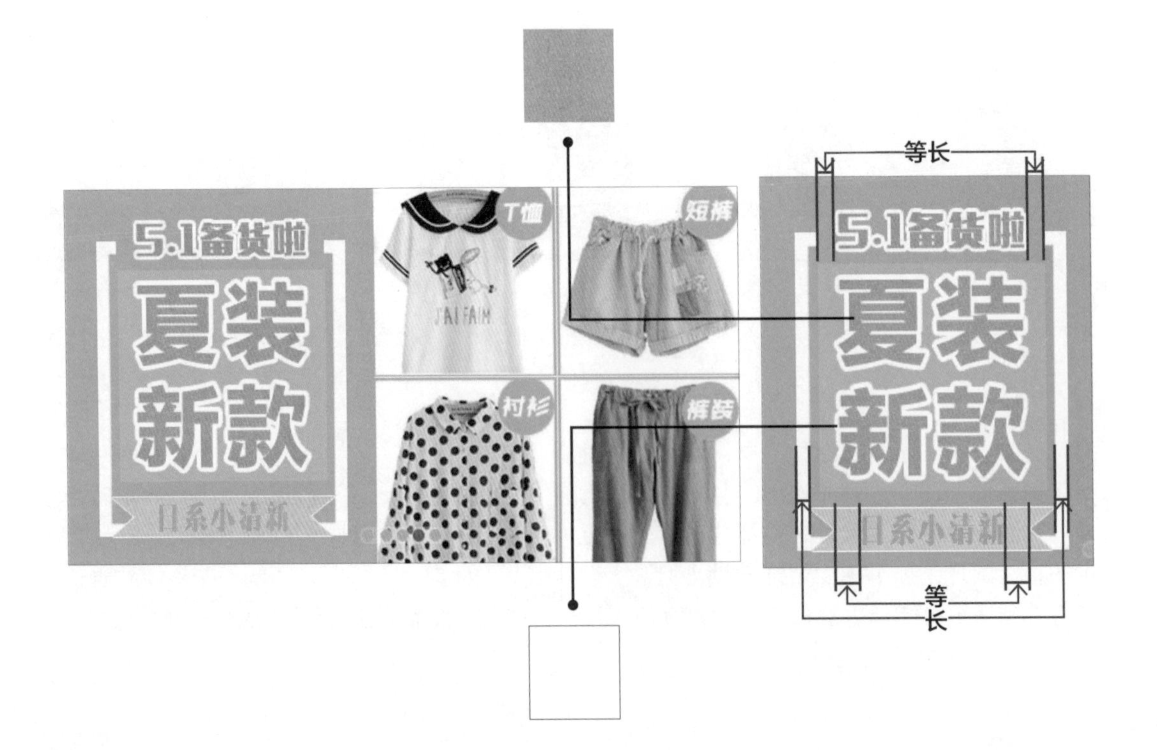

2.3 彰显店铺可信度的视觉设计

当消费者对图片产生信任并点击图片后，页面会跳转到店铺首页或商品详情页，此时就需要通过这些页面的可信度促使消费者下单，才能将流量转化为销量。要打造店铺页面的可信度，就要规范店招、布局等的设计。

如下上图所示的店招基本就是淘宝的原始模板，没有经过任何设计加工，会让消费者对店铺的好感度降低。相反，下下图的店招则看起来更为正规、用心与可信。

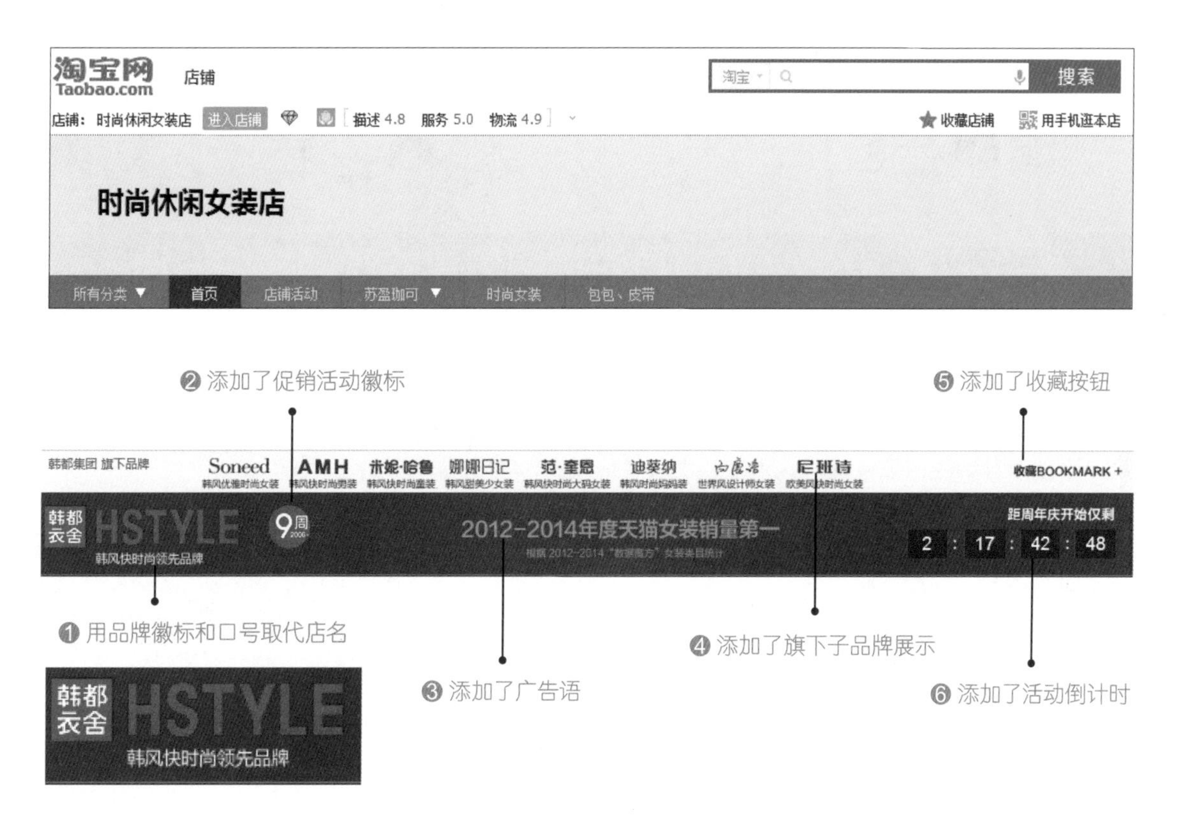

再来看看商品详情页。商品详情页的首焦区域中存在店招的展示，再一次说明了店招设计的重要性。此外，在首焦区域中还有商品展示图片，作用是让消费者对商品有大致的了解，激发他们继续了解商品的兴趣。通过商品展示图片让消费者对商品形成良好的第一印象是提高转化率的第一步。那么什么样的商品展示图片才能给消费者留下较好的第一印象呢？

当消费者想要了解某件商品时，他们都希望自己看到的是实物商品的展示，就像是在实体店中消费者更希望能打开包装直接接触商品一般。因此，商品展示图片应尽量展示或还原商品的真实面貌，才能快速获取消费者的信任。要尽量避免使用过多的修饰处理或合成效果，这只会让消费者为无法感受到真实商品而苦恼。

如下所示为两张商品展示图片。左图通过背景合成与调色等手法，让鞋子有了闪闪发光的效果，富于视觉表现力与宣传效果，但是放在商品详情页中的商品展示区域却不太合适，因为它缺乏真实感，无法获得消费者的信任。相比之下，右图虽然整体视觉效果单一，但却显得更真实，对消费者来说具有很高的参考价值，能在第一时间让消费者产生好感。

案例1 女鞋店铺首页轮播图位置的欢迎模块设计

初步构想

本案例要制作的欢迎模块图片要用在导航栏下方的轮播图位置，位于消费者进入店铺首页后第一眼就能看到的首焦位置，必须带给消费者信任感，才能提升转化率。

❶图片要以秋季女款单鞋的优惠活动作为主题，这是吸引消费者停下视线、继续浏览的第一步。

❷留住消费者的视线后，通过整洁、规范的视觉设计进一步增强消费者对店铺的信任，可以从素材的运用、整体的质感等方面入手。

❸通过添加丰富的装饰元素，让消费者感受到设计的用心。

❹合理安排文案位置，精心设计文案的字体、颜色等，在方便消费者识别的同时，让他们再次感受到设计的用心，从而增强信任感。

灵感发散

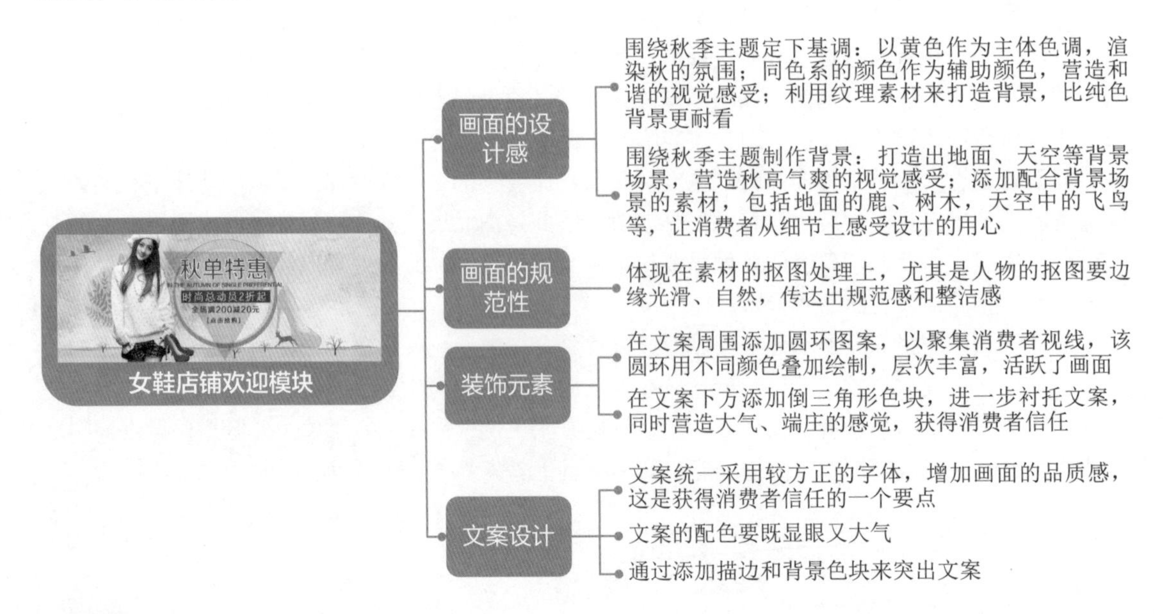

操作解析

素　材：随书资源\素材\02\人物.jpg、背景1.jpg、背景2.jpg，飞鸟.png、鹿.png、树木.png、树木2.png、鞋子.png、鞋子2.png

源文件：随书资源\源文件\02\女鞋店铺首页轮播图位置的欢迎模块设计.psd

步骤01 轮播图位置图片的尺寸要求为宽度 950 像素，高度可自定义。这里按照之前讲过的方法，在 Photoshop 中新建一个比要求的尺寸更大的图片，具体参数如下图所示。

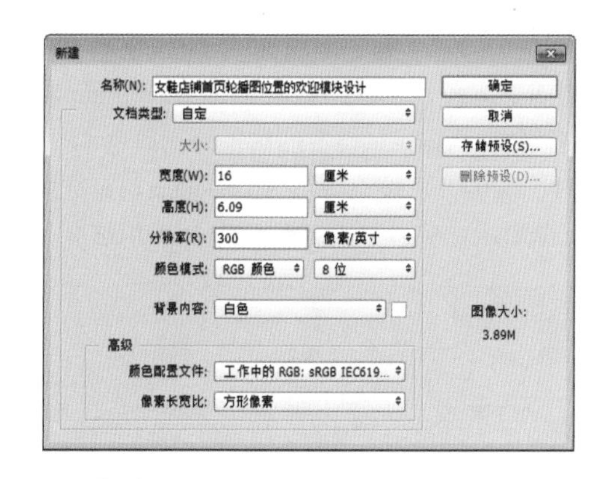

步骤02 新建文件后，在“图层”面板新建“图层 1”，设置前景色为浅黄色（R248、G235、B198），按快捷键 Alt+Delete 为“图层 1”填充前景色，定下整体的颜色基调，如下图所示。

步骤03 继续在“图层”面板新建“图层 2”，设置前景色为乳白色（R252、G247、B231），在工具箱中单击画笔工具，在选项栏设置较大的画笔笔尖，将“不透明度”和“流量”的参数设置得低一些，然后在画面中绘制乳白色的图像，使背景的浅黄色呈现颜色不均匀的效果，以营造出背景的层次感，如下图所示。

涂抹完成后，更改“图层 2”的“不透明度”为 50%，使背景的颜色差异不那么突兀，画面效果更加融洽，如下图所示。

步骤 04 打开素材文件“背景 1.jpg”，将其拖动到本案例的 PSD 文件中生成“图层 3”。使用移动工具按下图所示调整“图层 3”图像的位置。

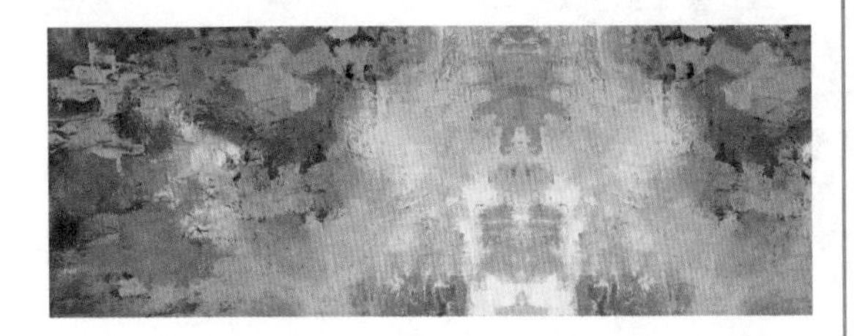

更改“图层 3”的混合模式为“颜色加深”、“不透明度”为 40%，使纹理图案与黄色的背景自然地融合在一起，背景显得更有质感，如下图所示。

步骤 05 打开素材文件“背景 2.jpg”，将其拖动到本案例的 PSD 文件中生成“图层 4”。使用移动工具按下图所示调整“图层 4”图像的位置。

更改“图层 4”的混合模式为“亮光”（这种混合模式只会提取纹理的图案效果，而不会让整个画面变灰），然后更改“不透明度”为 20%。设置之后，另一种纹理与背景相融合，丰富了画面的纹理效果，如下图所示。

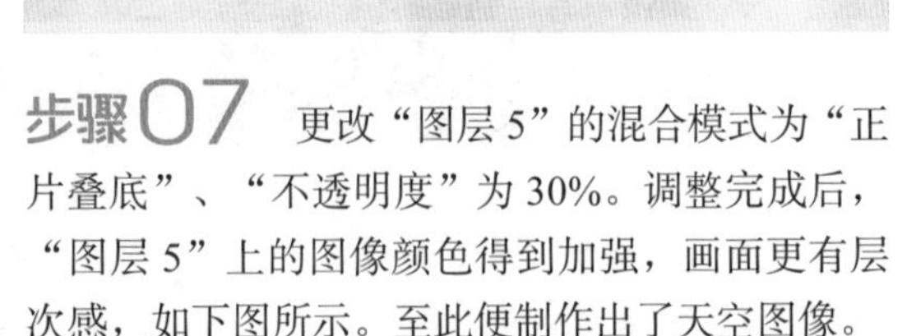

步骤 06 在“图层”面板中新建“图层 5”，在工具箱中选择画笔工具，在选项栏设置画笔类型为“柔边圆”，然后设置深浅不同的黄色为前景色，在画面上半部分分别进行涂抹，效果如下图所示。

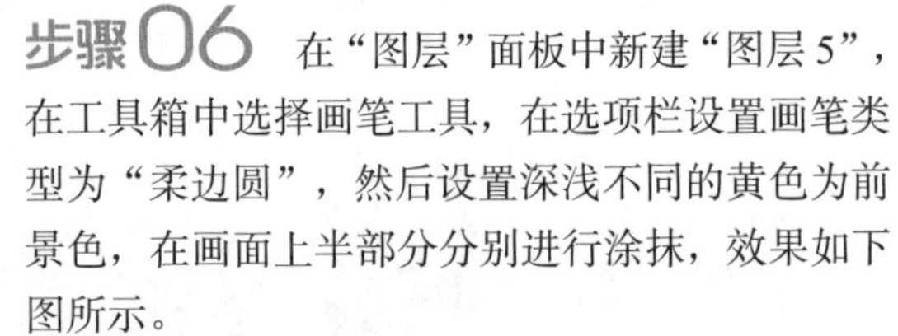

步骤 07 更改“图层 5”的混合模式为“正片叠底”、“不透明度”为 30%。调整完成后，“图层 5”上的图像颜色得到加强，画面更有层次感，如下图所示。至此便制作出了天空图像。

步骤 08 新建“图层 6”，单击钢笔工具，在画面下方绘制形状，按快捷键 Ctrl+Enter 将闭合路径转化为选区。设置前景色为浅黄色（R246、G231、B204），按快捷键 Alt+Delete 填充选区，如下图所示，然后按快捷键 Ctrl+D 取消选区。

更改该图层的混合模式为“正片叠底”，加深图案与背景的颜色差异。这样便制作出了地面图像，如下图所示。

步骤09 新建“图层 7”，单击钢笔工具，在地面与天空交界处绘制多条弧形的路径，如下图所示。

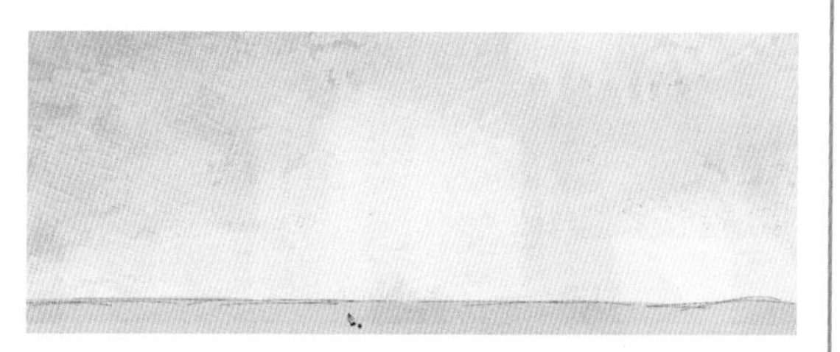

接着通过对路径进行描边来制作地平线效果。单击画笔工具，在选项栏设置画笔的形状为“硬边圆”（这样绘制出的线条边缘才清晰）、“大小”为 4 像素。然后设置前景色为橘黄色（R248、G147、B47），它和背景的浅黄色属于同一个色系，搭配在一起比较协调。再次选择钢笔工具，在刚才绘制的弧形路径上单击鼠标右键，在弹出的快捷菜单中单击“描边路径”命令，在打开的对话框中勾选“模拟压力”复选框，以使描边的线条呈现两头较细的效果，完成后单击“确定”按钮为路径描边，如下图所示。

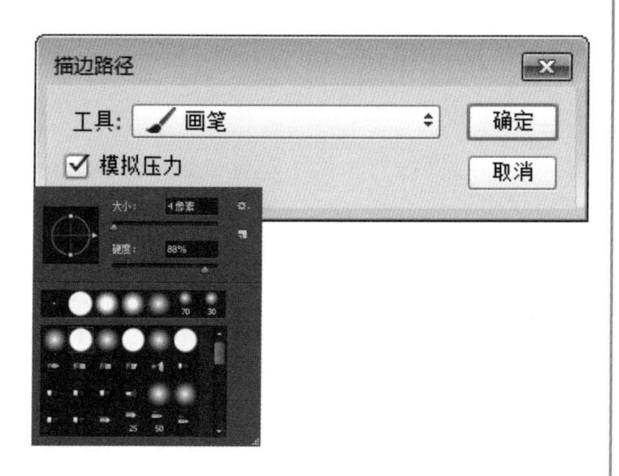

步骤10 描边完成后，地面与天空交界处出现多条橘黄色的线条，如下图所示。

复制“图层 7”生成“图层 7 拷贝”图层，使用移动工具将线条移动少许距离，制造线条密集的效果，如下图所示。

步骤11 打开素材文件“树木 .png”，将其拖动至本案例的 PSD 文件中生成“图层 8”。按快捷键 Ctrl+T 在图像上生成自由变换框，按住 Shift 键拖动自由变换框四个角的其中一个节点，同比例放大图像，然后移动图像至画面左侧，如下图所示，按 Enter 键确定操作。这样便在画面中添加了叶片泛黄的树木图像，进一步渲染秋天氛围。

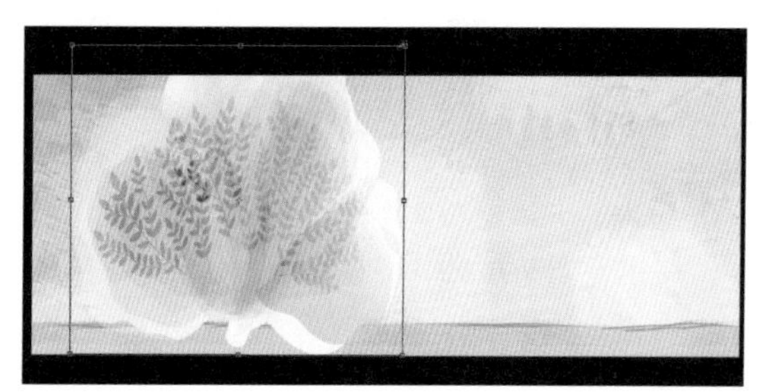

步骤12 单击“添加图层蒙版”按钮，为“图层 8”添加图层蒙版。设置前景色为黑色，单击画笔工具，在蒙版中树木边缘轮廓线的位置上进行涂抹，隐藏树木图像中多余的部分，使树木图像与背景更加自然地融合在一起，效果如下图所示。

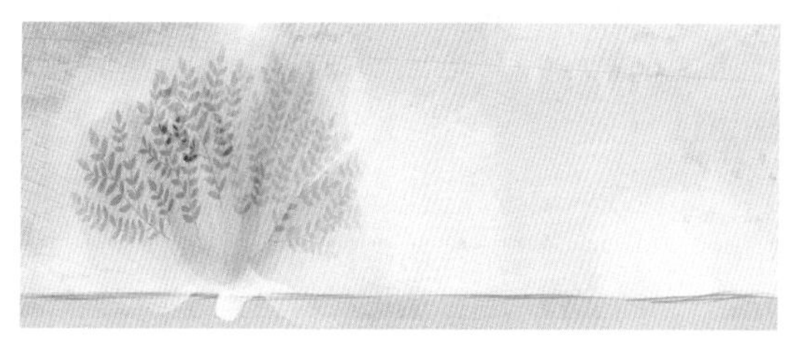

步骤 13 打开素材文件“树木 2.png”，将其拖动至本案例的 PSD 文件中生成“图层 9”，使用移动工具将其放在靠近画面右下角的适当位置，如下图所示。

步骤 14 按快捷键 Ctrl+J 复制“图层 9”生成“图层 9 拷贝”图层，按快捷键 Ctrl+T 在复制的树木图像上生成自由变换框，将其移动至画面左侧并适当缩小。重复此操作，复制出多个树木图像，分别放在地面的不同位置，效果如下图所示。

步骤 15 打开素材文件“鹿.png”，将其拖动至本案例的 PSD 文件中生成“图层 10”，将鹿的图像放在画面右侧的地平线上，如下图所示。

黑色的鹿在画面中太突兀，所以在“图层”面板中新建“颜色填充”调整图层，在“属性”面板中设置填充的颜色为与整体色系更加符合的黄褐色（R220、G106、B14），然后按快捷键 Ctrl+Alt+G 创建剪贴蒙版，使填充的颜色只显示在鹿的图像上，让画面整体色调更加统一，如下图所示。

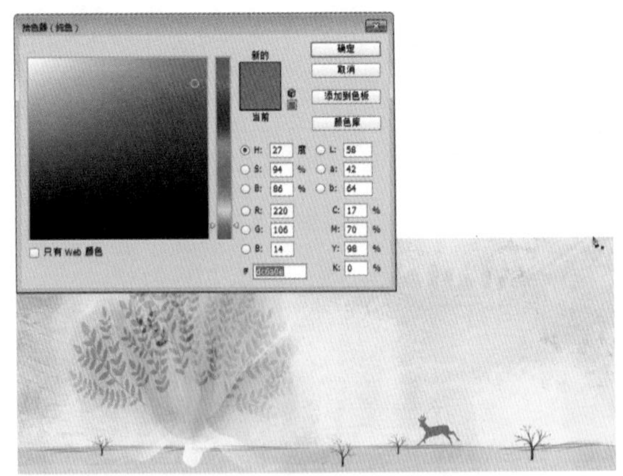

步骤 16 打开素材文件“飞鸟.png”，将其拖动至本案例的 PSD 文件中生成“图层 11”。将飞鸟图像移动到画面左上角，与画面右下角的鹿相呼应，如下图所示。

黑色的飞鸟同样与画面的整体色调不协调，所以选择之前创建的“颜色填充”调整图层，按快捷键 Ctrl+J 复制该调整图层生成“颜色填充 拷贝”调整图层，将复制的调整图层移动至“图层 11”上方，然后按快捷键 Ctrl+Alt+G 创建剪贴蒙版，使填充的颜色只显示在飞鸟的图像上，让画面整体色调更加统一，如下图所示。

步骤 17 新建“图层 12”，准备绘制圆环图案。单击椭圆工具，按住 Shift 键在画面中央位置绘制一个正圆形路径，按快捷键 Ctrl+Enter

将该路径转化为选区，对选区填充粉红色（R255、G137、B173），如下图所示，完成后取消选区。

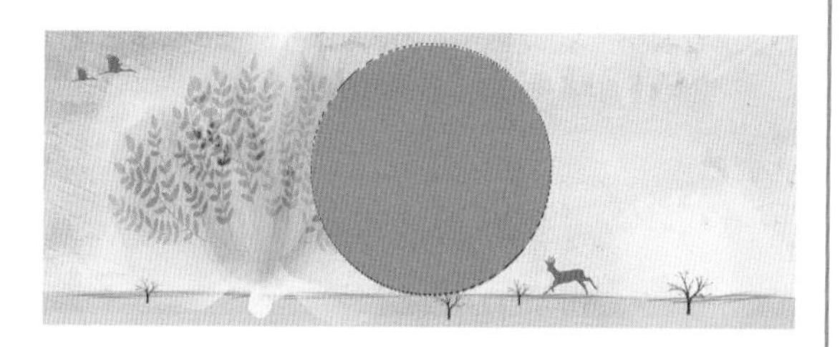

接着制作圆环的形状，继续使用椭圆工具在粉红色圆形内部绘制一个稍小的圆形路径，将该路径转化为选区后，按快捷键Ctrl+Shift+I将选区反选，如下图所示。

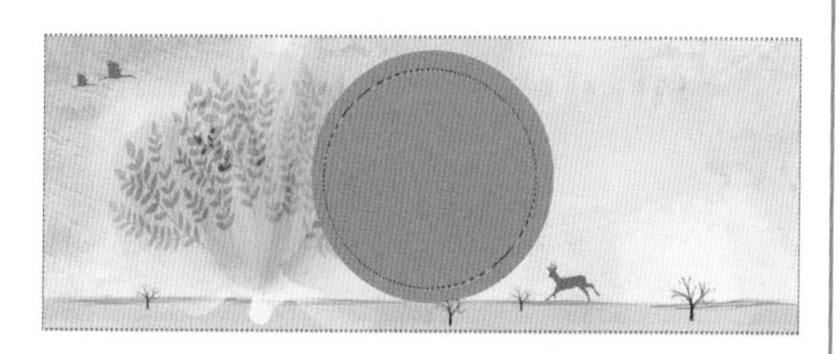

步骤18 在“图层”面板中单击“添加图层蒙版”按钮即可为“图层12”添加图层蒙版。在图层蒙版中，选中的区域显示为白色，未选中的区域显示为黑色，这样画面中便形成了一个粉色的圆环图案，如下图所示。

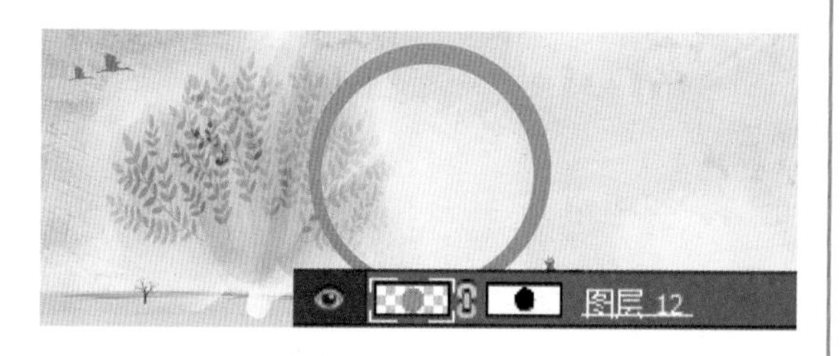

步骤19 在“图层”面板中新建“图层13”，依旧使用椭圆工具在粉色圆环图案上绘制圆形路径，将路径转化为选区后，对选区填充黄色（R255、G215、B60），完成后取消选区，进一步丰富画面效果，如下图所示。

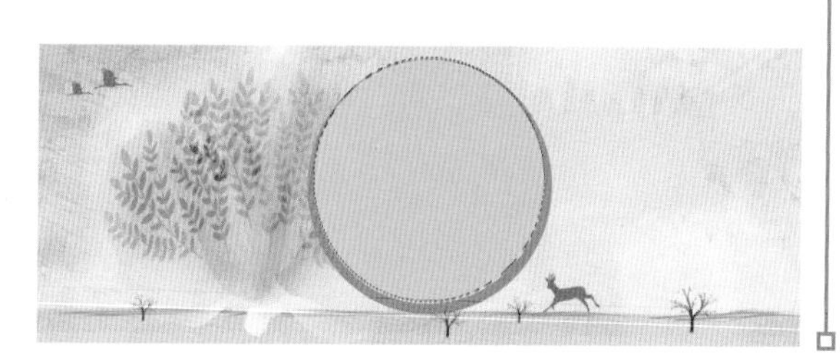

步骤20 按快捷键Ctrl+Alt+G将黄色圆形图案创建为剪贴蒙版，增加圆环图案的层次感，如下图所示。

步骤21 继续新建“图层14”，单击多边形套索工具，绘制一个倒三角形选区，与圆环图案相重叠。对选区填充与圆环的粉色相同色系的颜色（R255、G200、B167），如下图所示，完成后取消选区。

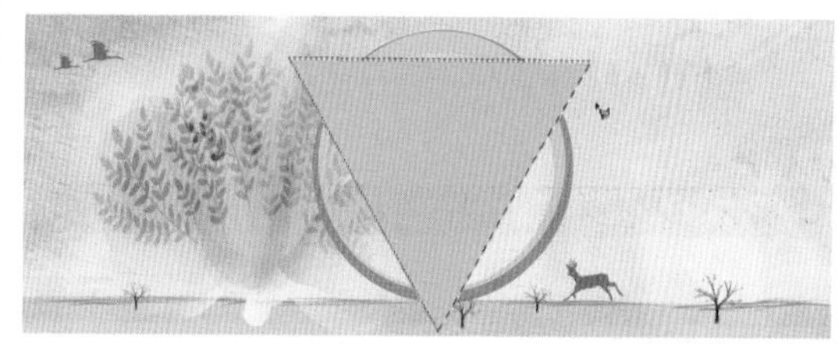

步骤22 更改该图层的混合模式为“线性加深”、“不透明度”为70%，使下层的圆环图案透出来。这些图案将起到烘托文案、美化画面的作用，如下图所示。

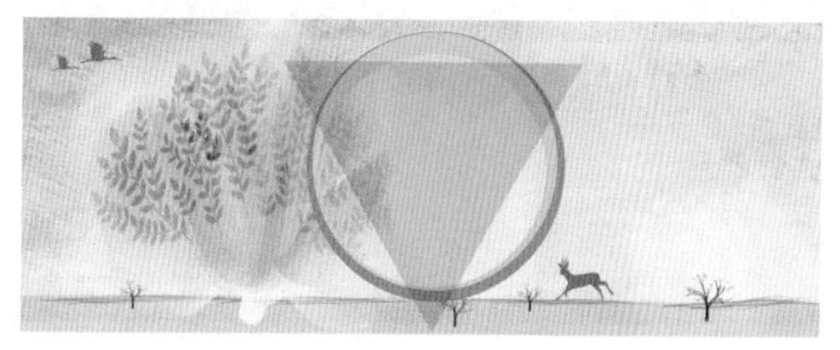

步骤23 接下来抠取需要放置在画面中的人物形象。打开素材文件“人物.jpg”，单击工具箱中的钢笔工具，沿着人物轮廓进行勾画，绘制出一个闭合路径，如下左图所示。然后按快捷键Ctrl+Enter将闭合路径转化为选区，如下右图所示。

步骤24 按快捷键 Ctrl+J 复制选区内的人物图像生成“图层 1”。使用移动工具将“图层 1”拖动至本案例的 PSD 文件中，生成“图层 15”。按快捷键 Ctrl+T 在人物图像上生成自由变换框，按住 Shift 键同比例调整人物图像的大小，然后将其放置在之前绘制的图案的左边，与图案尽量接近，使画面中心的主体形象更加集中，如下图所示。完成后按 Enter 键确定操作。

步骤25 接下来抠取要放置在人物旁边的鞋子图像。打开素材文件“鞋子 .png”，将其拖动至本案例的 PSD 文件中，生成“图层 16”。使用移动工具将鞋子图像放在人物右侧，并尽量靠近画面底部，如下图所示。这样画面中便有了重要的商品元素，同时红色也是画面中较为突出的色彩，能够吸引消费者注意。

步骤26 继续打开素材文件“鞋子 2.png”，将其拖动至本案例的 PSD 文件中，生成“图层 17”。使用移动工具将鞋子图像放在图案的右侧，尽量靠近地平线位置，如下图所示。

步骤27 更改“图层 17”的“不透明度”为 20%，使其在画面中与背景融合，成为背景的一部分，如下图所示。至此，画面中的图案、人物元素均制作完毕。接下来制作文案部分。

步骤28 单击横排文字工具，在图案上单击生成活动光标，在光标处输入文字“秋单特惠”，如下图所示。选中这四个字，接下来需要为文字设置格式，使其更醒目。

步骤29 执行“窗口 > 字符”命令，打开“字符”面板，在面板中设置文字的字体、大小、颜色等参数，如下图所示。其中颜色为红色（R183、G58、B56），以与鞋子的颜色相呼应，而且该颜色与背景颜色的明度差异大，能让文字更加醒目。

步骤30 单击“图层”面板底部的“添加图层样式”按钮，在弹出的快捷菜单中选择“描边”命令，接着在弹出的“图层样式”对话框中勾选“描边”选项，在右侧的面板内按下图设置参数，为文字添加白色的描边，以突显文字。

样式
混合选项
斜面和浮雕
等高线
纹理
描边
内阴影
内发光
光泽

描边
结构
大小(S): 4 像素
位置: 外部
混合模式: 正常
不透明度(O): 100 %
叠印
填充类型: 颜色
颜色:

步骤31 继续使用横排文字工具在文字“秋单特惠”下方单击新建文字图层，输入合适的英文文字。完成后选中输入的英文，打开“字符”面板，设置英文文字的字体、大小等参数，让英文文字与其他元素的搭配更协调，如下图所示。

步骤32 单击“创建新图层”按钮，在“图层”面板中新建空白图层“图层18”。使用矩形选框工具在英文文字下方绘制长条矩形选区，设置前景色为红色（R183、G58、B56），按快捷键Alt+Delete填充选区为红色，与上方的文字颜色相呼应，增强画面的视觉冲击力，效果如下图所示。完成后按快捷键Ctrl+D取消选区。

步骤33 选择横排文字工具，在红色矩形上单击生成活动光标，按下图输入文字。完成后选中文字，打开“字符”面板，设置文字的字体、大小等参数，并设置文字颜色为白色，使其从红色的底色中突显出来，如下图所示。

步骤34 继续使用横排文字工具在红色矩形下方单击生成活动光标，并输入文字，完成后选中文字，打开“字符”面板，设置文字的字体、大小等，并设置文字颜色为红色，与上方文字颜色相呼应，如下图所示。

步骤35 继续输入最后一行符号与文字，重复之前操作，在“字符”面板中对文字格式进行调整，欢迎模块图片便制作完成了，如下图所示。可按照上一章的方法改变图像大小，另存为新的图像后上传到淘宝平台。

案例2 网店首页的平跟女鞋系列商品展示区设计

初步构想

本案例要设计的是店铺首页中的商品展示区，位置在轮播图或自定义导航区的下方，这个区域包含多个系列的商品，限于篇幅，这里只以平跟女鞋系列商品为例进行设计。

❶这个版块商品图片较多，并不需要添加过多的装饰元素，而是要通过商品排列去突显画面的可信度。

❷商品展示区有多个系列的商品，每个系列又有多款商品，那么商品图片及其他装饰元素就必须要具有统一性，才能形成规范、整齐的视觉效果，让消费者在浏览时能快速找到商品门类，并对商品形成良好的第一印象。

❸从商品照片拍摄和后期处理的角度来说，如何从大量原始素材中挑选出合适的鞋子照片、后期处理是大量修饰还是保持原始照片的效果、哪种效果能够快速建立起消费者的信任感，也是需要考虑的问题。

❹文案部分应该如何设计才能获得消费者的认可和信赖，是最后需要考虑的问题。

灵感发散

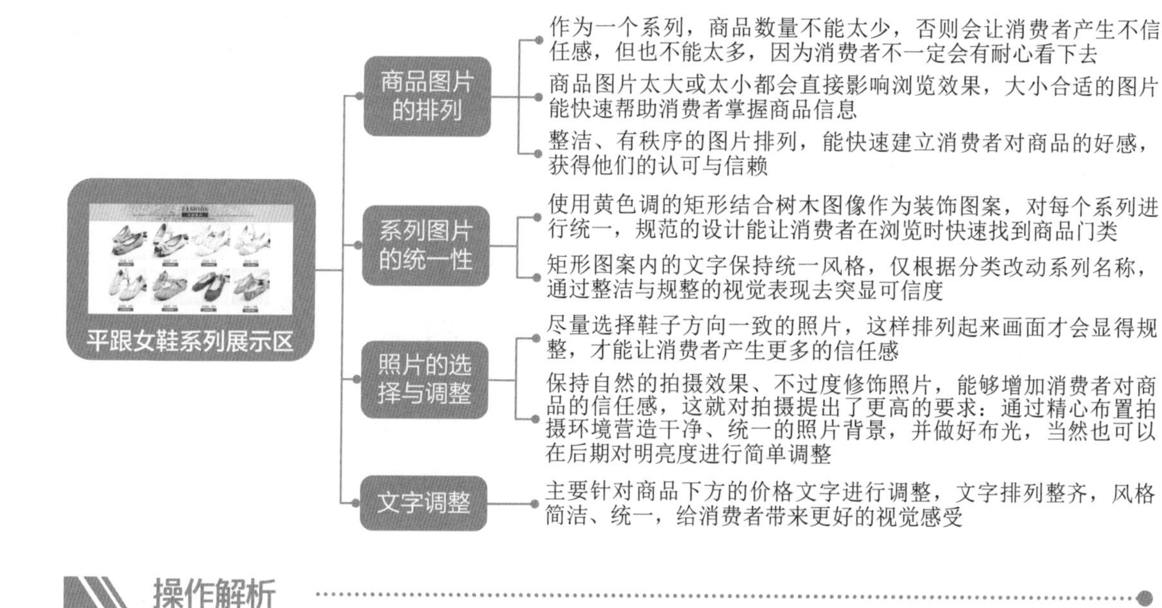

操作解析

素　材：随书资源\素材\02\树木.png，鞋子 (1).jpg~鞋子 (8).jpg

源文件：随书资源\源文件\02\网店首页的平跟女鞋系列商品展示区设计.psd

步骤01　在 Photoshop 中执行“文件 > 新建”命令，在弹出的“新建”对话框中按右图所示设置文件的尺寸等参数，完成后单击“确定”按钮新建文档。

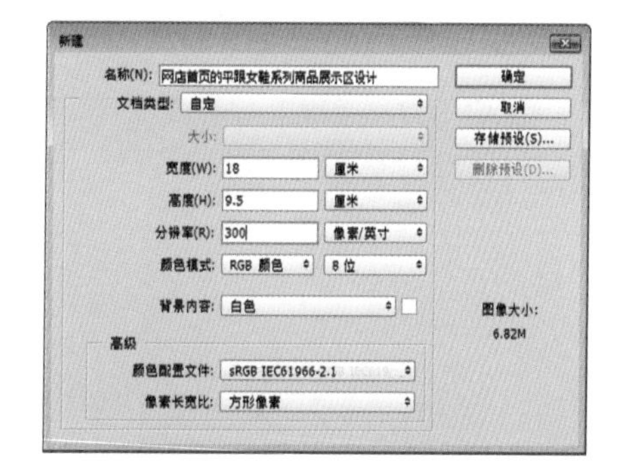

步骤02 在“图层”面板新建“图层 1”，单击矩形选框工具，在画面上方绘制一个矩形选区，然后设置前景色为土黄色（R240、G217、B165），按快捷键 Alt+Delete 填充矩形选区为土黄色，完成后按快捷键 Ctrl+D 取消选区，如下图所示。这个矩形图案将作为每个商品系列之间的分隔图案，接下来还要在矩形上添加图案和文字，使其更加美观，并更好地发挥区分不同系列商品的作用。

步骤03 打开素材文件“树木 .png”，将其拖动至本案例的 PSD 文件中生成“图层 2”，按快捷键 Ctrl+T 在图像上生成自由变换框。首先在自由变换框内右击，在弹出的快捷菜单中选择“垂直翻转”命令，将图像垂直翻转，并调整图像的大小，完成后按 Enter 键确定变换操作，效果如下图所示。

步骤04 使用移动工具将树木图像移至矩形图案的中央，如下图所示。接下来要将树木图像与矩形图案相融合，作为文字的背景图像。

步骤05 按快捷键 Ctrl+Alt+G 创建剪贴蒙版，使树木图像只显示在矩形图案的范围内，如下图所示。

步骤06 选择树木图像所在的“图层 2”，更改该图层的“不透明度”为 50%，然后单击“图层”面板底部的“创建图层蒙版”按钮，为该图层添加图层蒙版。设置前景色为黑色，选择画笔工具，在选项栏中选择“柔边圆”笔尖，设置较低的“不透明度”与“流量”参数（这样在蒙版中涂抹时可以反复涂抹，边缘也不会太生硬），然后在树木边缘的白色轮廓上进行涂抹，使其与背景图像更加自然地融合在一起，效果如下图所示。

步骤07 制作完背景图像之后，开始制作文字效果。单击横排文字工具，在矩形图案的中间靠上位置单击生成活动光标，输入英文文字。选中文字后，打开“字符”面板，按下图所示设置文字的字体、大小等参数，文字颜色设置为与整体色调相符合的红色（R168、G37、B37）。

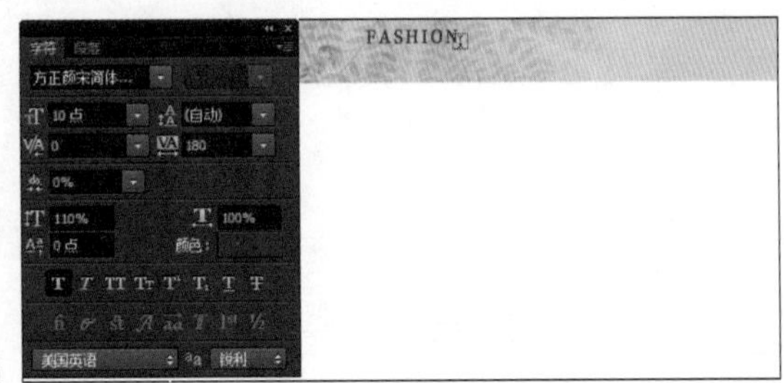

步骤08 新建“图层 3”，单击矩形选框工具，在英文文字下方创建一个同宽的矩形选区，对选区填充与文字相同的红色，完成后按快捷键 Ctrl+D 取消选区，如下图所示。这个矩形将作为接下来要输入的文字的背景色块，对文字起衬托作用。

步骤09 选择横排文字工具，在红色矩形上单击生成活动光标，输入文字“平跟系列”。选中该文字，打开“字符”面板，设置文字的字体、大小等参数，更改文字的颜色为与背景颜色接近的黄色（R240、G217、B165），营造出镂空效果，使文字更显眼，如下图所示。

步骤10 继续使用横排文字工具在红色矩形的左侧单击输入英文文字，选中文字，在“字符”面板中设置参数，调整文字效果。这行英文要比之前输入的英文小得多，利用这种差异制造视觉上的跳跃感，使画面更加活泼，如下图所示。

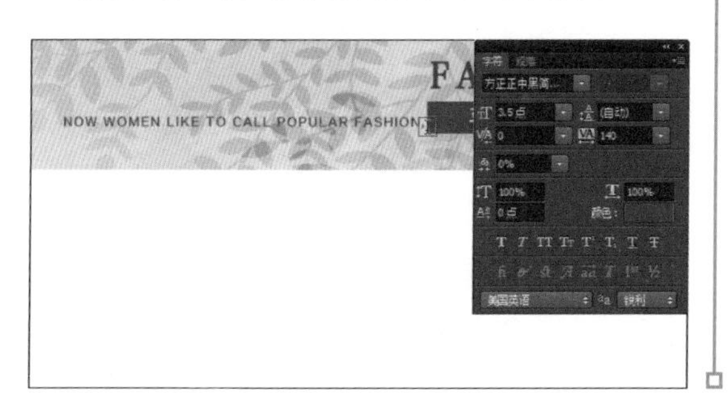

步骤11 继续使用横排文字工具在红色矩形的右侧单击输入英文文字，在“字符”面板中设置与上一步相同的字体、大小等参数。最后在矩形图案下方输入英文文字并进行调整，使文字的排列更加平衡。至此便完成了系列分隔图案的设计，效果如下图所示。

步骤12 接下来需要添加平跟系列女鞋的商品图片。首先需要对下方的区域进行分割，以便合理安排图片的摆放位置。按快捷键 Ctrl+R，在工作区显示标尺，如下图所示。接着选择移动工具，将鼠标移动到上方标尺位置，按住鼠标左键向下拖动，这时画面中将生成一条蓝绿色的水平参考线，将其移动至白色区域的中间位置。继续从上方拖出一条参考线，将其移动至画面下方。接着从左侧标尺上拖出四条垂直参考线，调整参考线的位置，使它们之间的距离几乎一致。这样便形成了两行四列的网格式分布格局，如下图所示。

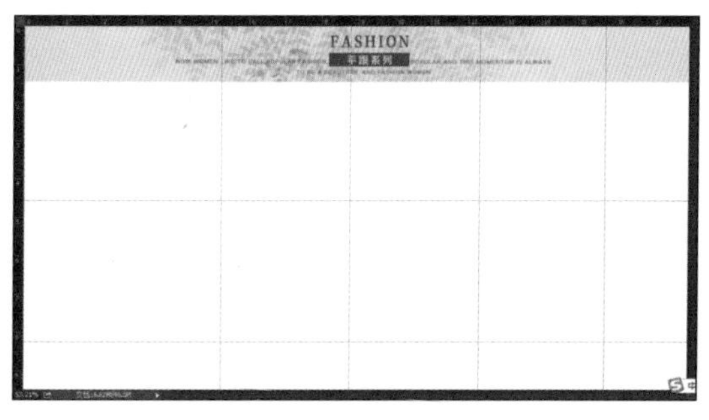

步骤13 制作完参考线之后，打开本案例的素材文件夹，其中有 8 张鞋子图片的素材。首先打开素材文件“鞋子（1）.jpg”，然后将其拖动至本案例的 PSD 文件中生成“图层 4”，按快捷键 Ctrl+T 在图像上生成自由变换框，可以发现鞋子图像比本案例的 PSD 文件大得多，所以在按

住 Shift 键的同时用鼠标拖动自由变换框的节点，将图像同比缩小，如下图所示。

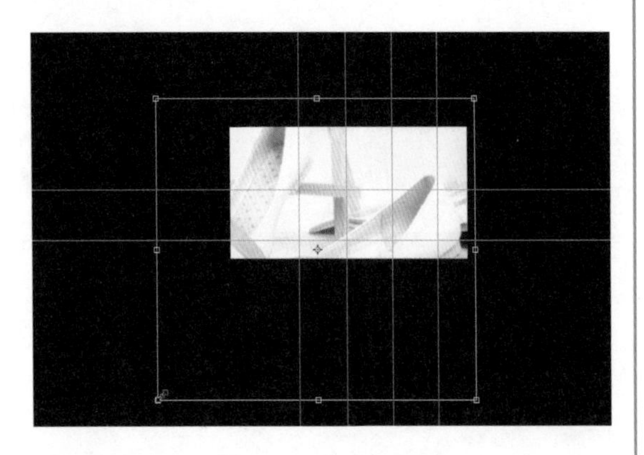

步骤 14 将鞋子图像缩至合适大小之后，移动至参考线网格中右上的位置，鞋子图像的右边边线和底边边线分别与参考线相重合，如下图所示。按 Enter 键确定变换操作，这样就确定了第一张鞋子图像的位置。

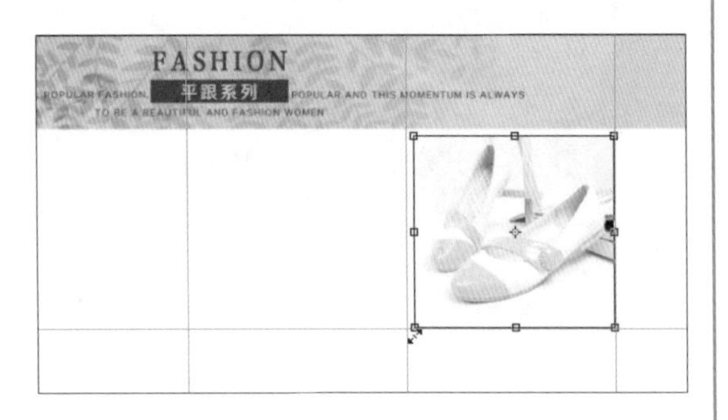

步骤 15 打开素材文件“鞋子（2）.jpg”，然后将其拖动至本案例的 PSD 文件中生成“图层 5”，按快捷键 Ctrl+T 在图像上生成自由变换框，将其同比例缩小，然后移动至第一张鞋子图像左边的网格中，并且右边边线和底边边线分别与参考线相重合，按 Enter 键确定变换操作，如下图所示。

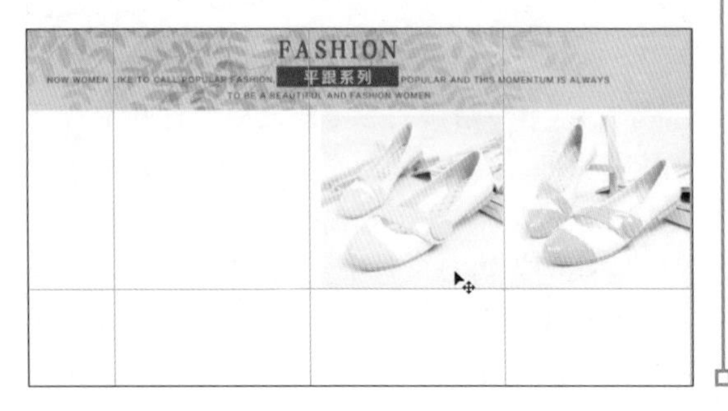

步骤 16 重复之前的操作，将本案例素材文件夹中的所有鞋子图像添加到画面中，最终效果如下图所示。

步骤 17 在“图层”面板底部单击“创建新组”按钮，新建“组 1”，接下来将在这个组内创建文字图层和矩形的组合，制作出鞋子图像下方的文字信息，然后通过复制组来快速制作出每个鞋子图像下方的文字信息。在“组 1”内新建图层，使用横排文字工具在鞋子图像下方单击输入价格文字，打开“字符”面板，按下图设置文字的各项参数，其中文字颜色为红色（R224、G61、B102），因为红色的文字在画面中更醒目。

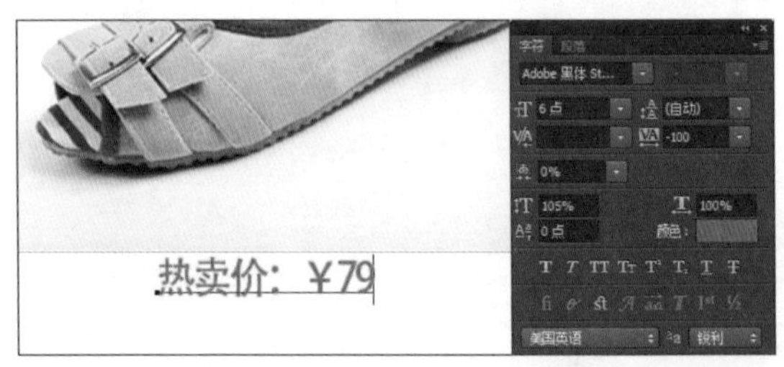

步骤 18 新建一个图层，使用矩形选框工具在价格文字下方绘制矩形选区，为其填充与文字相同的红色，完成后按快捷键 Ctrl+D 取消选区，如下图所示。

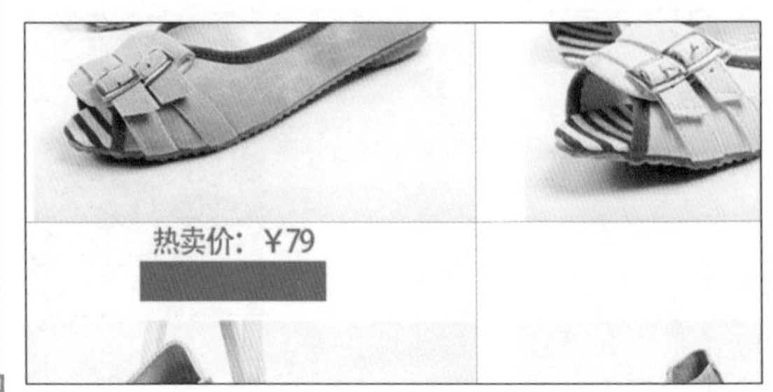

接着在这个红色矩形上添加文字，以吸引消费者点击。选择横排文字工具，在选项栏设置文字颜色为白色（白色文字在红色矩形上更醒目），按下图输入文字，打开“字符”面板对文字格式进行调整。

步骤 19 在“图层”面板上选中“组 1”，选择移动工具，将鼠标移动至画面中的文字之上，按住 Alt 键的同时按住鼠标左键向右拖动，复制图层组，得到“组 1 拷贝”组。将拷贝的图层移动至第二张鞋子图像下方，并保持两组文字位于同一水平线上，效果如下图所示。

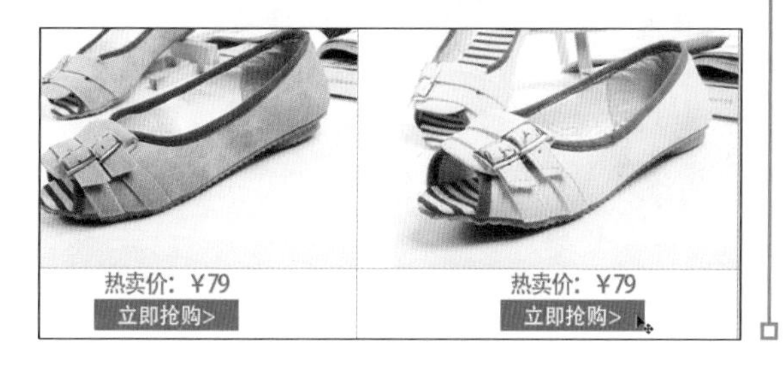

步骤 20 重复上一步操作，复制多个“组 1”的拷贝组，并将文字与鞋子图像一一对应，排列整齐，营造出视觉上的规范感，建立消费者对店铺的信心，如下图所示。

至此便完成了本案例图片的制作，如下图所示。若要上传到淘宝网，导出前需调整图片的尺寸，要求为宽度小于 950 像素、高度自定。

第3章

专属形象赋予店铺生命力

个性鲜明、独一无二的专属形象的建立能让店铺在消费者眼中更富有生命力，从此走上可持续发展之路。本章将在讲解相关概念的基础上，进一步探讨如何通过视觉设计手段在消费者脑海中建立店铺的专属形象。

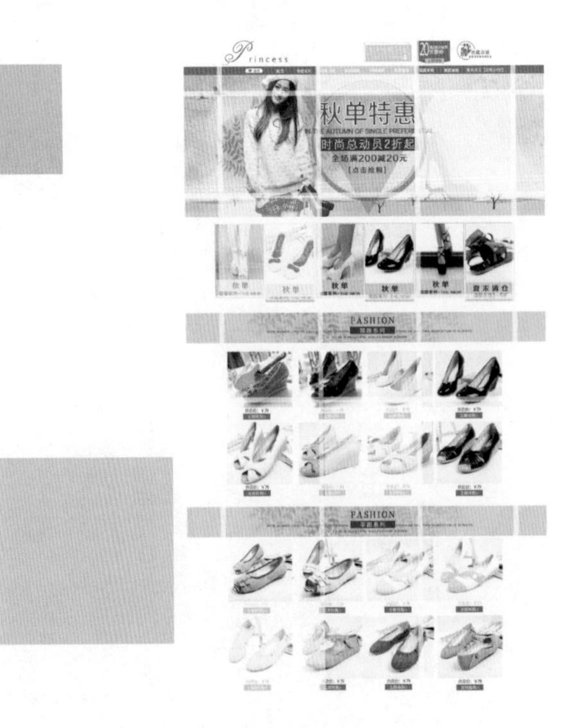

提到可乐，大多数人马上就会联想到可口可乐或百事可乐；说起智能手机，大多数人又会马上联想到苹果或三星。这就是专属概念的意义：当提到某一类商品时，人们总能在第一时间就想到某个品牌，因为这个品牌在该类商品的领域中建立了专属概念，形成了专属地位，从而在人们的脑海中烙下了深深的印记。专属概念的建立带来的是一种可持续发展的经济效应与影响力，当消费者想要购买某一类商品时，这个品牌会被优先记起和考虑，这一点同样适用于电商行业。

当然，拥有专属概念的通常是一些大企业、大品牌，其实力和影响力是许多自主创业的电商商家无法企及的，专属概念对这些电商商家的意义主要是提供一种经营思维：要创立个性鲜明、独一无二的店铺专属形象，这样才不会被淹没在茫茫商海之中。

3.1 强化品牌意识，加深店铺印象

电商商家要想树立鲜明的店铺专属形象，创建消费者对店铺的认知，就不得不谈到品牌的打造。就如同每一个人都拥有自己的姓名、外貌与性格，才能让别人称呼与记住自己那样，电商商家也必须打造专属于店铺的品牌，才能让消费者更好地记住店铺。

在电子商务时代，做品牌并没有那么复杂，它其实是通过展现专业性来获取消费者信任与记忆的一种方式。信任能促使消费者做出购买行为，而记忆则是让购买行为得到延续的关键。

品牌的打造自然离不开视觉设计，只有创建易于识别的品牌视觉形象，才能使消费者快速记住和识别店铺。店铺品牌的创建主要从如下图所示的几个方面入手。

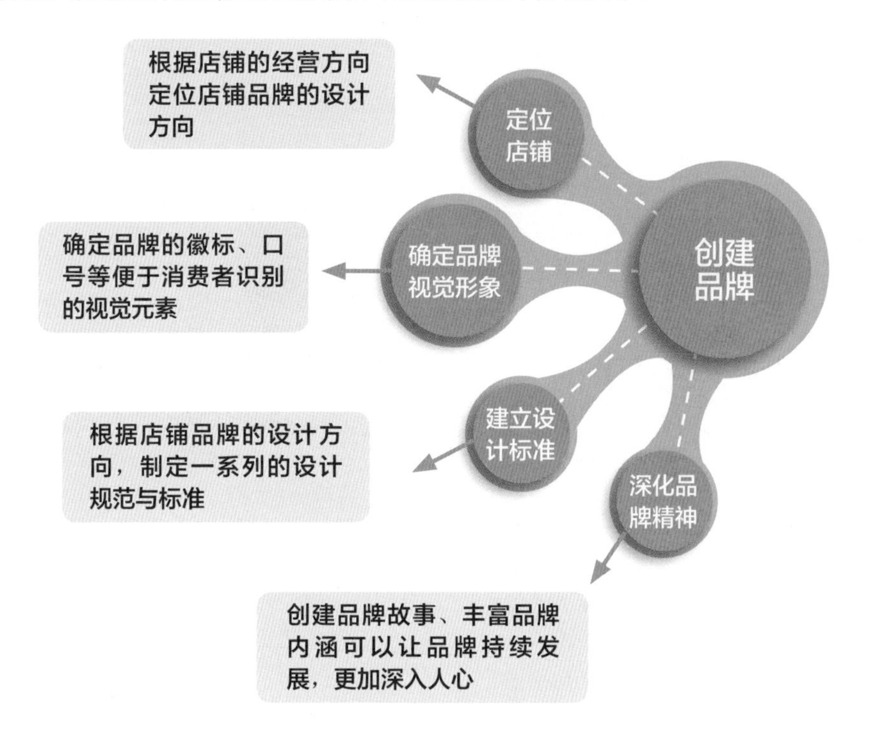

3.1.1 定位店铺

定位店铺就是给品牌定位，也就是为品牌找到一个专属的特征，主要是指品牌带给目标消费群体的视觉感受和心理体验。不同定位的品牌在消费者心目中的档次、特征、个性等也不同，如下图所示。

香奈儿品牌总是会给人一种高端与奢侈的感觉，这是因为该品牌的定位是高雅与精美，所以传递给大众的也是一种高级与精致的印象

H&M

H&M品牌给人的感觉与香奈儿品牌不同，更偏向大众化、主流化与休闲化，因为H&M的品牌定位是面向广大普通消费者提供时尚、高性价比的商品，所以树立了更为亲民的品牌形象

3.1.2 确定品牌视觉形象

店铺品牌的定位只是抽象的概念，必须将其具象化为视觉元素，建立品牌的视觉形象，才能通过视觉将品牌传达给消费者，消费者才能对品牌产生印象、形成认知。在这一过程中，要以品牌定位为指导，让店铺中的视觉元素流露出与品牌定位相符的情感表现，而这便形成了品牌视觉设计的风格。

例如，某卖家对店铺品牌的定位是主营婴幼儿商品，并且要给消费者留下可爱、稚嫩和高品质感的印象，那么在进行店铺品牌的视觉设计时，就要注意突显这些元素，如下图所示。

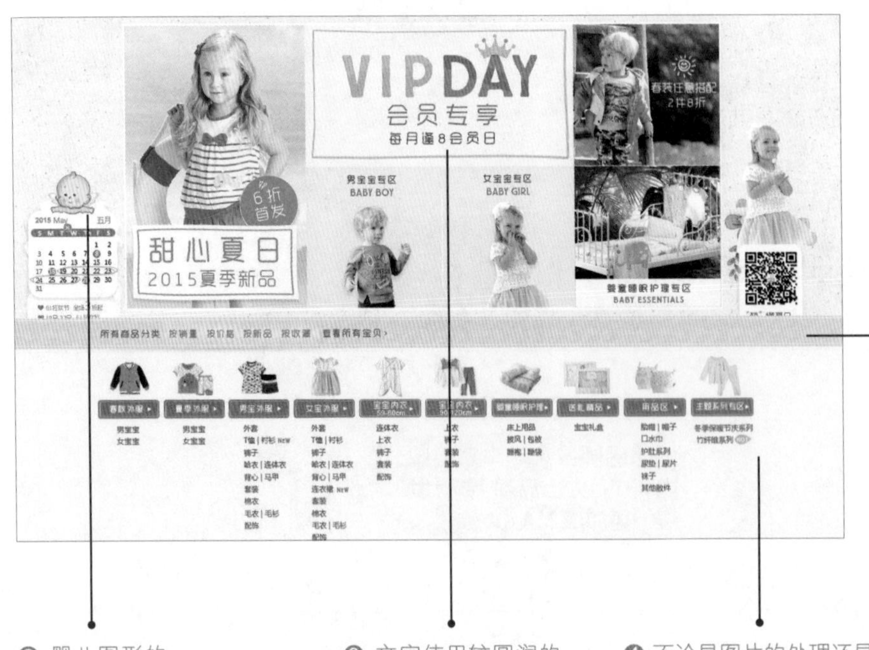

❶ 视觉元素的色彩亮丽又温馨，大量粉色系色彩的运用突显了婴幼儿的稚嫩感

❷ 婴儿图形的运用进一步突显了可爱感

❸ 文字使用较圆润的字体，在一定程度上烘托了可爱感

❹ 不论是图片的处理还是色彩的搭配都显得整洁美观，从整体上突显了品质感

3.2 品牌形象的设计规范

品牌徽标、品牌口号与品牌风格共同构成了店铺品牌形象的外部轮廓，除此之外，店铺页面中的许多内部组成模块也能反映店铺品牌的形象和气质。店铺品牌形象的标准化能让消费者对品牌的认知更深刻，才能体现打造品牌的价值和意义。

为店铺品牌制定细致的设计标准又称为店铺品牌 VI 标准的建立。VI 就是视觉形象识别系统，而店铺品牌 VI 其实就是将店铺的品牌文化、服务内容等抽象的信息和概念转换为具体的视觉符号，从而设计出独特的品牌形象，其主要包含如下图所示的几个设计方向。

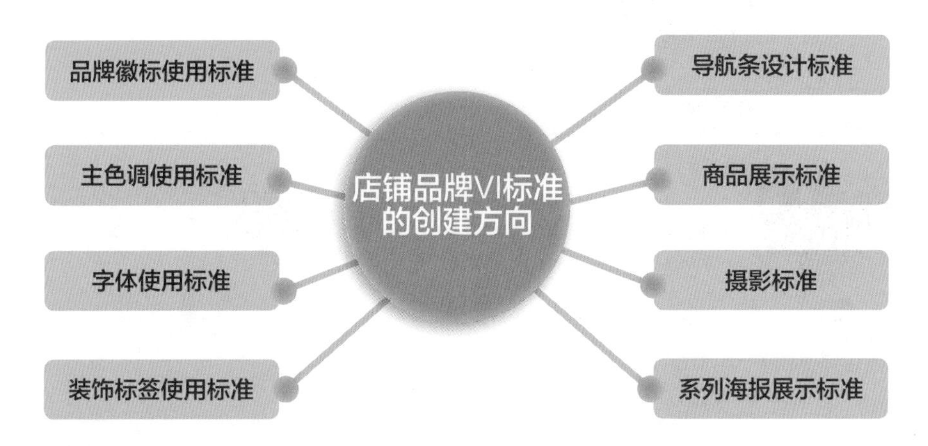

3.2.1 品牌徽标使用标准

网店的品牌徽标通常会出现在店招等各类图片中，在不同的场合徽标可能有着不同的使用方式，但是徽标的基本形态不能发生变化。因此，首先需要为品牌徽标制定一系列设计与使用标准，包括徽标的字体、用色、各元素的尺寸和间距、禁止侵入区、延伸组合形式等方面，如下图所示。

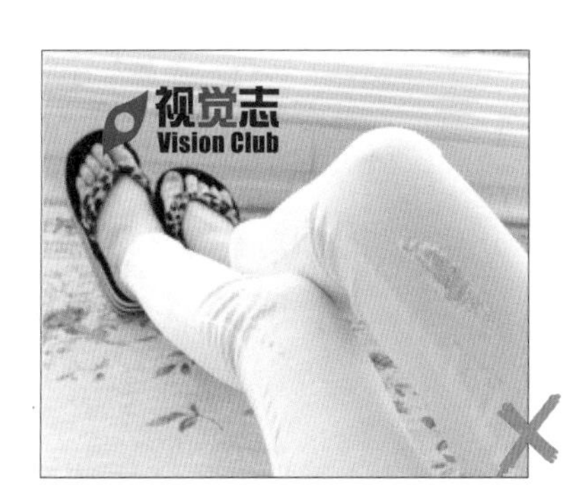

没有按照设计标准预留徽标的不可侵入区域，导致徽标与模特重合，既影响了商品展示，又降低了徽标的识别性

在商品展示图像的空白处放置徽标，且在徽标周围保留了足够的不可侵入区域，既突显了徽标，又不会影响商品展示

3.2.2 主色调使用标准

确定品牌 VI 的主色调并在店铺页面设计中进行规范运用，是增强品牌形象传播力、加深消费者对品牌的认知与记忆的重要手段。品牌 VI 的主色调主要体现在店铺首页及详情页中。

以主要销售盆栽的“如水”品牌为例，该品牌选择了植物的绿色系色彩作为店铺页面装修的主色调，消费者看到这样的色彩后，很容易就能感到仿佛置身植物的世界。

确定了主色调后，就需要在店铺页面设计中进行规范、一致的运用。如下图所示，左边的店铺首页与右边的商品详情页的主色调一致，使品牌形象更加统一与鲜明。

3.2.3 字体使用标准

同一版块中的信息如果不采用统一的字体，就会显得杂乱无章，不仅影响页面整体的美观，而且会让消费者感觉店铺不太正规。因此，需要制定字体的使用标准，从细节着手建立统一的视觉表现形式，让店铺页面更加整洁、规范，给消费者带来良好的视觉体验，进而使消费者对店铺品牌留下较好的印象。

右图是“如水”品牌店铺首页中的商品介绍版块，统一的文字字体形成了规整、精致的视觉感受，让消费者产生“在这家店铺能够安心购物”的心理，增强了对店铺品牌的信赖感。

3.2.4　装饰标签使用标准

在店铺页面中随意使用装饰标签同样会影响店铺品牌形象的建立。对装饰标签的使用进行统一和规范，能让店铺页面更为整洁，进一步巩固与突显品牌形象。下图中的装饰标签即使用了统一的形状与大小，色彩也与品牌主色调一致，显得整齐、正规。

3.2.5　导航条设计标准

店铺中的导航条类似于实体店中的环境导视，能指引消费者快速找到想要购买的商品，为他们带来购物的便利。导航条也属于品牌形象的一部分，与品牌形象相符的导航条设计才能更好地树立与宣传品牌形象。

如下图所示，“束氏茶道”店铺中导航条的文字色彩借鉴了品牌的主色调，选用了深棕色，与品牌形象相呼应，同时文字采用纵向排列，字体风格规整、细腻，营造出古色古香的氛围，契合了“弘扬中国现代茶道文化、追求修身养性的茶道精神”的品牌理念。

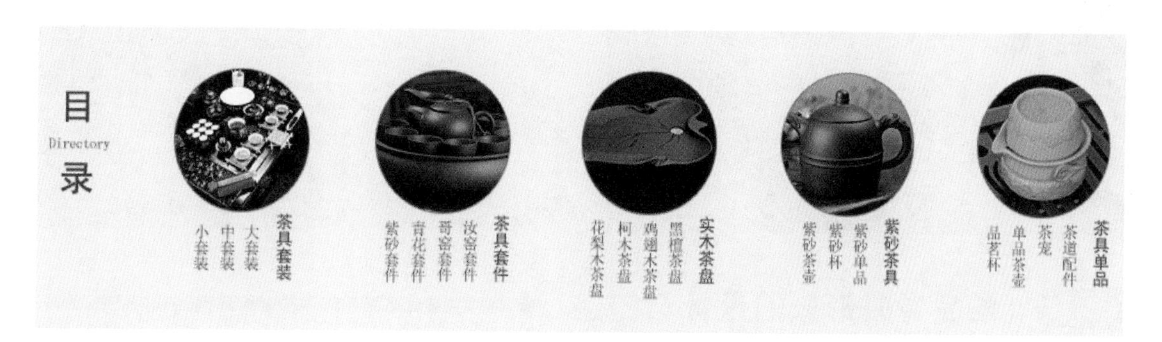

3.2.6　商品展示标准

商品展示标准就是商品详情页框架结构的安排标准。商品的属性与特征不同，展示的内容会相应变化，然而其总体的框架结构应该是不变的。建立统一的商品展示标准不仅可以节省设计时间，而且能让消费者在对固定的展示格式的不断浏览中形成习惯与记忆，当他们看到这种熟悉的展示格式后，便很可能会立即联想起这个品牌。

3.2.7 摄影标准

建立摄影标准的目的同样是通过一致且独具特色的视觉表现给消费者留下印象，加深他们对品牌的记忆。例如，拍摄同一款式、不同色彩的商品时，选择相同的角度与摆放形式等，这样的标准不仅能让消费者感受到拍摄的用心与专业，而且便于他们对品牌的识别。

如下图所示为“初棉”品牌店铺中的商品展示图片，在拍摄时统一采用了“商品平铺摆放 + 俯拍 + 蓝色背景 + 棉花装饰”的摄影标准，看起来既整洁清爽又极具品牌特色。

3.2.8 系列海报展示标准

系列海报展示标准包括商品摄影、构图、字体使用等标准。如下图所示的某婚纱店铺系列海报即采用了统一的展示方式：文案放在中间，商品整体展示图放在左边，商品细节展示图放在右边，一致的表现让品牌系列海报的设计风格更为鲜明。

3.3 单品专属形象的设计与打造

如今，电商行业的进入门槛较低，这也导致了电商市场同质化严重的现象：相同或相似的商品越来越多，价格也相差无几。商家要想避免自己的商品被淹没在茫茫商海中，就必须打造单品的专属形象，形成抓住消费者视线的关键点。

3.3.1 找准单品的专属宣传特色

固定的宣传形象与模式能加深消费者对单品的印象，使消费者在选购此类商品时能想起该单品。

例如，“百家好世”品牌在营销旋转拖把时采用了相似的宣传手法，相关图片也有着较为一致的视觉表现，如下图所示。

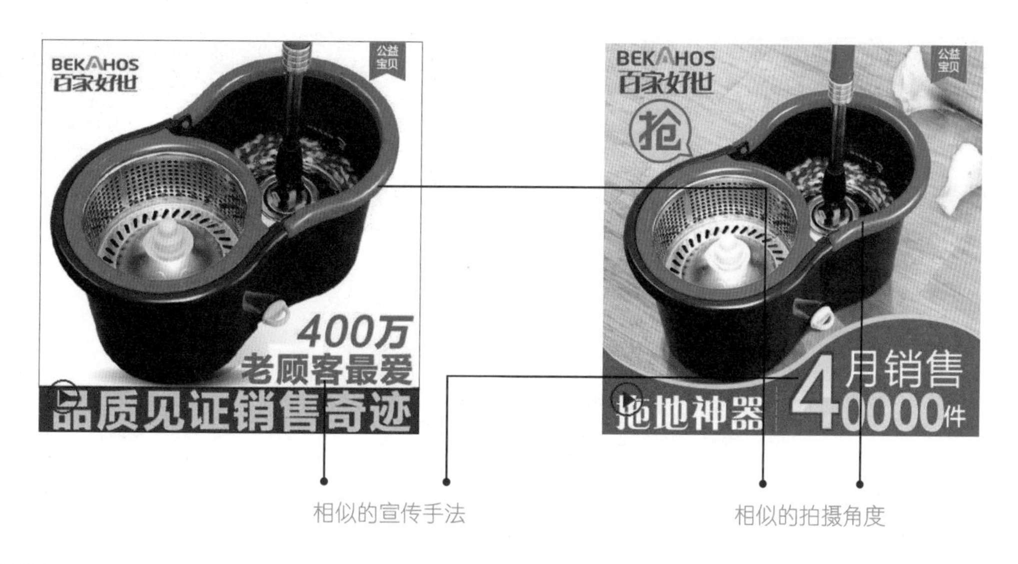

3.3.2 加入品牌精神与兼顾单品特点

将品牌精神注入商品之中，是另一种建立商品专属形象的方式。这种方式能让商品无法被复制，而且也是通过视觉营销去传达品牌精神的手法。

“放羊班”品牌主营羊毛毡等手工材料，主张发现生活小乐趣。如下图所示，该品牌店铺的羊毛毡商品相关图片在设计时选择造型可爱的字体、清新的色彩搭配、手绘风格的装饰标签和插画，既俏皮又充满乐趣，与品牌主张相吻合，建立起了专属于羊毛毡商品的形象，进一步诠释了该品牌的手工特色。

3.4 品牌专属精神与文化的视觉表现

不论是品牌专属形象的建立，还是单品专属形象的打造，其实都离不开品牌专属精神与文化的建设。品牌的精神与文化就是品牌发展的根基与指路明灯，只有深深扎根于此，品牌的发展才不会失去方向，店铺才能最终形成自己的发展特色，打造出独一无二的品牌形象。

例如，“阿芙精油”始终坚守品质，这是“每卖出 3 瓶精油其中就有 2 瓶是阿芙精油”的成功秘诀，而这一秘诀也融入到“阿芙精油”的品牌核心价值观中，“追求品质”成为了“阿芙精油”的品牌精神与文化，如下图所示。

“阿芙精油”品牌的精神与文化是其品牌发展的根基。品牌会不断推出新产品、新活动，但对品质的追求始终不变，而这样的精神与文化也通过视觉传递给了消费者。右图为“阿芙精油”官方旗舰店首页的部分截图，是对“专属契约庄园”的说明，

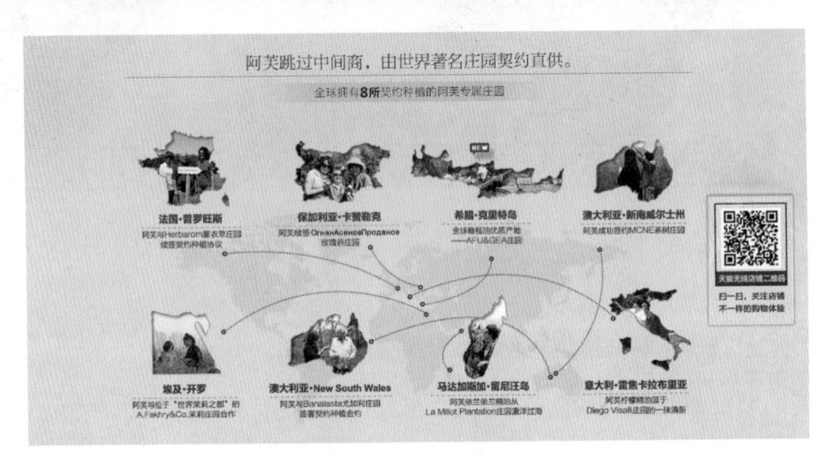

既展示了品牌的规模，又传递了重视品质的品牌精神，形成了“阿芙精油”特有的品牌文化氛围，让消费者感受到了品牌的魅力。

当然，品牌根基的建立需要长期的积累。刚开始创建品牌的商家一旦明确了品牌的专属定位与形象，就要按照规划发展下去。要记住，“三天打鱼两天晒网”是很难给消费者留下印象的，只有坚持不懈才能渐渐形成品牌的专属精神与文化。

案例 1 品牌女鞋店铺的店招与导航条设计

初步构想

本案例需要设计某品牌女鞋店铺的店招与导航条。该品牌主打青春、甜美路线，在设计过程中，可从以下几点出发建立起坚固的品牌专属形象。

❶品牌徽标是店招的核心元素之一，因此，首先要思考如何设计出能表现品牌特质的品牌徽标。

❷品牌徽标设计完成后，需要结合品牌特质定下店铺的主色调，并在店招与导航条的设计中加以应用，以扩大品牌专属形象的传播力。

❸按照品牌特质制定字体的使用标准，以形成统一的视觉表现，让店铺页面看起来整洁、规范，从而更好地建立起品牌专属形象。

❹装饰标签的设计感和统一的颜色也有助于巩固品牌专属形象。

灵感发散

将品牌名称变形后作为品牌徽标使用，字母“P”的花纹化效果突显了女性魅力和甜美气质，既符合品牌特质，又不失简约大气，对树立品牌专属形象很有帮助

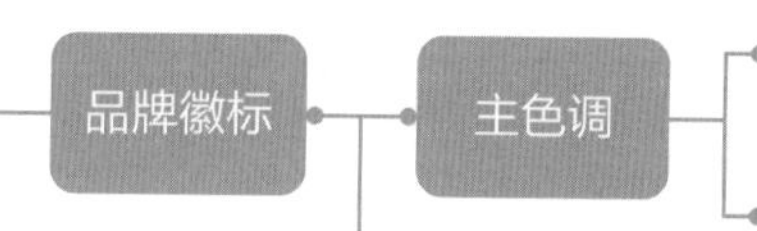

玫红色作为店招与导航条的主色调，既有女性魅力，又很醒目大气，能快速抓住消费者目光，增强品牌形象的传播力

少量黄色文字为画面增添了活力，避免了颜色的单调

选用笔画线条清晰、粗细均匀的字体，整体感觉简约、明快，帮助统一品牌专属形象

装饰标签内的变形文字与黄色文字也在相似的标签图案中呈现，不会削弱品牌专属形象的统一性

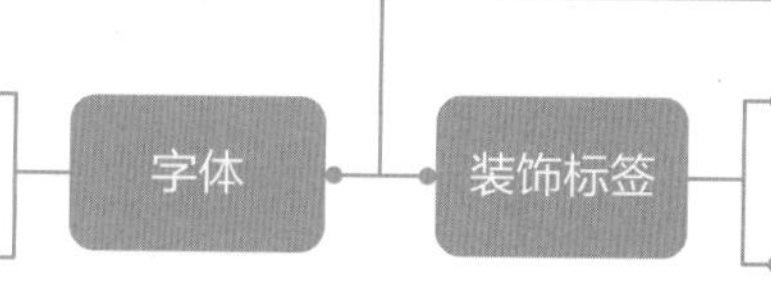

店招右侧的装饰标签用色只有玫红色、黄色、白色三种，整体形象是统一的

收藏区的颜色与整体色调一致，圆滑的图案也与左边的品牌徽标形成呼应，对品牌专属形象起巩固作用

操作解析

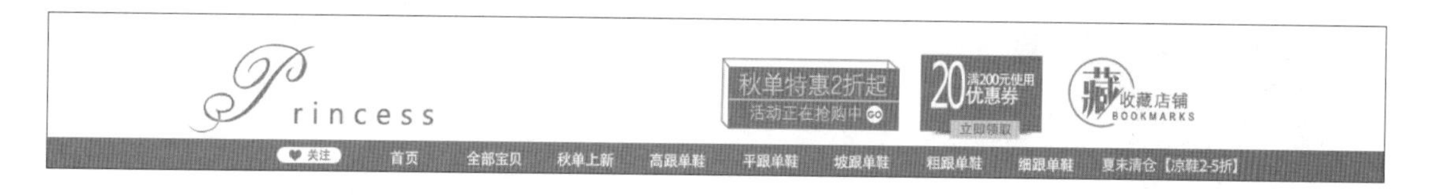

素　材：无

源文件：随书资源\源文件\03\品牌女鞋店铺的店招与导航条设计.psd

步骤01 店招与导航条的尺寸要求为宽950像素、高150像素。这里按照之前讲过的方法，在Photoshop中新建一个比要求的尺寸更大的图片，具体参数如下图所示。

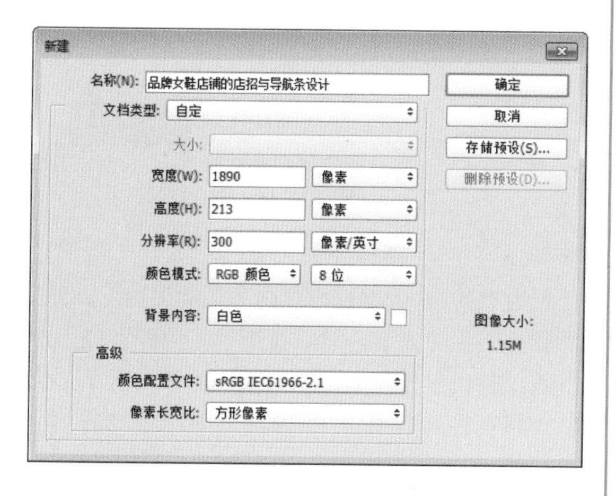

步骤02 在“图层”面板底部单击“创建新组”按钮，新建“组1”并将其更名为“店招”，用于容纳所有与店招有关的图层，如下左图所示。单击“创建新图层”按钮，在该组内新建“图层1”。单击横排文字工具，然后打开“字符”面板，按下右图所示设置文字的大小、字体等参数，其中文字的颜色为之前确定的主色调玫红色（R239、G66、B111）。

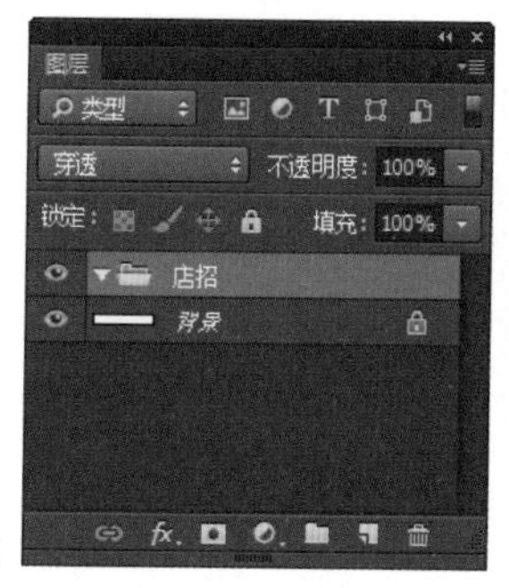

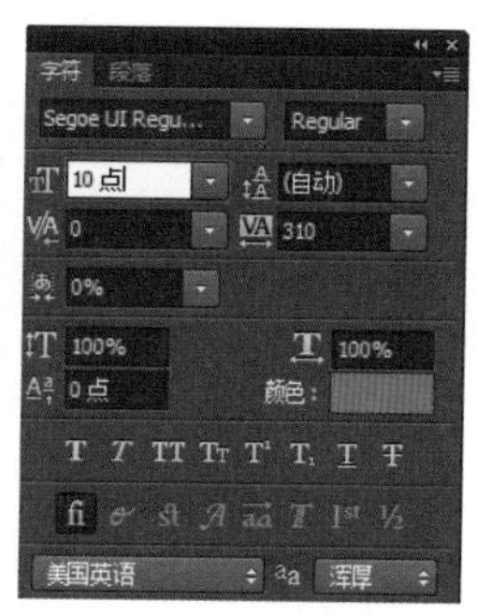

设置完成后，在画面左侧偏下的位置单击输入品牌名称“princess”，作为品牌徽标的雏形，如下图所示。

princess

步骤03 在“图层”面板中选中上一步生成的文字图层，单击面板底部的“添加图层蒙版”按钮，为该文字图层添加图层蒙版。设置前景色为黑色，单击工具箱中的画笔工具，在蒙版中对字母“p”进行涂抹，将其隐藏，如下图所示。

步骤04 在文字图层上方新建“图层 1”。在工具箱中选择钢笔工具，在英文文字之前绘制形状路径，如下图所示。

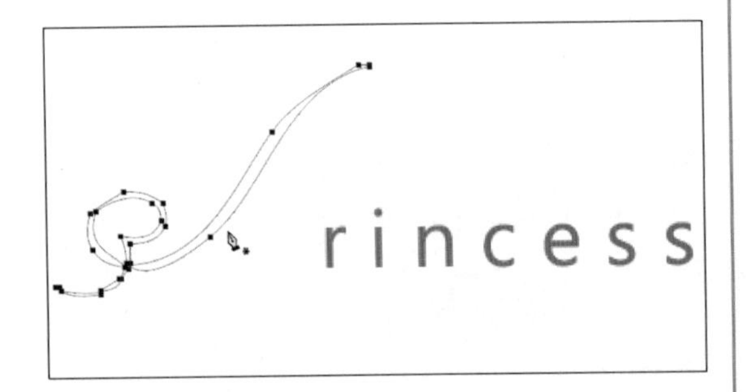

绘制完成后按快捷键 Ctrl+Enter 将闭合形状路径转化为选区。设置前景色为玫红色，按快捷键 Alt+Delete 填充选区，如下图所示，然后取消选区。

步骤05 在“图层 1”上方新建“图层 2”。继续使用钢笔工具，按照下图绘制形状路径。

绘制完成后使用上一步的方法将闭合形状路径转化为选区并填充玫红色，完成花纹化的字母“P”的制作，如下图所示。

步骤06 在工具箱中单击矩形选框工具，在画面右侧绘制矩形选区，完成后在“图层”面板中新建“图层 3”，按快捷键 Alt+Delete 将矩形选区填充上玫红色，如下图所示。

步骤07 新建“图层 4”，在工具箱中选择画笔工具，在选项栏设置画笔笔触为“硬边圆”、“大小”为 2 像素，然后在矩形左侧和上侧绘制直线，制作出立体盒子的效果，如下图所示。快速绘制直线的小技巧：用画笔工具单击绘制一个点，然后按住 Shift 键不放并移动鼠标，在另一位置单击，即可在两个点之间快速绘制一条直线。

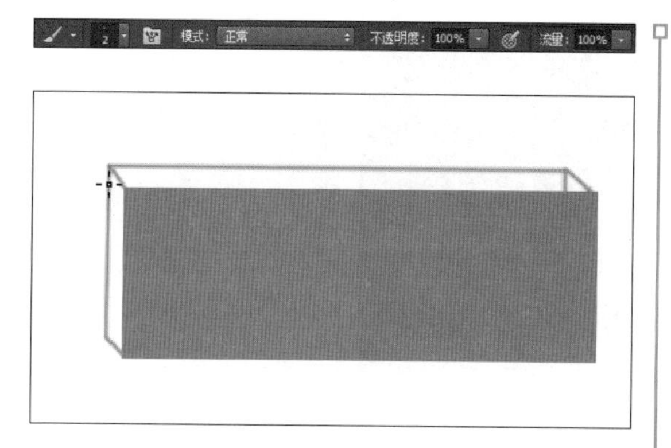

步骤08 新建“图层 5”，设置前景色为白色，使用上一步中的方法在矩形的中间绘制一条白色直线，将矩形分割成两部分，如下图所示。

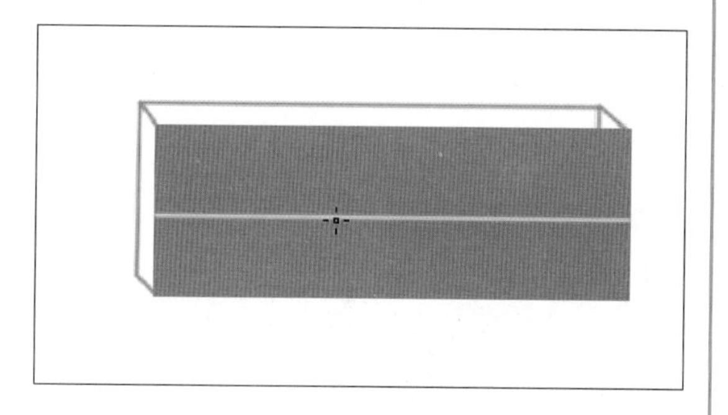

步骤09 在工具箱中单击横排文字工具，在刚才绘制的白色直线上方单击输入文字“秋单特惠 2 折起”，选中输入的文字，在“字符”面板中设置文字的格式参数，如下左图所示。其中，字体为方正细等线，这个字体的风格比较简约、大气；字距为 -25，使文字排列更加紧凑；颜色为黄色（R251、G242、B109），与玫红色的底色组合在一起显得更加活泼。效果如下右图所示。

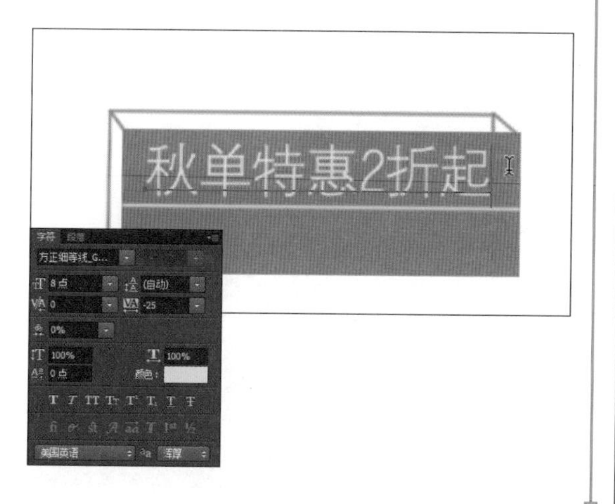

步骤10 继续使用横排文字工具在白色直线下方单击输入文字“活动正在抢购中”。选中文字，打开“字符”面板，保持字体和颜色不变，调整文字的大小和字距。效果如下图所示。

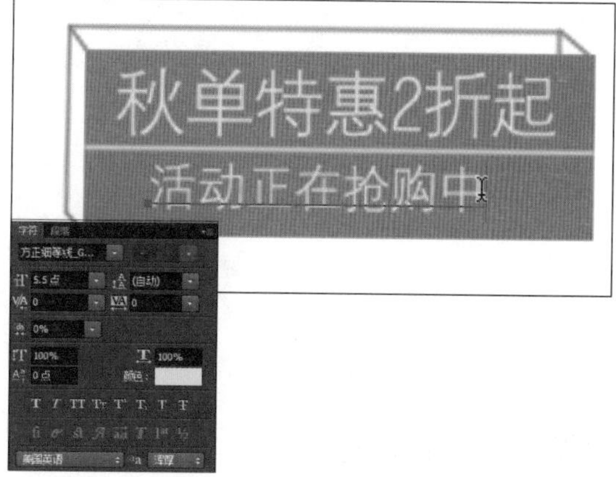

步骤11 新建“图层 6”，单击椭圆工具，按住 Shift 键不放，在第二行文字后绘制一个正圆形路径，按快捷键 Ctrl+Enter 将路径转化为选区，然后设置前景色为白色，在“图层 6”中为圆形选区填充白色，完成后取消选区。效果如下图所示。

单击横排文字工具，在圆形内部单击输入文字“GO”，调整文字的大小使其位于圆形内部，设置文字颜色为玫红色。效果如下图所示。

步骤 12 新建"图层 7",单击矩形选框工具，在立体盒子图案的右侧绘制矩形选区，并填充玫红色。效果如下图所示。

使用横排文字工具在矩形上单击并输入数字"20"，选中文字，在"字符"面板中设置字距为-100、"垂直缩放"为120%、"水平缩放"为70%，如下左图所示，使其更醒目。效果如下右图所示。

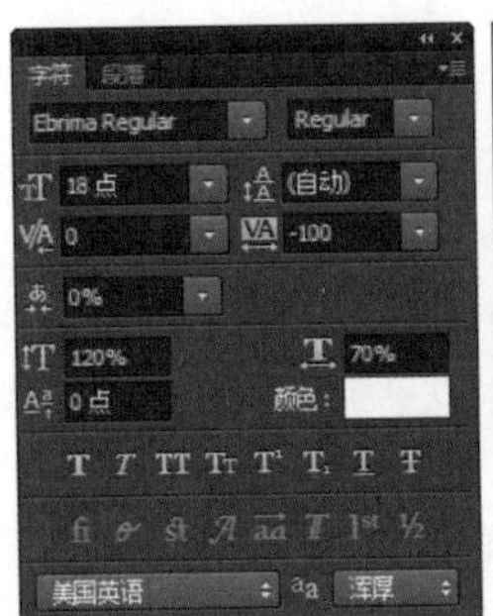

步骤 13 继续使用横排文字工具在数字右边单击输入文字"满 200 元使用"，选中文字，在"字符"面板中按下左图所示设置参数。其中，字体为黑体，这个字体的笔画比较厚重、抢眼；字距为-75，使文字排列更紧密。效果如下右图所示。

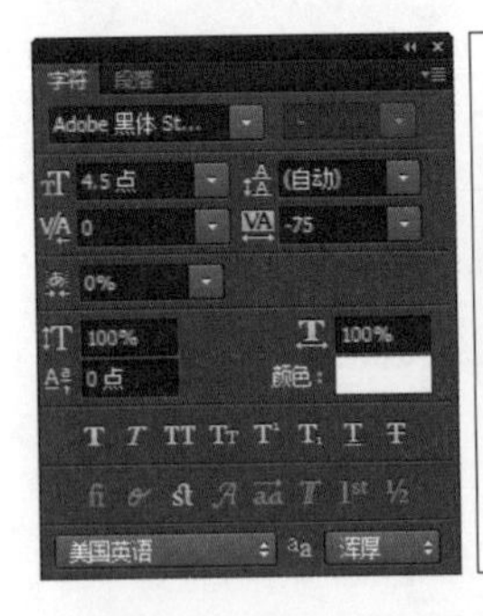

步骤 14 继续使用横排文字工具在"满 200 元使用"下方单击输入文字"优惠券"，在"字符"面板中设置文字的格式参数。其中，字体与上方文字保持一致，大小调整为 6.5，比上方文字稍大一些，如下左图所示。效果如下右图所示。

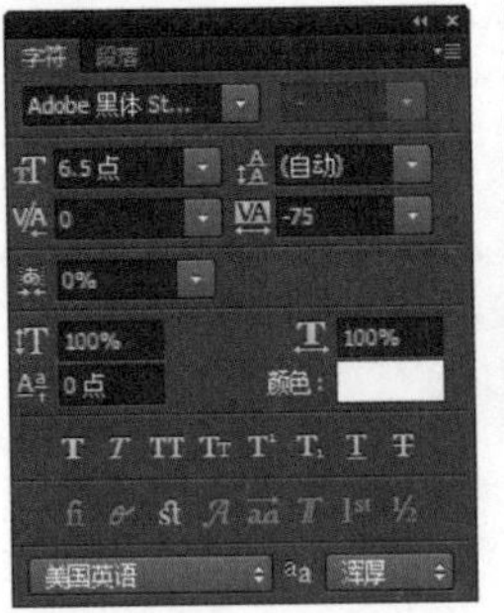

步骤 15 新建"图层 8"，使用矩形选框工具在红色矩形的底边上绘制一个矩形选区并填充上黄色（R249、G204、B109），以丰富画面效果，并与左侧文字的颜色互相呼应，完成后取消选区。单击横排文字工具，在黄色矩形上单击输入文字"立即领取"，选中文字，在"字符"面板中更改文字颜色为玫红色，字体保持不变，其他参数设置如下左图所示。效果如下右图所示。

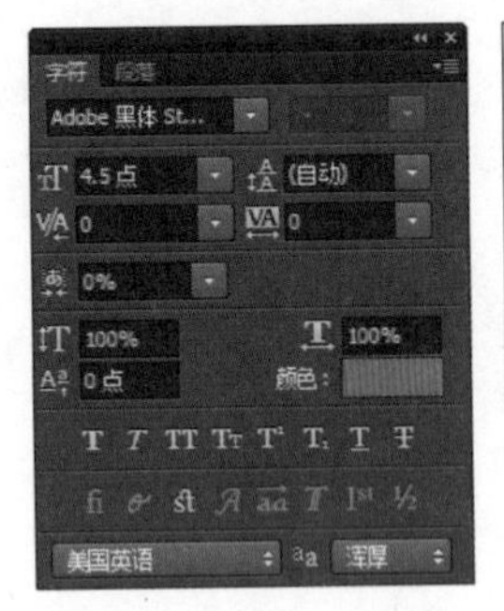

步骤 16 新建"图层 9"并将其移动至"图层 7"下方，接下来将在这个图层上通过描边路径的方式绘制投影。首先选择画笔工具，在选项栏设置画笔笔触为"柔边圆"、"大小"为 15 像素，设置前景色为黑色。然后单击钢笔工具，沿着红色矩形下方绘制一条弧线，如下图所示。

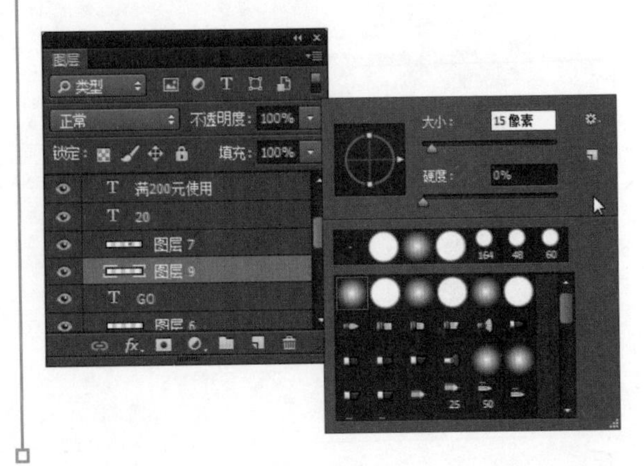

步骤17 在绘制好的路径上右击，在弹出的快捷菜单中选择“描边路径”命令，弹出“描边子路径”对话框，在对话框内选择“工具”为“画笔”，这代表将会用当前的画笔工具设置对路径进行描边操作，然后勾选“模拟压力”复选框，这样在描边时路径的两端就会以渐隐的形式呈现。设置完毕后单击“确定”按钮，描边效果如下图所示。然后按快捷键Ctrl+H将路径隐藏。

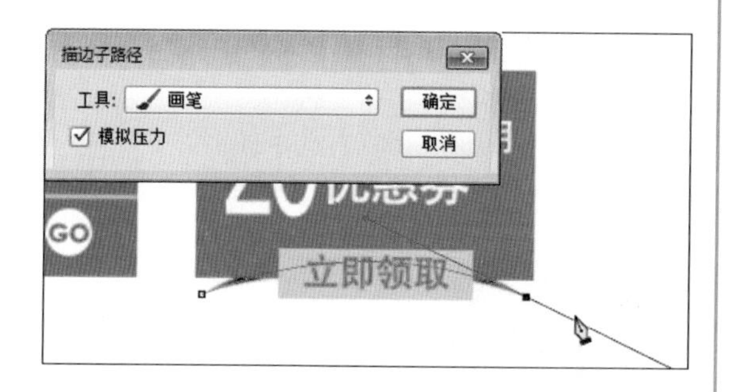

步骤18 选择“图层9”，执行“滤镜>模糊>高斯模糊”命令，在弹出的“高斯模糊”对话框中设置“半径”为2像素，此参数用于调整模糊的程度，数值越大，模糊的程度就越高。设置完毕后单击“确定”按钮，最终的投影效果如下图所示。

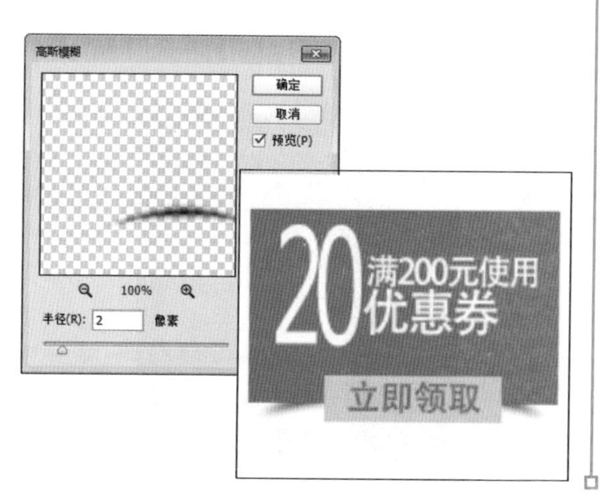

步骤19 单击椭圆工具，按住Shift键在矩形图案右边绘制一个正圆形路径。新建“图层10”，在“图层”面板内将其移至最上方，然后单击画笔工具，在选项栏设置画笔笔触为“硬边圆”、“大小”为2像素，然后设置前景色为玫红色。设置完成后，依旧选择椭圆工具，在正圆形路径上右击，在弹出的快捷菜单中选择“描边路径”命令，弹出“描边路径”对话框，在对话框内选择“工具”为画笔，取消勾选“模拟压力”复选框，单击“确定”按钮对正圆形路径描边，效果如下图所示。最后按快捷键Ctrl+H隐藏路径。

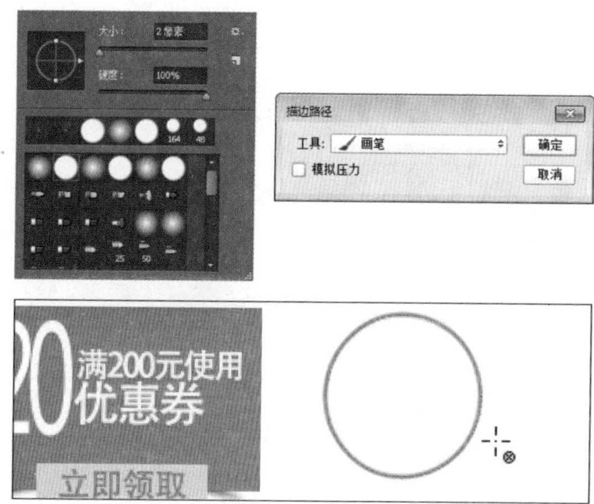

步骤20 在“图层”面板底部单击“添加图层蒙版”按钮，为“图层10”添加图层蒙版，然后设置前景色为黑色，使用画笔工具在蒙版内涂抹，隐藏圆形的部分线条，效果如下图所示。

步骤21 使用横排文字工具在圆形中单击输入文字“藏”，选中文字，在“字符”面板中设置字体为“造字工房朗宋”，大小、颜色等其他参数如下左图所示。效果如下右图所示。

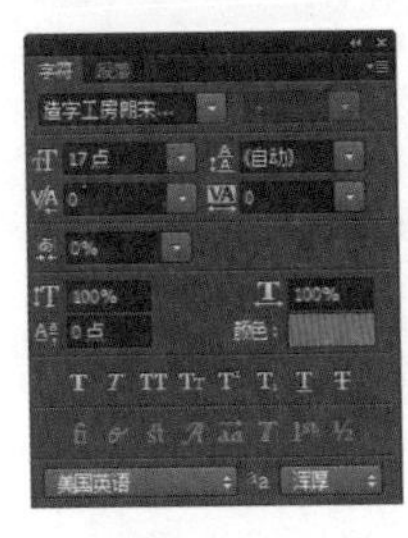

步骤22 在“图层”面板底部单击“添加图层蒙版”按钮，为这个文字图层添加图层蒙版。设置前景色为黑色，选择画笔工具，在蒙版中涂抹“藏”字的右下角，隐藏部分笔画，涂抹时要注意保持边缘光滑。隐藏了部分笔画后，“藏”字看起来活泼很多，效果如下图所示。

步骤23 在“图层10”上方新建“图层11”，设置前景色为红色，单击画笔工具，在选项栏设置画笔笔触为“硬边圆”、“大小”为2像素，然后在“藏”字被擦去的部分处绘制一条直线，丰富画面。效果如下图所示。

步骤24 使用横排文字工具在“藏”字右侧单击输入文字“收藏店铺”，选中文字，在“字符”面板中设置字体为“方正细等线”、字距为50，单击“仿粗体”按钮将文字加粗，以免笔画粗细与左侧的“藏”字差异过大。其他参数设置如下左图所示。效果如下右图所示。

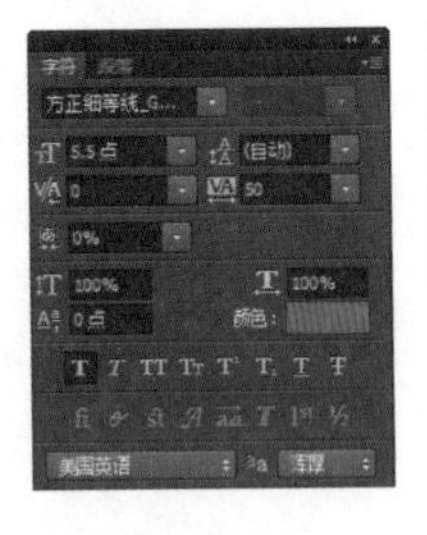

步骤25 继续使用横排文字工具在文字“收藏店铺”下方输入英文文字“BOOKMARKS”，选中文字，在“字符”面板中设置字体为“Arial Narrow”、字距为300，使文字的整体排列张弛有度，同样单击“仿粗体”按钮将文字加粗。文字的大小、颜色等其他参数如下图所示。至此，店招部分已制作完成。

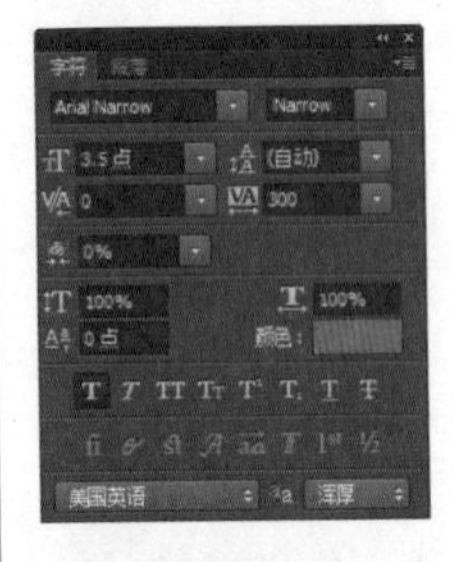

步骤26 接着制作导航条部分。在“图层”面板新建“导航条”图层组，用于容纳所有与导航条相关的图层，在该组内新建“图层12”，如下图所示。

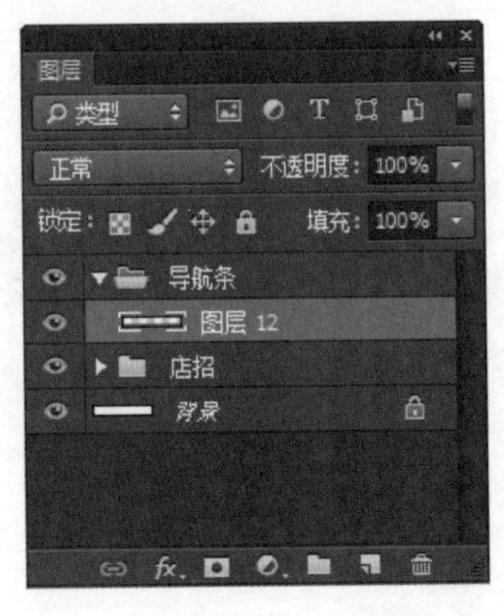

使用矩形选框工具在画面下方绘制矩形选区并填充上玫红色，作为导航条的背景，完成后取消选区，如下图所示。

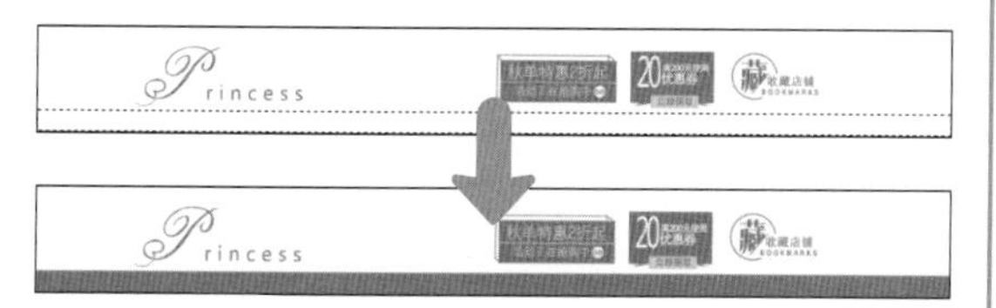

步骤27 继续新建“图层13”，单击圆角矩形工具，在选项栏设置“半径”为2像素（这个参数用于控制圆角矩形四个角的圆滑程度，参数越大，角越圆滑，参数越小，角越尖锐）。设置完成后在品牌徽标下方绘制圆角矩形，按快捷键Ctrl+Enter将路径转化为选区，然后对选区填充白色，在玫红色背景的衬托下更加醒目，完成后取消选区。效果如下图所示。

步骤28 新建“图层14”，在工具箱中单击自定形状工具，在选项栏的“形状”选项面板中选择“红心”形状，在白色的圆角矩形内绘制心形路径，将路径转化为选区后填充上玫红色，最后取消选区。效果如下图所示。

步骤29 使用横排文字工具在圆角矩形内单击输入文字“关注”，选中文字，在“字符”面板中设置字体、大小等参数，其中颜色为与导航条背景颜色一致的玫红色，如下图所示。

步骤30 继续在圆角矩形后使用横排文字工具输入文字“首页”，选中文字，在“字符”面板中设置文字的字体为黑体、颜色为白色，如下图所示。

步骤31 选择移动工具，将鼠标指针移动至画面中的文字“首页”上，按住Alt键不放，当鼠标指针变为形状时，再按下Shift键和鼠标左键不放，将文字沿着水平方向向后拖动一定距离，松开按键，复制出“首页”文字图层的拷贝。在“图层”面板中双击拷贝图层的缩览图，将图层中的文字选中，重新输入文字“全部宝贝”，如下图所示。

步骤32 重复上一步的操作，继续添加文字“秋单上新”“高跟单鞋”“平跟单鞋”“坡跟单鞋”“粗跟单鞋”“细跟单鞋”。在复制文字图层时要注意借助参考线来保持各组文字在同一水平线上并且间距均匀，完成后画面如下图所示。

步骤33 最后利用移动工具复制“细跟单鞋”文字图层，将文字更改为“夏末清仓【凉鞋2-5折】”，更改文字颜色为黄色（R254、G253、B108），丰富导航栏内的文字效果，同时也与店招中的黄色文字相呼应，效果如下图所示。至此，本案例已全部制作完成。

案例2 女鞋店铺首页设计

初步构想

上个案例为女鞋店铺制作了店招与导航条，第2章中制作了欢迎模块及平跟女鞋系列商品展示区，本案例则要在上述模块的基础上，继续制作自定义导航栏和坡跟女鞋系列商品展示区，最后将它们全部组合在一起，形成店铺的首页。

❶视觉效果统一的店铺首页能够帮助树立品牌形象，因此，本案例中新制作的模块要与已有模块保持一致的风格。

❷欢迎模块的主题是秋季女款单鞋的优惠活动，因为它位于首页的首焦位置，所以也定下了整个首页的基调。自定义导航栏的设计要延续这一主题。

❸尽管店铺首页以秋季为基调，但也不能忽视店铺品牌精神的突显，要添加一些能表现女性的甜美与优雅、能给消费者带去舒适感和品质感的元素。

灵感发散

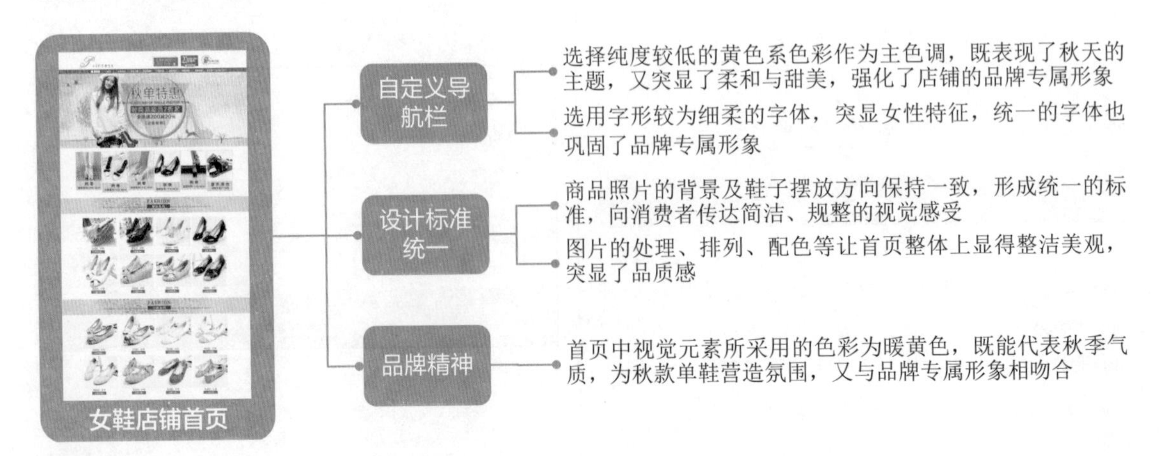

操作解析

素　材：随书资源\素材\03\鞋子1.jpg~鞋子6.jpg、坡跟1.jpg~坡跟8.jpg

源文件：随书资源\源文件\03\自定义导航栏.psd、坡跟女鞋系列商品展示区.psd、女鞋店铺首页设计.psd

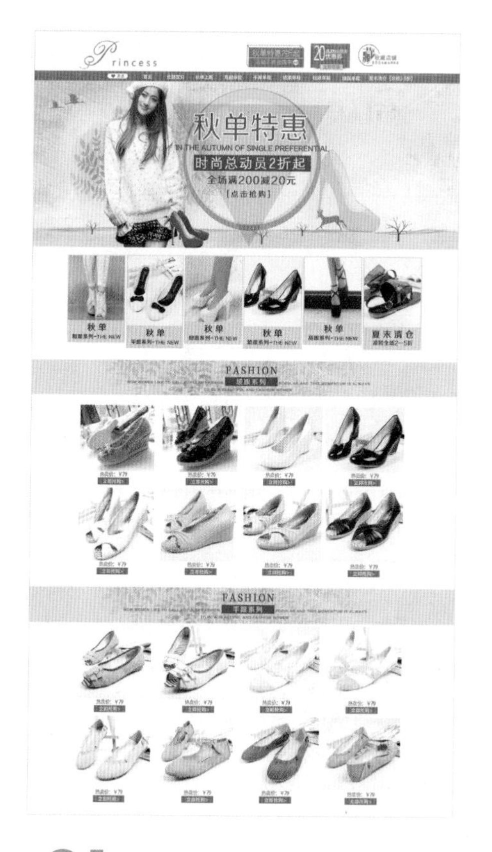

步骤01　首先制作自定义导航栏。在Photoshop中执行"文件>新建"命令，在弹出的"新建"对话框中按下图所示设置参数，单击"确定"按钮创建自定义导航栏的PSD文件。

步骤02　在工具箱中单击圆角矩形工具，在选项栏设置"半径"为2像素，然后在画面左侧绘制一个圆角矩形的闭合路径，如下图所示。

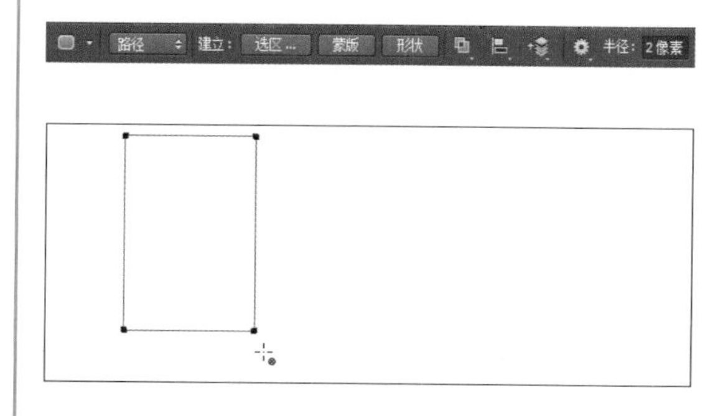

步骤03　在工具箱中选择路径选择工具，在圆角矩形路径上单击以选中此路径，然后按住Alt键，当鼠标指针的形状变为时，按住鼠标左键将圆角矩形路径拖动到右侧，复制出第二个圆角矩形路径。按快捷键Ctrl+T，在第二个圆角矩形路径上生成自由变换框，单击变换框下方的节点并向下拖动，增大第二个圆角矩形路径的高度，如下图所示。

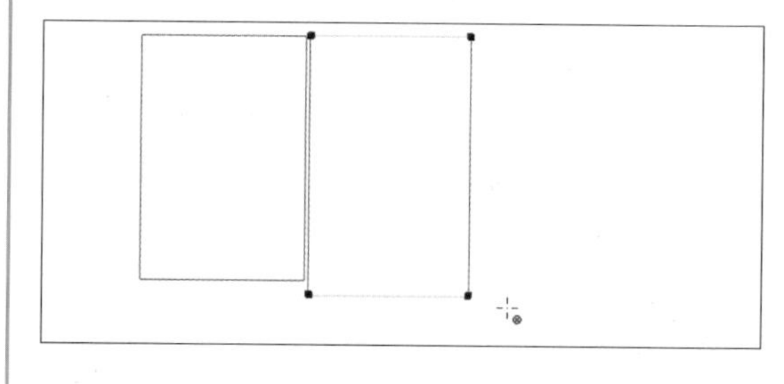

步骤04　继续使用上一步中的拖动复制法，将两个圆角矩形路径分别复制两份，最终得到六个圆角矩形路径，并按照高矮交错排列。如下图所示。

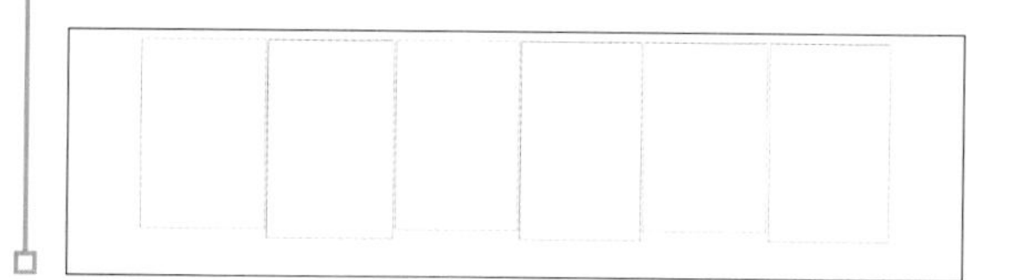

步骤05 单击路径选择工具，选中第一个圆角矩形路径，然后单击鼠标右键，在弹出的快捷菜单中选择“建立选区”命令，如下图所示。

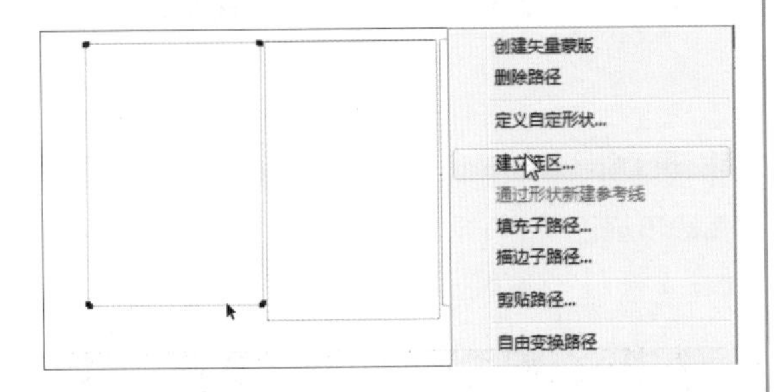

在弹出的“建立选区”对话框中设置“羽化半径”的数值为0（这样选区边缘就不会呈虚化状态），单击“确定”按钮建立选区，如下图所示。

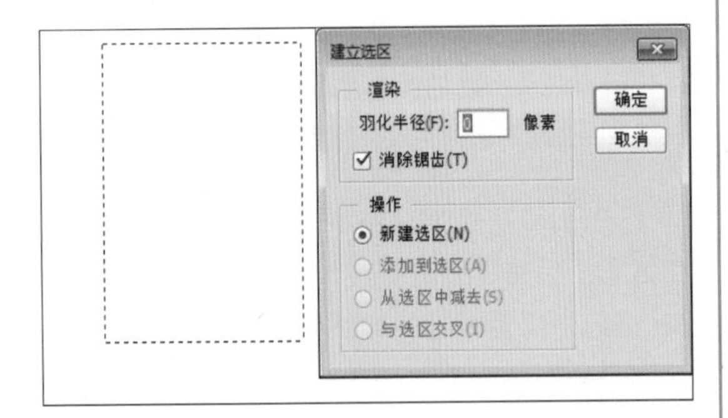

步骤06 设置前景色为黄色（R239、G207、B166），在“图层”面板新建“图层1”，按快捷键Alt+Delete用前景色填充选区，然后按快捷键Ctrl+D取消选区。效果如下图所示。

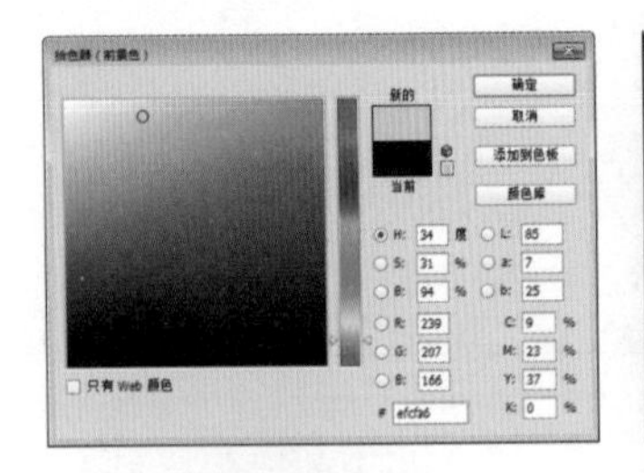

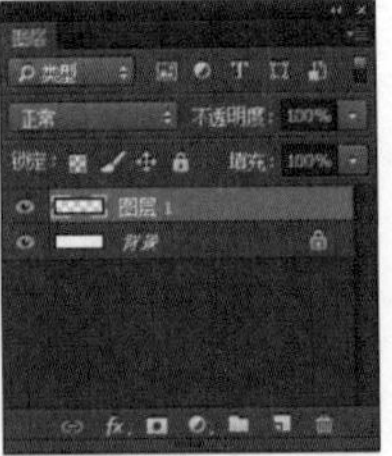

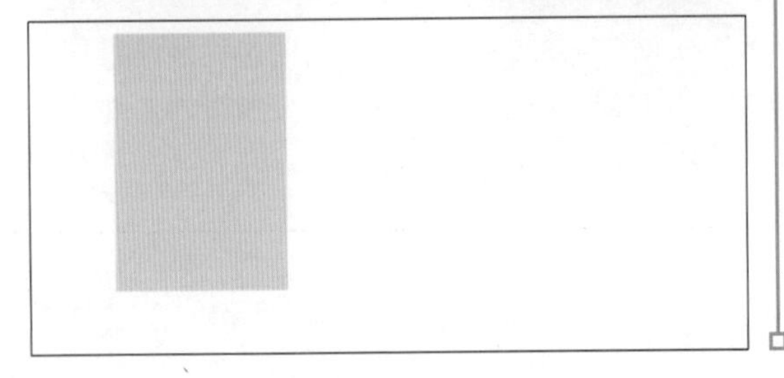

步骤07 重复步骤05和步骤06的操作，分别选中剩下的圆角矩形路径，将它们转化为选区，再新建多个图层，然后对选区填充颜色。完成后，在“图层”面板可看到在6个图层上分别制作了6个圆角矩形的图案，如右图所示，画面效果如下图所示。

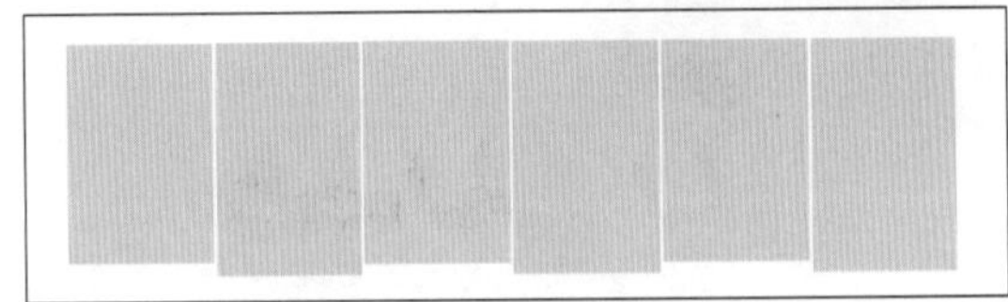

步骤08 在“图层”面板中选择“图层1”，单击“创建新图层”按钮，在“图层1”上方创建新图层“图层7”。单击矩形选框工具，在第一个圆角矩形图案内部绘制矩形选区并填充白色，如下图所示。后面会将鞋子商品图片以剪贴蒙版的方式置于这个白色矩形之中。

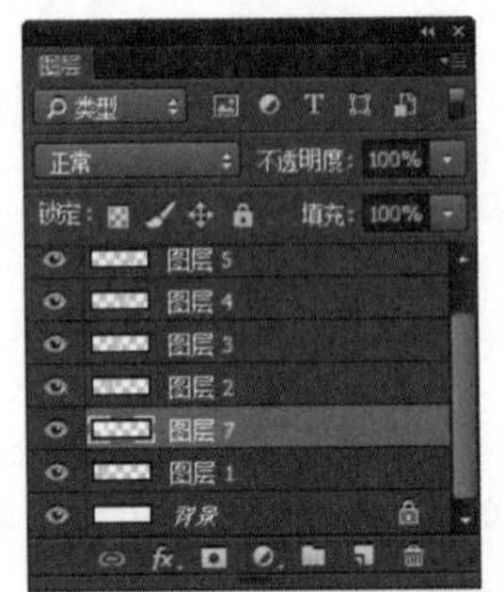

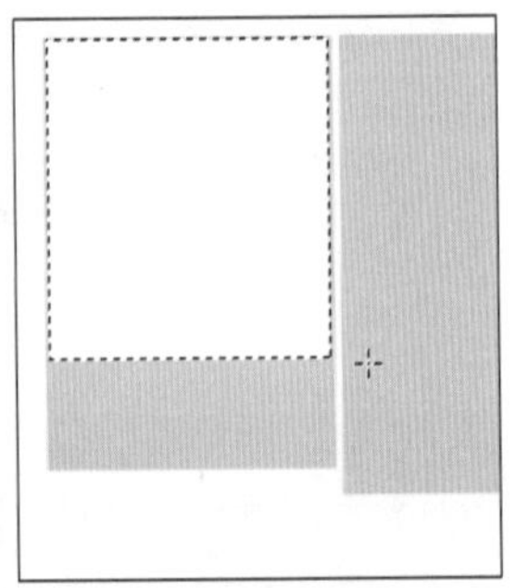

步骤09 重复上一步的操作，在“图层2”至“图层6”的上方分别新建“图层8”至“图层12”，然后使用矩形选框工具在圆角矩形图案内部绘制矩形选区并填充白色，完成后按快捷键Ctrl+D取消选区。最终效果如下图所示。

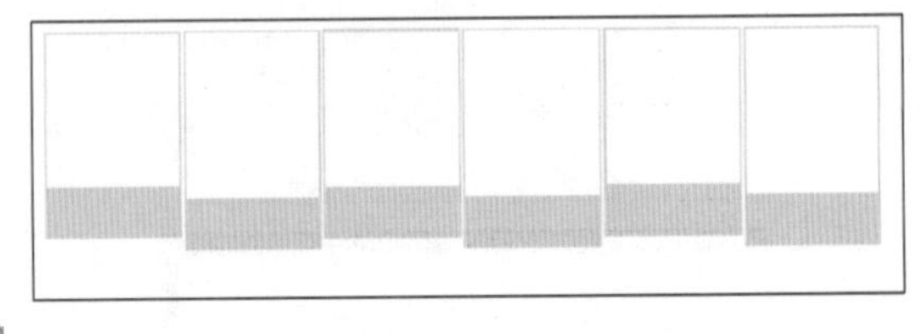

步骤 10　在“图层”面板中选择“图层 7”，然后在 Photoshop 中打开素材文件“鞋子 1.jpg”，如下图所示。

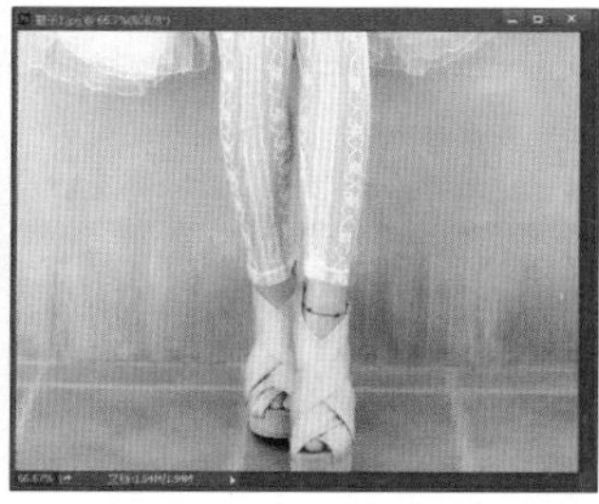

步骤 11　将“鞋子 1.jpg”文件中的图像拖动到自定义导航栏的 PSD 文件中，在“图层 7”上方生成新的图层“图层 13”。选择“图层 13”，按快捷键 Ctrl+Alt+G 创建剪贴蒙版，如下左图所示，使鞋子的图像只显示在“图层 7”中白色矩形的范围内。按快捷键 Ctrl+T 在图像上生成自由变换框，按住 Shift 键选择变换框四个角上任意一个节点向内拖动，将图像同比例缩小到合适大小，然后调整图像的位置，如下右图所示，按 Enter 键确定操作。这样就制作出导航栏上第一个商品类别的图像部分。

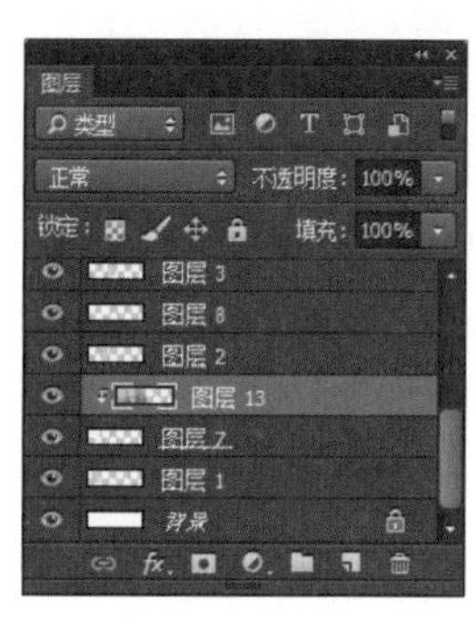

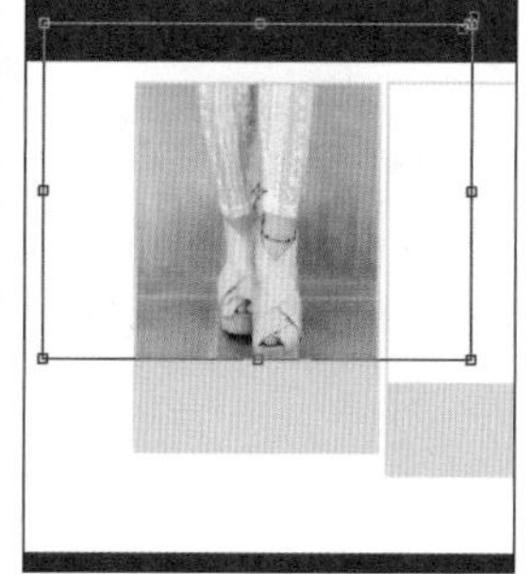

步骤 12　重复步骤 10 和步骤 11 的操作，制作出各个商品类别的图像部分，如下图所示。接下来需要在各个类别下加上分类文字。

步骤 13　在“图层”面板中单击“创建新组”按钮，创建“组 1”。使用横排文字工具在第一个商品类别图像的下方单击输入文字“秋单”，选中文字，打开“字符”面板设置文字的格式。其中，字体是“方正正准黑简体”，该字体字形大气高端，比较符合店铺形象；字距为 310，将文字的间距加大，使文字在矩形中的分布较为均衡；颜色为暗红色（R98、G17、B31），该颜色为暖色，同时也是适合表现秋季的颜色。完成后效果如下图所示。

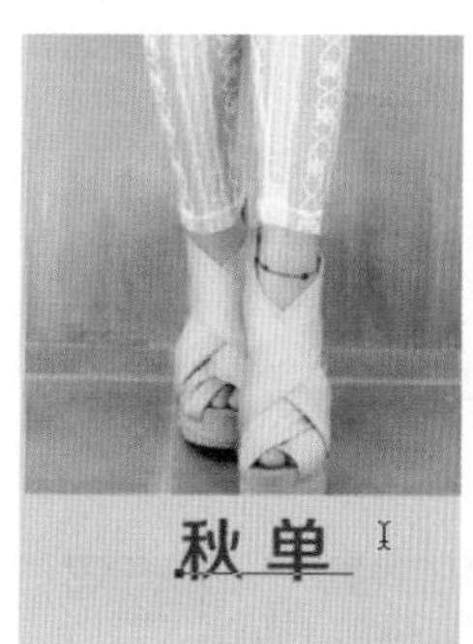

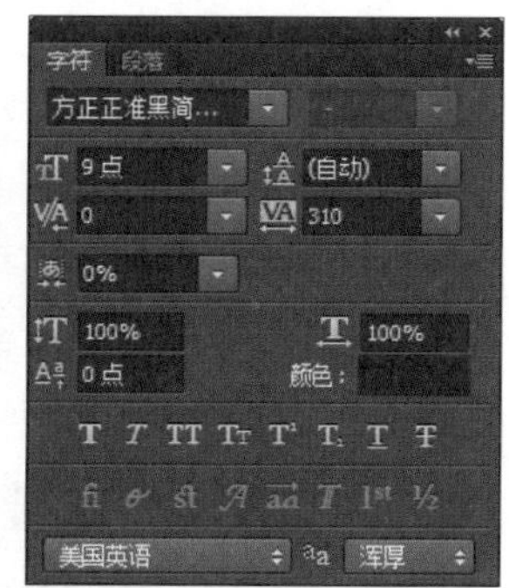

步骤 14　继续使用横排文字工具在文字“秋单”下方单击输入文字“粗跟系列 -THE NEW”，选中文字，在“字符”面板中更改文字大小为 5.5 点，设置完成后，发现文字超出了黄色矩形的边缘，如下图所示。

步骤 15　继续使用横排文字工具选中英文文字“THE NEW”，在“字符”面板中更改大小为 4.5 点，将英文文字缩小，使其不超出黄色矩形的边缘，如下图所示。

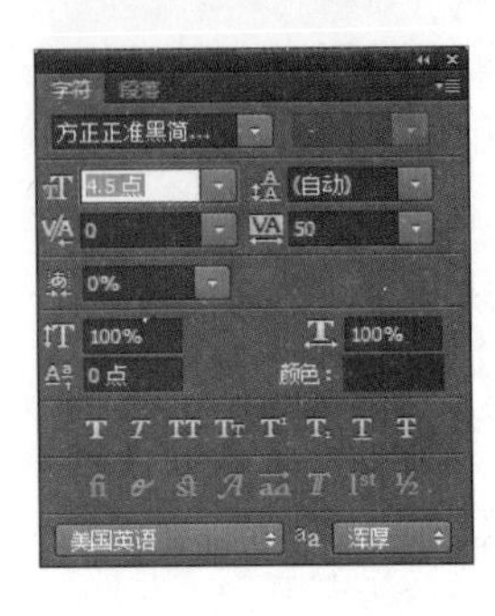

步骤 16 按快捷键 Ctrl+J 复制“组 1”生成“组 1 拷贝”组，在“图层”面板中选择该组，在画面中将其移至第二个商品类别图像的下方。使用横排文字工具编辑第二个商品类别的文字，将“粗跟”更改为“平跟”，如下图所示。

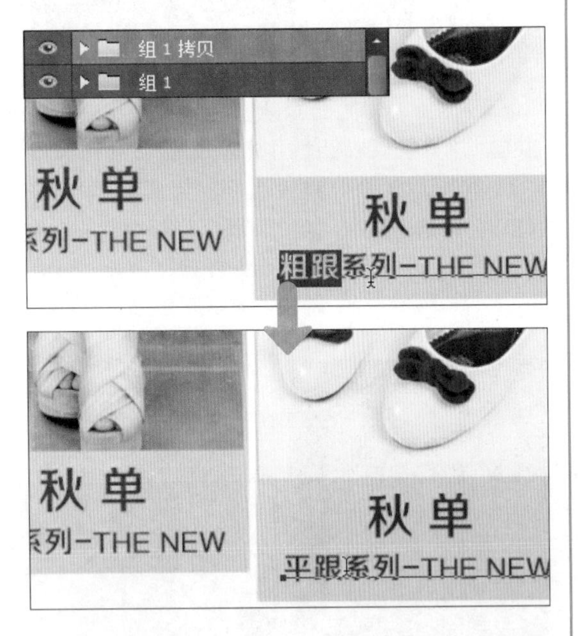

步骤 17 重复上一步的操作，通过复制图层组并更改文字的方法，制作出其他商品类别的文字，至此已完成了自定义导航栏的制作，如下图所示。最后保存并关闭该文件。

步骤 18 接着制作坡跟女鞋系列商品展示区。首先执行“文件＞打开”命令，打开第 2 章中制作的“平跟女鞋系列商品展示区 .psd”，另存为“坡跟女鞋系列商品展示区”，如下图所示。接下来将其中的文字和图像更改为坡跟女鞋的相关内容，以加快制作速度。

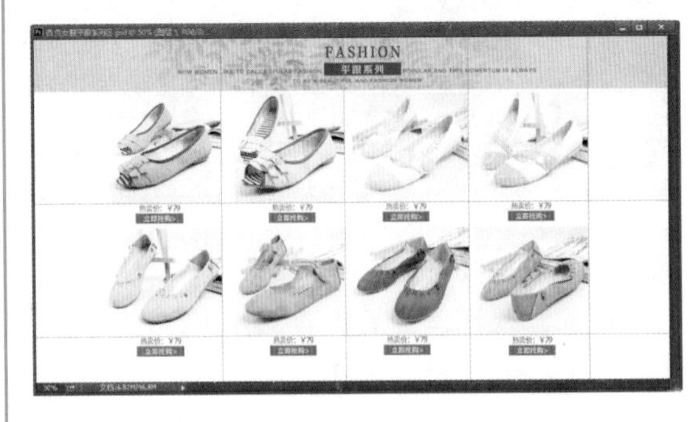

步骤 19 按快捷键 Ctrl++，放大图像，将鼠标移至文字“平跟系列”上右击，在弹出的菜单中选择“平跟系列”选项，如下图所示，这样便选中了“平跟系列”文字图层。

在“图层”面板中双击该文字图层的缩览图，进入文字编辑状态，将“平跟”更改为“坡跟”，如下图所示。

步骤 20 在 Photoshop 中打开素材文件“坡跟 1.jpg”，如下左图所示。在“平跟女鞋系列商品展示区 .psd”文件中将鼠标指针移至第一双鞋

子图像上右击，在弹出的菜单中选择“图层 7”选项，如下右图所示，快速选中图像所在的图层。

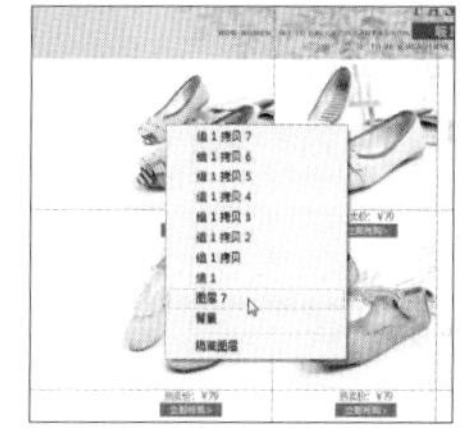

步骤21　在“图层”面板中可看到选中了“图层 7”。将“坡跟 1.jpg”图像拖动至“平跟女鞋系列商品展示区 .psd”文件中，在“图层 7”上方生成新的图层“图层 13”，按快捷键 Ctrl+Alt+G 创建剪贴蒙版，将坡跟鞋子的图像覆盖在原来的平跟鞋子图像上，相当于将平跟鞋子的图像替换掉。按快捷键 Ctrl+T 在鞋子图像上生成自由变换框，对图像进行同比例缩小，如下图所示，按 Enter 键确定操作。

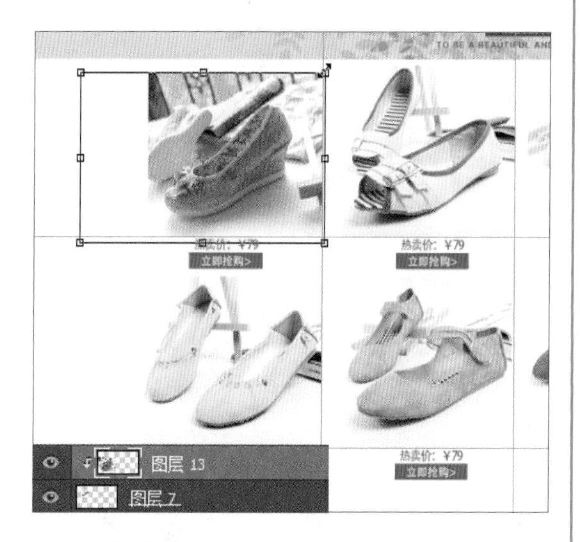

步骤22　重复步骤 20 和步骤 21 的操作，将原来的平跟鞋子图像一一替换为坡跟鞋子的图像，效果如下图所示。观察鞋子图像，发现第一行图像的顶部和第三列图像的左侧边缘参差不齐，这是因为之前的平跟鞋子图片尺寸不一致，只是图像背景颜色较浅，所以在白色底色上不明显，而坡跟鞋子的图像背景颜色较深，使得这种参差不齐变得明显。接下来可以用白色图像将多余的图像覆盖掉。

步骤23　使用矩形选框工具在第一行图像的顶部创建矩形选区，如下图所示。

步骤24　在“图层”面板最上方新建一个空白图层，对该图层的选区填充白色，此时可以看到第一行图像的高度变得一致，如下图所示，完成后取消选区。

步骤25 继续使用矩形选框工具在第三列图像的左侧边缘建立矩形选区并填充白色，如下图所示，完成后取消选区，画面中鞋子图像的边缘更加整齐了。

步骤26 接下来需要将首页各个部分的PSD文件分别存储为JPG格式图像，再将这些JPG图像进行拼合，才能完成店铺首页图像的制作。执行"文件 > 存储为"命令，在打开的对话框中将文件存储在"随书资源\源文件\03"文件夹中，将"保存类型"更改为JPEG格式，单击"保存"按钮保存图片，如下图所示。继续打开首页其他部分的PSD文件，并另存为JPG格式图像。

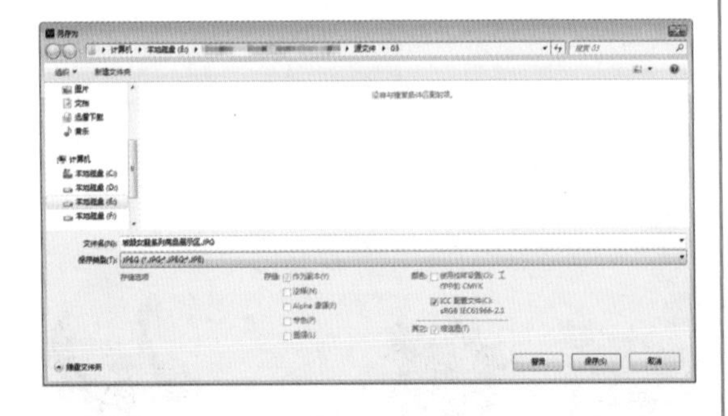

步骤27 在Photoshop中关闭所有文件，执行"文件>打开"命令，打开"随书资源\源文件\03"文件夹中的所有JPG文件。然后执行"文件>新建"命令，在打开的对话框中设置"宽度"为16厘米、"高度"为32厘米，单击"确定"按钮。将"店招与导航条.jpg"文件拖动至当前PSD文件中，按快捷键Ctrl+T在图像上生成自由变换框，将图像调整至与画面同宽并放置在画面顶端，如下左图所示。然后将"女鞋店铺欢迎模块.jpg"文件拖动至当前PSD文件中，重复之前操作，将其放置在店招与导航条图像的下方，如下右图所示。

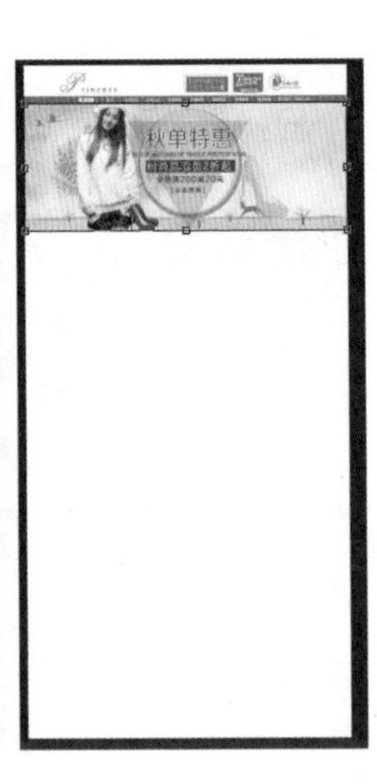

步骤28 继续按照上一步中的方法，将"自定义导航栏.jpg""平跟女鞋系列商品展示区.jpg""坡跟女鞋系列商品展示区.jpg"依次拖动至文件中，将图像调整至与画面同宽并摆放到合适位置，如下图所示。

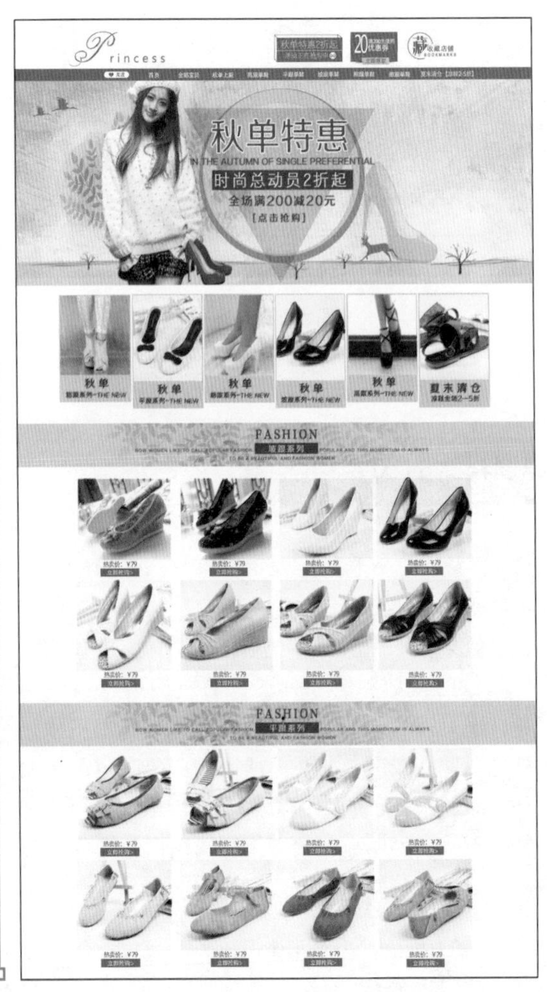

步骤 29 使用裁剪工具将图像下方多余的空白区域裁去，如下左图所示。执行“文件 > 存储为”命令，将文件存储在“随书资源 \ 源文件 \03”文件夹中，“保存类型”为 PSD 格式。如果要上传至淘宝，需要执行“图像 > 图像大小”命令，将“宽度”更改为 950 像素，如下右图所示，这样才符合上传的尺寸要求。

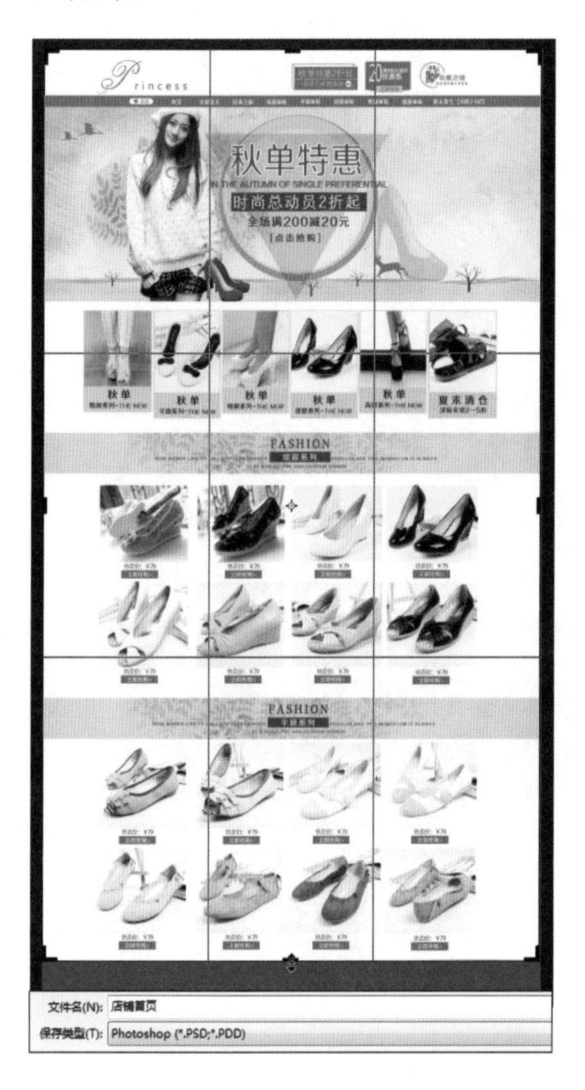

第4章

视觉营销中的细分设计

细分思维能帮助商家更好地展现营销内容，在方便消费者购物的同时获得他们的好感与关注。电商的视觉营销需要带着这样的思维进行视觉设计，才能让营销更有力。

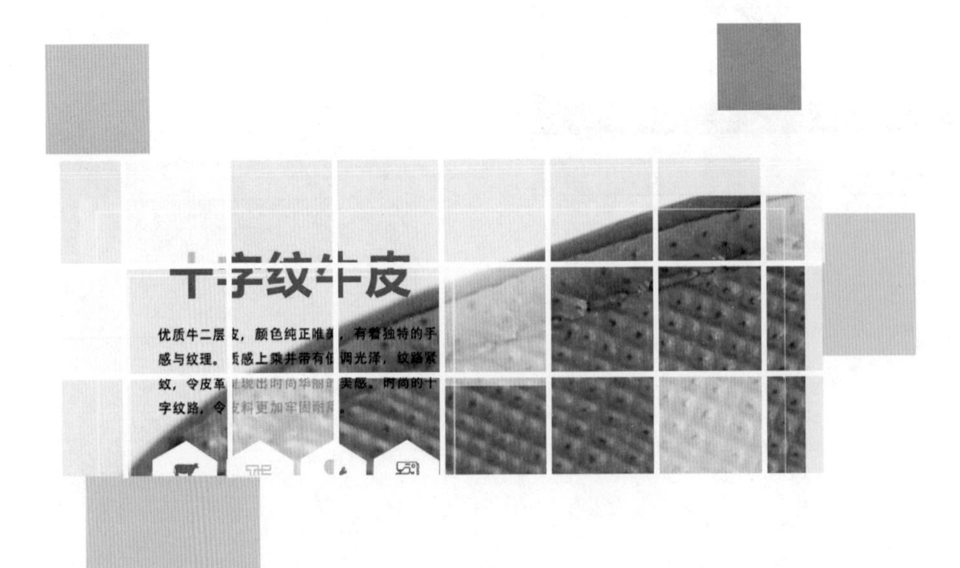

电商的视觉营销除了需要拥有夺目的视觉设计，还需要专注细节，才能获得消费者的好感，这时就要用到细分思维。细分能更好地展现营销内容，在方便消费者购物的同时获得他们的好感与关注，下面便来详细讲解。

4.1 细化分类让消费者更快找到商品

大多数大型实体卖场都会设立购物引导图，以在视觉上展示卖场中商品的层级关系，让消费者更加方便快捷地了解和挑选商品。这种手段对网店来说也是必不可少的，它能让消费者更加流畅地购物，而良好的购物体验能使消费者对店铺产生信赖，从而提高店铺的转化率与收益。为了让这种层级关系的展示更为合理，需要先对商品进行细分，主要方法有以下两种。

4.1.1 根据商品特点进行的常规细分

用于展示商品细分情况的版块称为导航。以淘宝店铺为例，导航又分为顶部导航、侧边栏导航、自定义导航。如下图所示为某女装网店的导航设计，其中的自定义导航采用了常规细分的方式，根据商品最为大多数消费者所熟知的属性和特点划分出了“T恤”“蕾丝衫”“裤装”等类目。

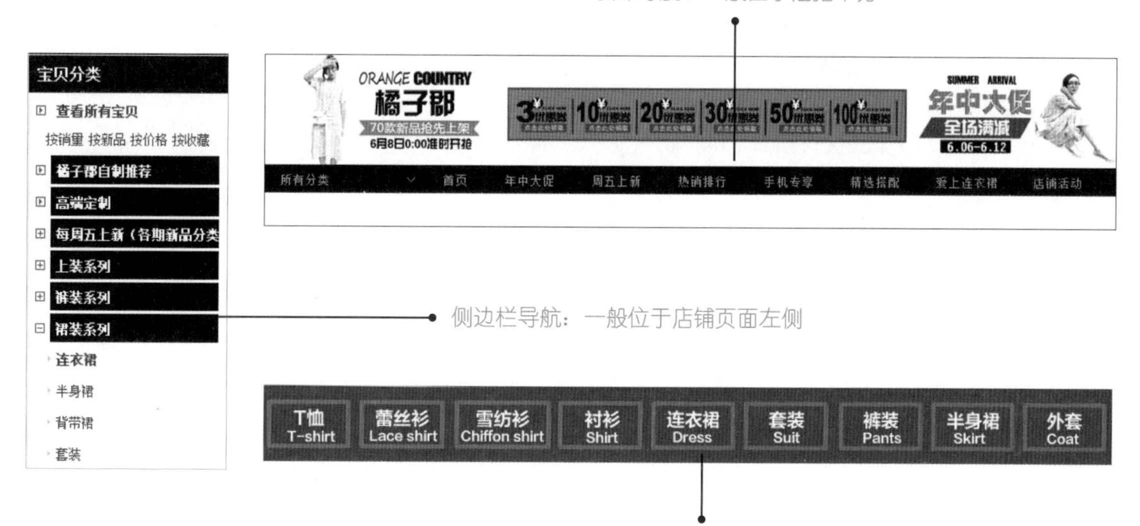

自定义导航尽管设计自由度较高，但设计时也不能随心所欲，需要注意以下两点：

- 视觉表现要与细分的逻辑关系保持一致，例如，“T恤”类目下不能出现“裤子”子类目；
- 视觉表现要符合店铺的装修风格。

4.1.2 根据店铺特点进行的特色细分

在常规细分的基础上，还可以根据店铺特点进行特色细分，如下图所示。特色细分可从商品卖点和受众群体两个方面着手。

❶ 侧边栏导航中的常规细分　　❷ 顶部导航中的特色细分

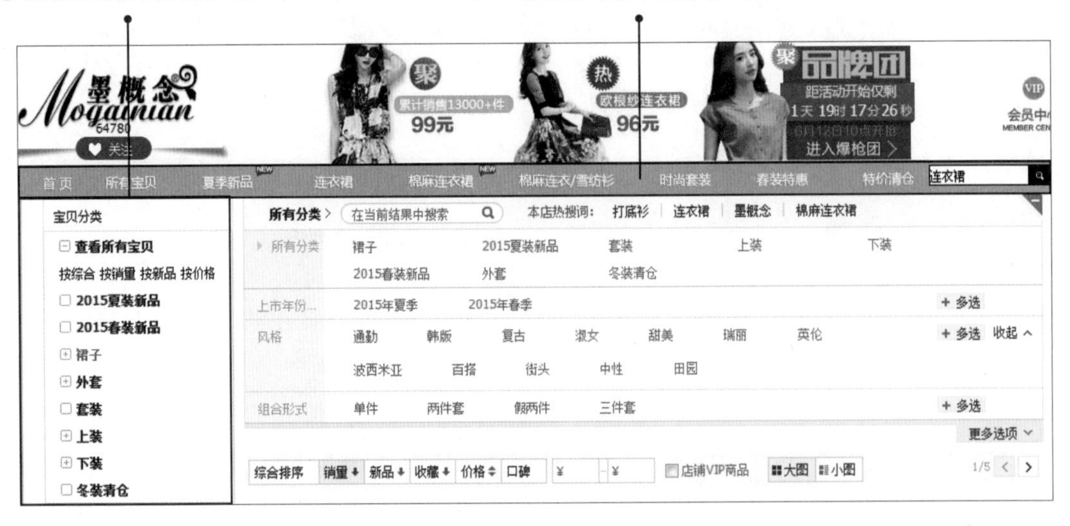

先来看看第一个方面。根据商品卖点进行的细分中，最常见的是设立“热卖商品”的分类。热卖商品已经获得了众多消费者的认可，在从众心理的驱使下，还会有更多的消费者选择购买，因此有必要为其专门开辟一个通道，让后来的消费者可以快速找到这些商品。

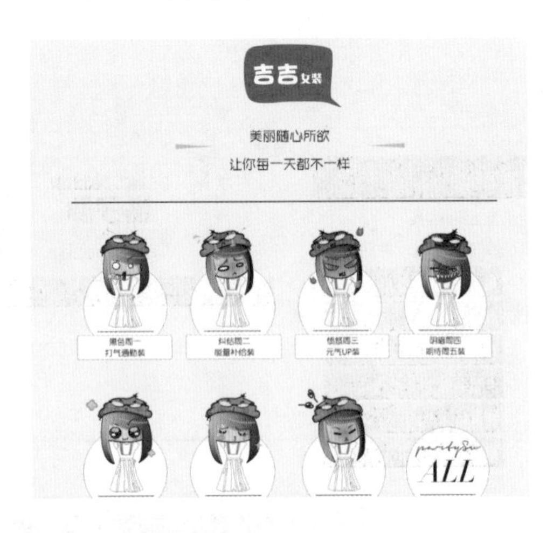

再来看看第二个方面。如今，随着物质生活的丰富，消费者的购物需求也愈发多样化，常规的细分方式可能已经无法吸引消费者的眼球，商家就需要迎合商品受众的口味及个性进行细分。如右图所示为“吉吉女装”店铺首页中的自定义导航，它根据目标受众群体——年轻白领女性一周七天的心情变化对商品进行特色细分，非常新奇有趣、富有创意，相信不少消费者看到后会产生心理上的共鸣，从而激发出点击和购买的兴趣。

4.2 细分让商品与店铺更具营销力

细分思维不仅限于细分商品、给消费者明确的购物指引，它还能应用于网店视觉设计的方方面面，使商品和店铺的营销力更上一层楼。

4.2.1 细分受众心理，找准诉求点

为了更好地进行商品营销和推广，首先需要细分商品的受众群体，做到有的放矢；其次要细分受众群体的心理，找准他们的诉求点，并迎合他们的心理进行视觉设计，通过心理上的共鸣打动消费者。

例如，通过分析一款女式皮包的特点并结合购买者的评论等信息，可以将它的受众细分并定位为白领女性。接着分析白领女性对皮包商品的诉求点：这一群体不仅追求皮包的时尚与品质，更希望皮包使用便利，在职场和生活中助自己一臂之力。商家便需要将这些诉求点通过视觉手段表现出来，如下图所示。

❶ 在对商品进行详细说明前，首先根据受众群体的诉求点提炼出商品的卖点，以醒目、简洁的设计展示在消费者眼前，吸引她们的注意

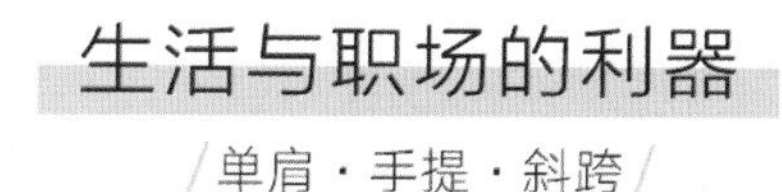

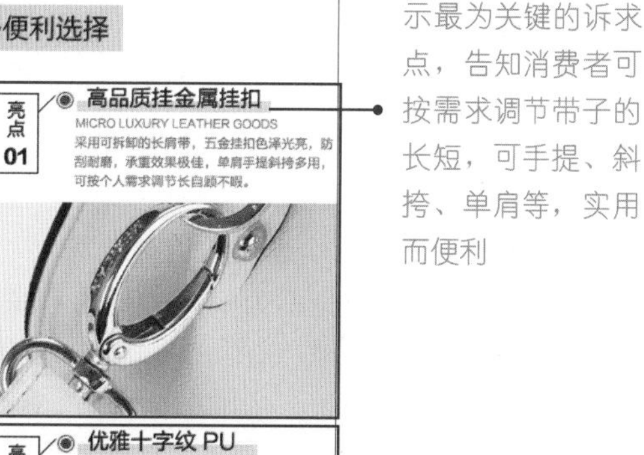

❷ 通过模特展示图，让消费者对商品的外观和使用效果有更直观的认识

❸ “亮点01”展示最为关键的诉求点，告知消费者可按需求调节带子的长短，可手提、斜挎、单肩等，实用而便利

❹ “亮点02”对商品的材质进行说明，表现商品的时尚外观与优良品质

4.2.2 根据品牌需求细分设计方向

当品牌发展到一定阶段后，商家可能会选择拓展业务范围，以赢得更多的市场、更大的发展空间、更高的收益。商家会根据各个细分目标市场，分别使用不同品牌，这种策略就是多品牌策略。多品牌的存在有利于定位各个细分市场，突显各自的个性和特点，更有针对性地吸引不同的消费群体。例如，“素缕”本是一个女装品牌，当发展到一定规模后，便开始进行品牌扩展，涉足男装与童装领域。这种品牌上的细分导致了对视觉设计也要进行细分。

下左图为“素缕”女装的店铺首页首屏，无论是品牌徽标的设计、顶部导航的字体，还是广告图片的拍摄方式和图片中的字体，都流露出清秀、文艺的气息，突显了女性的优雅。

下右图为“素缕”女装的姊妹品牌“自古”男装的店铺首页首屏，它的视觉设计就突出了男性的刚强，如字体的笔画更粗壮等，这符合男性受众群体的基本特征。

在贴合男性受众群体基本特征的基础上，“自古”品牌的首页又根据品牌自身的需求进行了诸多细分设计，具体分析如下。

- 能表现男性刚强气质的字体较多，但是“自古”品牌首页的文字设计选择了中国传统书法风格的字体，这是为了通过其古韵十足的造型来表现品牌主打的“东方禅意”路线。
- 选定了字体后就要考虑文字的布局，究竟是横着、竖着还是斜着，也需要通过细分来进行选择。与横式排版相比，竖式排版符合中国古人的书写习惯，更能从视觉上营造古典气质，从而体现禅意。
- 首页的轮播图片选用了竹林的场景，因为“翠如青竹”常被用来形容男性品格高尚，同时竹子清丽脱俗的风韵、不为尘世所扰的自净自清也与品牌的禅意路线相吻合。

接着来看看“素缕”女装的另一个姊妹品牌“果芽”童装的视觉设计。能表现儿童特征的视觉元素与设计细节很多，如下图所示。

活泼的配色
表现儿童的可爱

自由随性的涂鸦
表现儿童的天马行空

清新淡雅的设计
表现儿童的稚气未脱

虽然表现儿童特征的元素很多，但是，“果芽”追求的是自然与鲜活的品牌性格，在进行视觉设计时就要围绕这一需求进行细分选择，才能找到贴切的视觉符号，如下图所示。

❶ 品牌徽标的配色采用了绿色、棕色等植物的色彩，搭配幼芽图形，突显了稚嫩

❷ 轮播图、店招、顶部导航中文字的色彩和字体都不同程度地营造出了清新可爱的视觉感受

❸ 轮播图选择了树林中的场景，儿童在大自然的怀抱中尽情嬉戏，展现了自然、鲜活的品牌性格

案例1 饰品店铺商品详情页中的自定义导航栏设计

初步构想

本案例要制作的是某饰品店铺商品详情页中的自定义导航栏，这一区域的设计自由度较大，在对细分信息进行视觉表现时要注意以下几点。

❶视觉表现要与细分时的逻辑关系保持一致，对于有层级关系的分类要注意层级清晰，让消费者能够快速找到分类。初步的构想是按饰品的品种进行分类，做到简洁、工整，让消费者一目了然。

❷尽管本案例不涉及店铺的整体装修，但也需要对店铺的整体风格进行大体构思，这样才能使制作出的自定义导航栏与店铺整体风格保持一致。

❸自定义导航栏中各商品分类的图片、文字、装饰图案的选择和设计要在细分品牌诉求的基础上进行。

灵感发散

自定义导航栏

- 细分的逻辑
  - 首先按饰品的品种进行常规细分，如“胸针专区”“戒指专区”“耳饰专区”等，这种分类方式符合大多数消费者对饰品的认知，方便他们快速查找商品
  - 在常规细分的基础上，添加“新品精选”的特色分类，以表现店铺一直在推出新的商品，从而树立专业、用心的品牌形象
- 顾及店铺装修风格
  - 虽然本实例不涉及整体店铺的装修，仍要对店铺整体风格进行构思
- 品牌诉求细分的视觉表现
  - 按分类选择对应的商品图片，让消费者能更直观地选择商品
  - 选择较为正式且笔画纤细的字体，表现饰品的典雅风格

操作解析

素 材：随书资源\素材\04\饰品1.jpg~饰品6.jpg

源文件：随书资源\源文件\04\饰品店铺商品详情页中的自定义导航栏设计.psd

步骤01 自定义导航栏的尺寸视页面布局而定，没有必须遵循的标准，只需要在上传时保证图片文件大小不超过 100 KB 即可，以免影响页面打开速度。在 Photoshop 中执行“文件 > 新建”命令，打开“新建”对话框，设置好文件的参数，如下图所示。单击“确定”按钮新建空白文档。

步骤02 单击矩形选框工具，在“图层”面板新建“图层 1”，在画面左侧绘制矩形选区并对选区填充黑色，如下图所示，按快捷键 Ctrl+D 取消选区。后续步骤中将通过创建剪贴蒙版的方式将商品分类图片显示在矩形范围内。

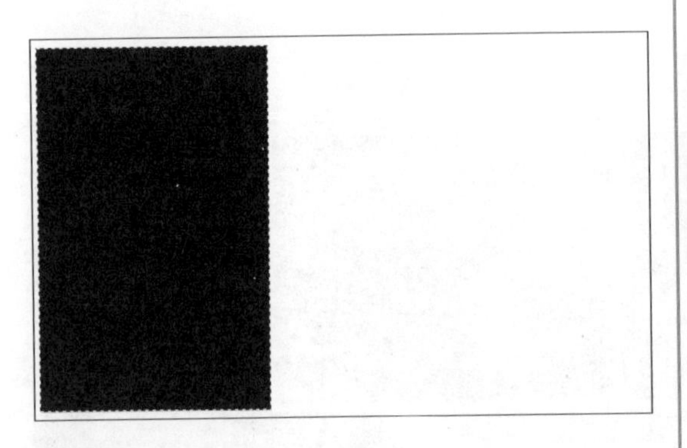

步骤03 选择“图层 1”，按快捷键 Ctrl+J 复制“图层 1”生成“图层 1 拷贝”图层。按住 Shift 键，使用移动工具将复制生成的黑色矩形向右水平移动。完成后按快捷键 Ctrl+T，在复制生成的黑色矩形上生成自由变换框，如下图所示。

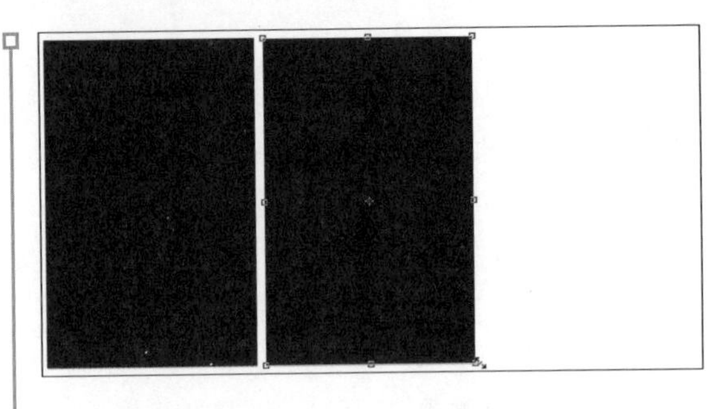

选中变换框右下角的节点，将其向上移动，改变黑色矩形的高度，如下图所示，按 Enter 键确定变换。这样便制作出了第二个黑色矩形。

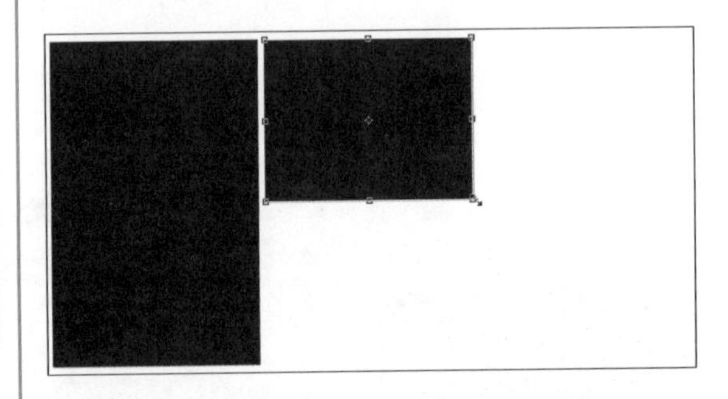

步骤04 重复上一步的操作，继续复制黑色矩形并调整其位置和大小，最终效果如下图所示。至此，导航栏中六张图片的位置便全部确定了。

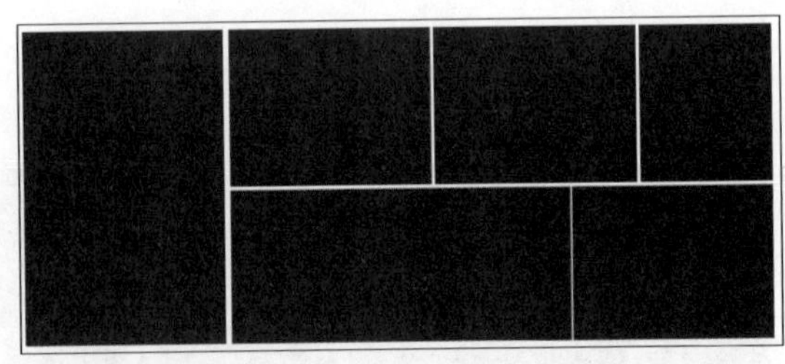

步骤05 打开素材文件“饰品 1.jpg”，将其拖动至本案例的 PSD 文件中，生成新的图层“图层 2”。将“图层 2”移动至“图层 1”上方，按快捷键 Ctrl+Alt+G 创建剪贴蒙版，再按快捷键 Ctrl+T 在图像上生成自由变换框，调整图像的大小和位置，使饰品图像完整地显示在“图层 1”上的黑色矩形范围内，如下图所示，按 Enter 键确定操作。

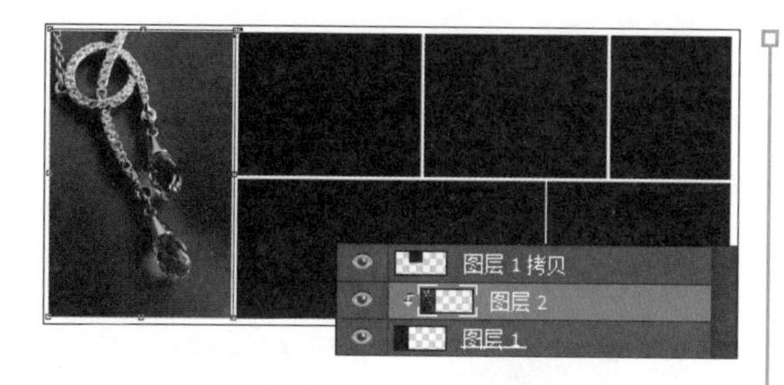

步骤06 重复上一步的操作，将其余的饰品素材图像添加到画面中，通过创建剪贴蒙版限制其显示范围，并调整大小和位置。操作过程中要注意为后续要添加的商品类别文字留出足够的空间。至此，导航栏内的商品类别图像全部添加完毕，如右图和下图所示。

步骤07 在“图层”面板内创建“组 1”，接下来将在这个组内制作第一组商品类别的文字。在该组内新建空白图层，使用横排文字工具在最左侧图像的左下角单击，然后输入文字“新品精选”，如下图所示。

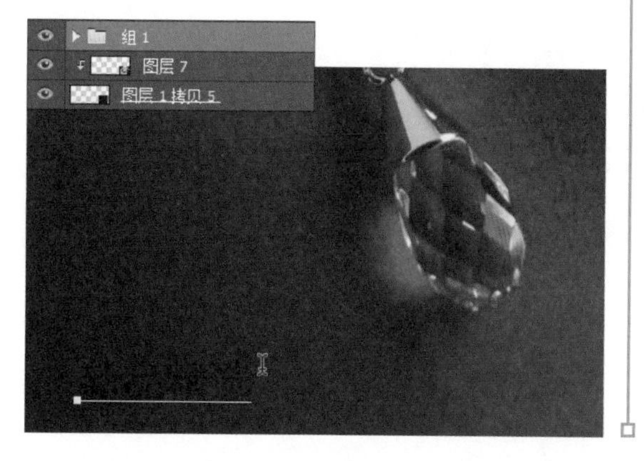

步骤08 选中刚才输入的文字，打开“字符”面板，设置文字的颜色为白色（R255，G255，B255）、字体为“方正细等线”、大小为 18 点、字距为 -100，使文字看起来更加紧凑。单击面板下方的“仿粗体”和“下画线”按钮，加粗文字并添加下画线，对文字起强调作用。效果如下图所示。

步骤09 文字调整完成后，继续在组内新建空白图层，单击横排文字工具在文字“新品精选”下方单击生成活动光标，按 Caps Lock 键，保持大写锁定的状态，输入英文“NEW SELECTION”。选中英文文字，在“字符”面板中设置文字字体、大小等。其中字距为 0，是为了使英文文字与上方中文文字的行宽一致。单击“仿粗体”和“下画线”按钮，取消粗体和下画线效果，使英文与中文形成一定差异，如右图所示。效果如下图所示。

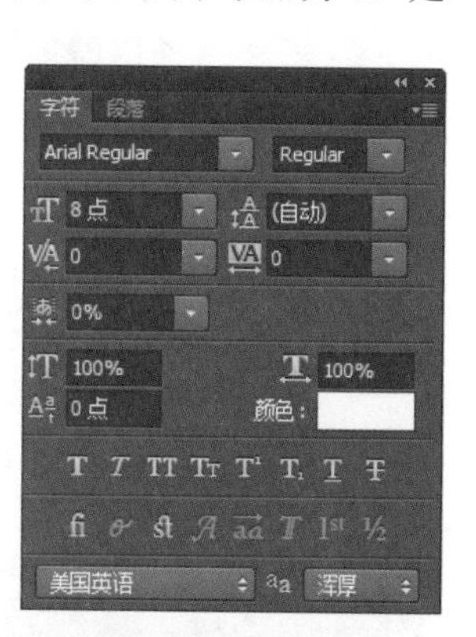

步骤 10 接下来在文字右侧绘制装饰图形，并添加引导消费者点击的文字，作为导航栏中的热点链接。单击“创建新图层”按钮，在“组 1”内新建“图层 8”，单击矩形选框工具，在文字右侧绘制矩形选区并填充上蓝色（R11、G33、B118），完成后取消选区，如下图所示。

步骤 11 选择矩形所在的“图层 8”图层，将该图层的混合模式更改为“颜色”，使矩形透出下层图像的纹理，与下层图像结合得更加自然，如下图所示。

步骤 12 使用横排文字工具在蓝色矩形上单击输入文字“进入 I ENTER”，选中输入的文字，在“字符”面板中设置文字的字体为“华文细黑”（这是为了让文字中的“I”显示为竖线形状，起分隔作用），然后设置大小为 6 点、颜色为白色，其他参数如右图所示。完成后画面效果如下图所示。

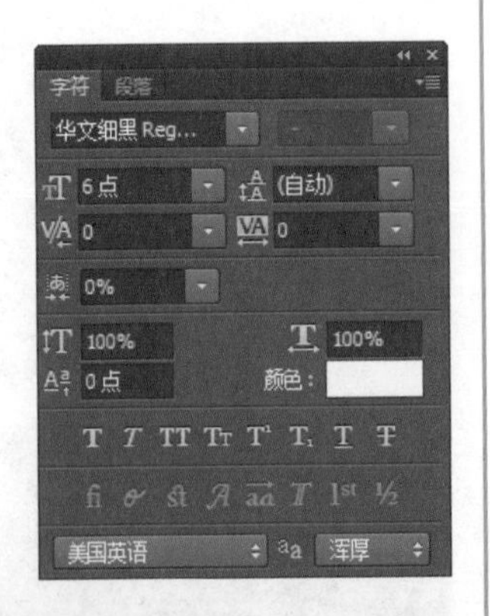

步骤 13 在“图层”面板中选择“组 1”，按快捷键 Ctrl+J 复制“组 1”生成“组 1 拷贝”组，使用移动工具将其移动至右侧图像上，如下图所示。接下来可以直接更改文字来制作另一商品类别的文字说明。

步骤 14 打开“组 1 拷贝”组，选择“新品精选”文字图层，双击其缩览图选中文字，将文字更改为“发饰专区”，在“字符”面板中设置文字大小为 10 点，将文字缩小，然后使用移动工具调整文字位置，如下图所示。

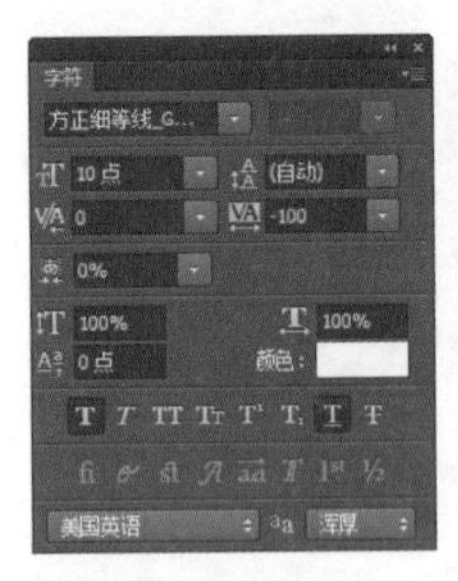

步骤 15 重复上一步的操作，选中英文文字，然后重新输入发饰专区对应的英文文字，在“字符”面板中将英文文字的大小更改为 4 点，使用移动工具将其移动至中文文字的下方，这样“发饰专区”的文字部分就制作完成了，如下图所示。

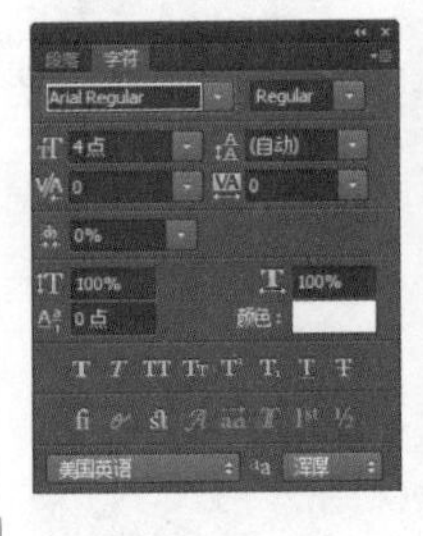

步骤 16　选择“组 1 拷贝”组中的“图层 8 拷贝”图层，按快捷键 Ctrl+T 在蓝色矩形上生成自由变换框，调小矩形，使其与左侧文字的比例更加协调，如下图所示，按 Enter 键确定操作。

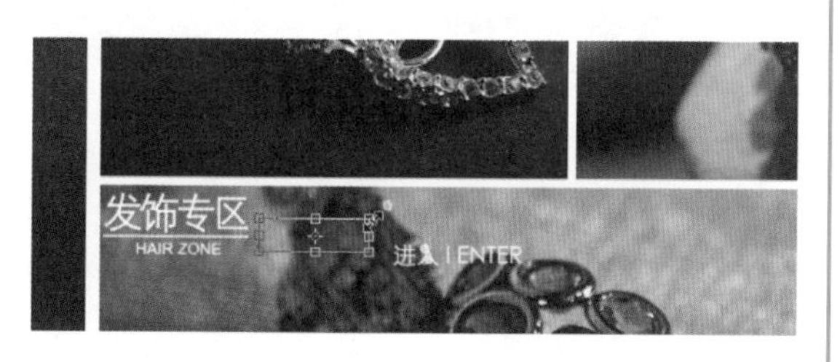

按快捷键 Ctrl+U，在弹出的“色相 / 饱和度”对话框中调整“色相”和“饱和度”的参数，更改矩形的颜色，使其更加醒目，如下图所示。

步骤 17　选中“进入 I ENTER”文字图层，双击其缩览图选中文字，在“字符”面板中设置文字大小为 4.12 点，将文字变小。使用移动工具将文字移动至绿色矩形上方，完成“发饰专区”的制作，如下图所示。

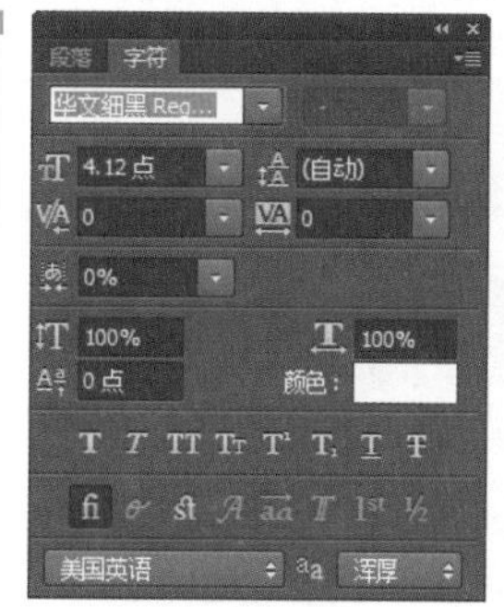

步骤 18　重复运用之前的方法，复制图层组，将组内的文字与矩形图案移动至合适位置，再对文字与矩形图案进行更改，使其符合相应商品图像的内容，如下图所示。至此便完成了自定义导航栏的制作。

案例2　女包商品详情页的商品细节展示设计

初步构想

本案例要制作的是某女包商品详情页中的商品细节展示部分。下面就来运用之前讲解的细分思维进行设计构思。

❶首先分析商品的目标受众群体。这款女包的材质是十字纹真牛皮，五金件的做工也很好，售价自然不会太低，因此面向的受众是有良好收入的女性；外观设计比较稳重大方，因此受众的年龄不会太小。最终可以确定这款女包的目标受众是 30 ～ 40 岁的白领女性。

❷确定了商品的受众群体后，就需要分析这一群体的购物心理。在外观和品质两者之间，这一群体更注重品质，但对外观的要求也不低，因此，在设计时就要分清主次，并针对细分出的卖点挑选图片、撰写文案。

灵感发散

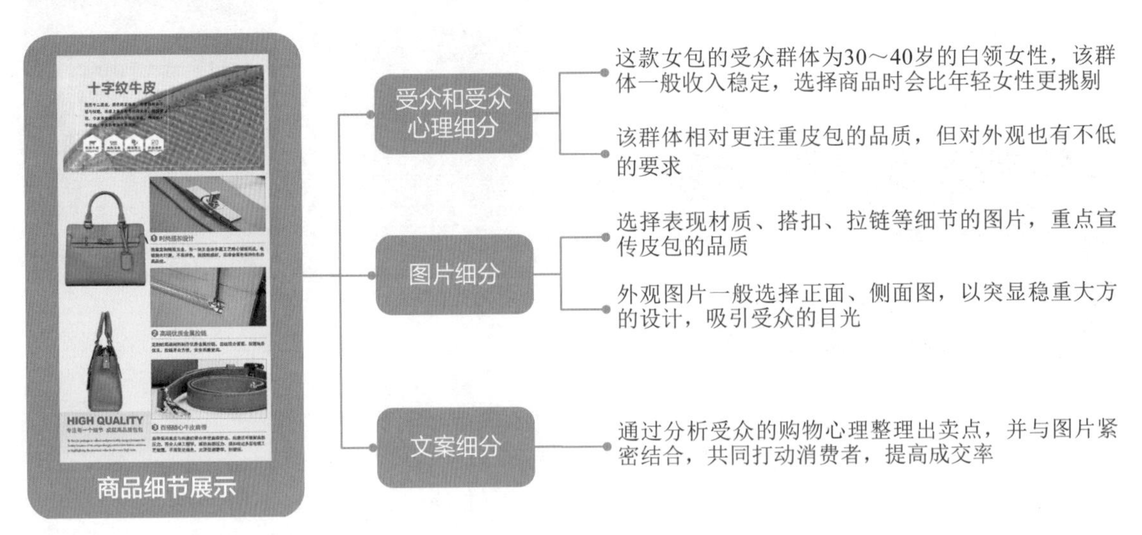

操作解析

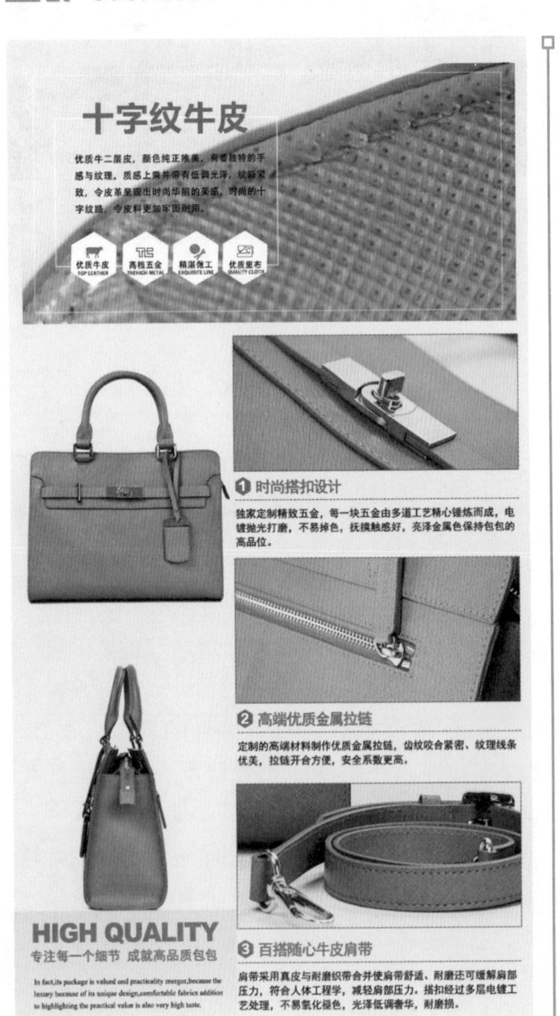

素　材：随书资源\素材\04\包1.jpg~包6.jpg、图案.psd

源文件：随书资源\源文件\04\女包商品详情页的商品细节展示设计.psd

步骤01 商品详情页内的商品细节展示图片的尺寸要求是宽750像素、高不限。这里同样按照之前的做法，在Photoshop中新建一个尺寸更大的文件，如下图所示。

步骤02 这款女包的颜色为蓝色，因此设置前景色为浅蓝色（R226、G236、B243），在“图层”面板中选择“背景”图层，按快捷键Alt+Delete填充背景为浅蓝色，与女包的颜色形成呼应，使画面的整体色调更加和谐，如下图所示。

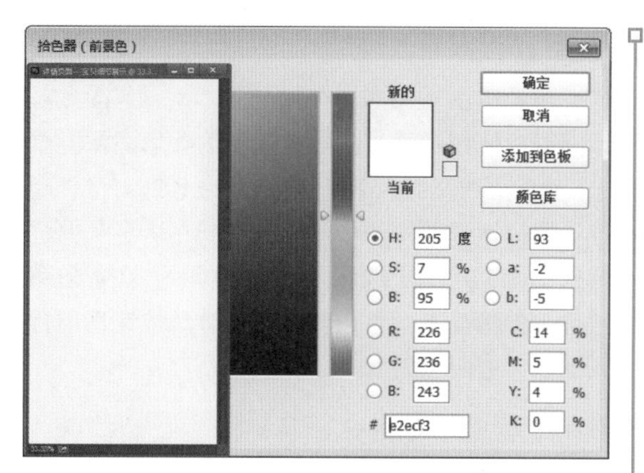

步骤03　在“图层”面板中新建“图层 1”，使用矩形选框工具在画面顶部绘制矩形选区并填充上黑色，确定商品图片的位置，如下图所示。

步骤04　打开素材文件“包 1.jpg”，将其拖动至本案例的 PSD 文件中，生成新的图层“图层 2”，将其放在“图层 1”上方，按快捷键 Ctrl+Alt+G 对其创建剪贴蒙版，使女包皮质细节图只显示在刚才绘制的黑色矩形范围内。按快捷键 Ctrl+T 在皮质细节图上生成自由变换框，调整图像的大小和位置，将最具代表性的局部显示出来，如下图所示。调整完成后，按 Enter 键确定变换。

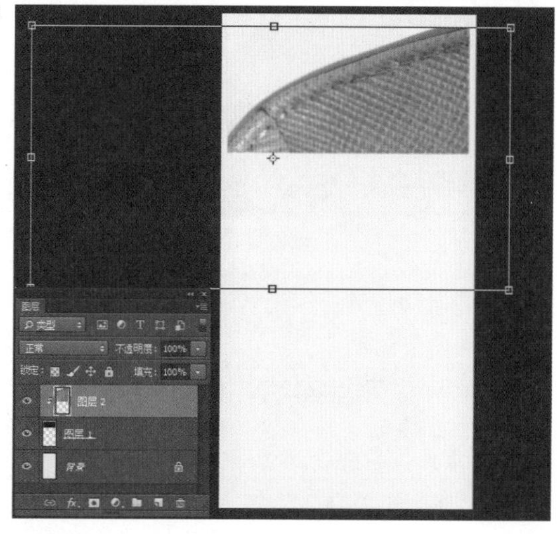

步骤05　新建“图层 3”，使用矩形选框工具在皮质细节图下方右侧绘制矩形选区并填充黑色，如下左图所示。按两次快捷键 Ctrl+J，复制“图层 3”生成“图层 3 拷贝”和“图层 3 拷贝 2”图层。用移动工具将三个黑色矩形从上到下摆放，确定放置其他细节图的三个位置，如下右图所示。三个矩形下方要留出适当的空白，作为输入图片说明文字的位置。

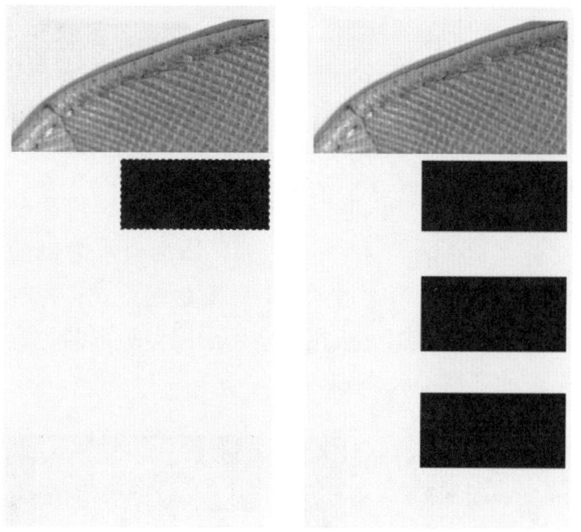

步骤06　在“图层”面板中双击“图层 3”的缩览图，在弹出的“图层样式”对话框中勾选“描边”选项，在右侧设置描边的“大小”为 1 像素、“位置”为“内部”、“颜色”为深灰色（R82、G82、B82），如下图所示，单击“确定”按钮应用样式。在“图层”面板中右击“图层 3”，在弹出的快捷菜单中选择“拷贝图层样式”命令，

然后分别选择“图层 3 拷贝”和“图层 3 拷贝 2”，在其上右击，选择“粘贴图层样式”命令，为这两个图层应用同样的描边效果。接下来利用这些黑色矩形为细节图创建剪贴蒙版时，描边也会显示在细节图上。

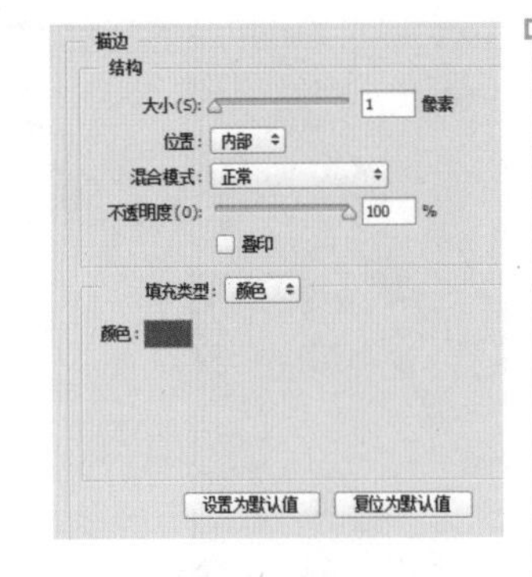

步骤07 打开素材文件“包 2.jpg”，将其拖动至本案例的PSD文件中，生成“图层 4”图层。将“图层 4”移至“图层 3”上方，按快捷键 Ctrl+Alt+G 对其创建剪贴蒙版，使搭扣的细节图显示在下方第一个黑色矩形范围内。按快捷键 Ctrl+T 在图像上生成自由变换框，对图像进行调整，将图像的主体内容完整、清晰地展示出来，如右图所示，按Enter键确定变换。

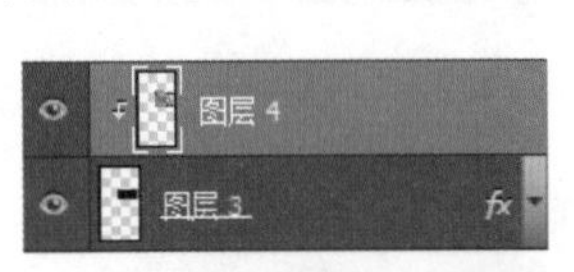

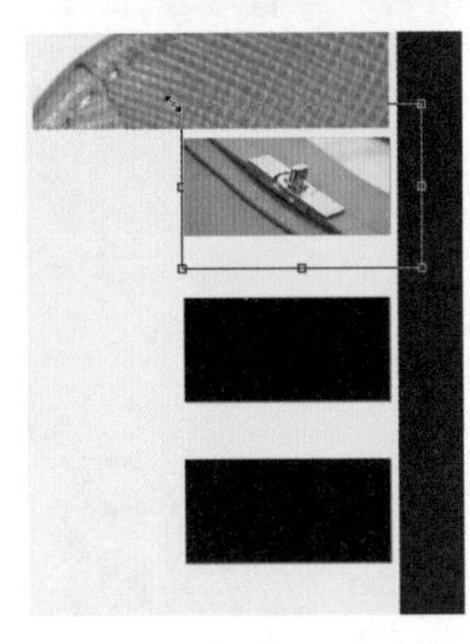

步骤08 重复上一步的操作，继续将素材文件“包 3.jpg”和“包 4.jpg”添加至本案例的PSD文件中，再通过创建剪贴蒙版的方式将拉链和肩带的细节图显示在其余两个黑色矩形的位置上，如下图所示。

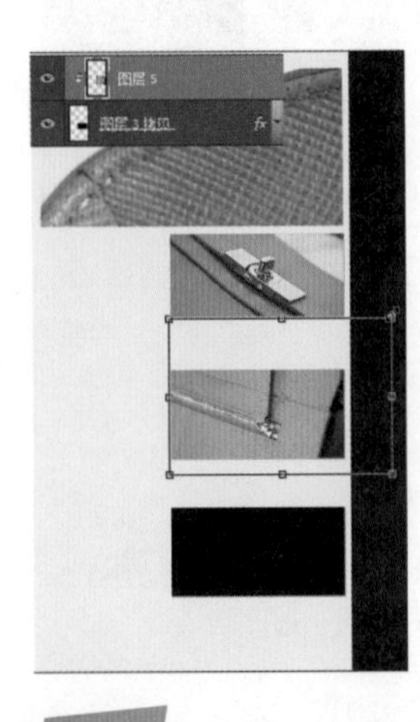

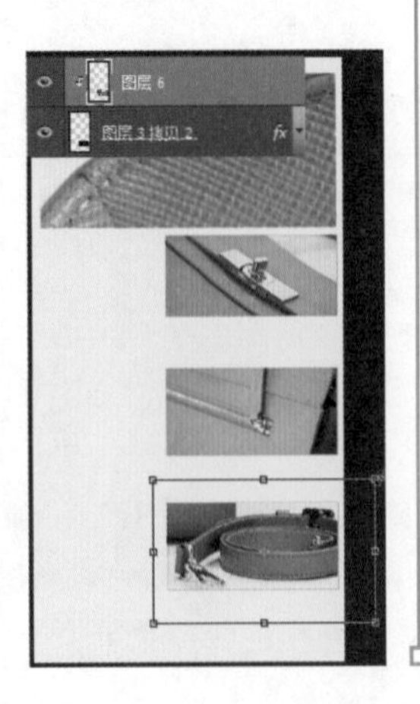

步骤09 打开素材文件“包 5.jpg”，执行“选择 > 色彩范围”命令，在弹出的“色彩范围”对话框中，使用吸管工具在灰白色的背景图像上单击，然后更改“颜色容差”的参数为102，单击“确定”按钮，返回图像中，可观察到在所有灰白色背景图像上建立了选区，如下图所示。在背景颜色单一的情况下，可以使用这种方法快速选中背景图像，进而完成抠图操作。

步骤10 按快捷键 Ctrl+Shift+I 将选区反选，选中画面中的女包正面图像。在“图层”面板中单击“添加图层蒙版”按钮，此时“背景”图层自动变为“图层 0”，并用图层蒙版隐藏背景图像，如下图所示。

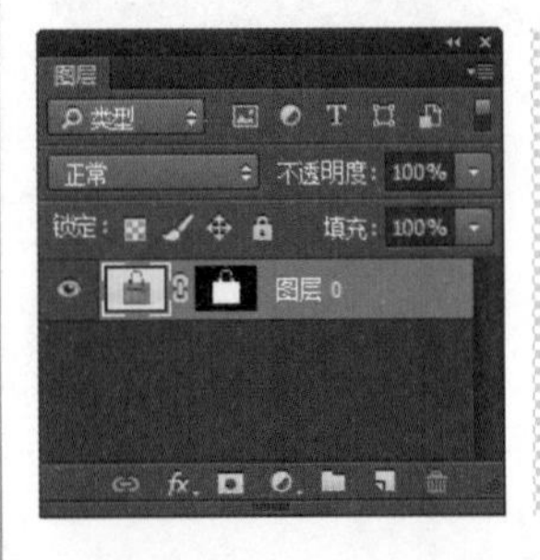

步骤11 打开素材文件“包 6.jpg”，重复步骤 09 和步骤 10 的操作，结合“色彩范围”命令和图层蒙版，将女包侧面图像抠出，如下图所示。

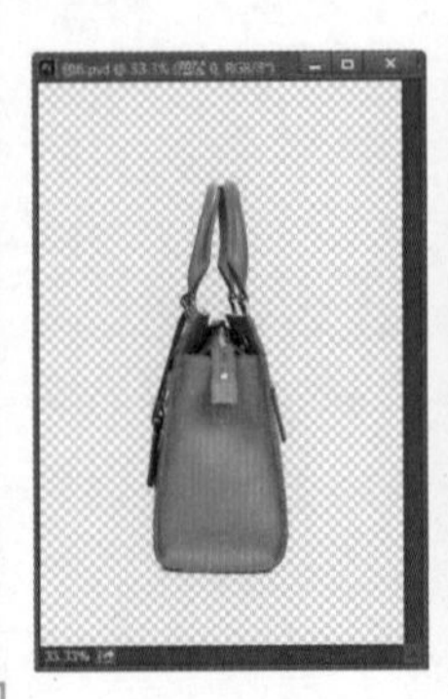

步骤12 将“包5.jpg”和“包6.jpg”中的女包图像分别拖入本案例的PSD文件中，生成新的图层“图层7”和“图层8”。分别选中这两个图层，按快捷键Ctrl+T在图像上生成自由变换框，按住Shift键的同时拖动变换框节点，将图像同比例缩小，然后移动到适当位置，如右图所示。至此，已完成了所有商品图像的添加和调整。

步骤13 在“图层”面板新建空白图层，使用横排文字工具在第一张细节图的背景位置单击输入文字“十字纹牛皮”，选中文字，在“字符”面板中设置文字的字体、大小、字距等，其中文字颜色为与女包颜色相似的深蓝色（R0、G112、B177），使整个画面更和谐，如下图所示。

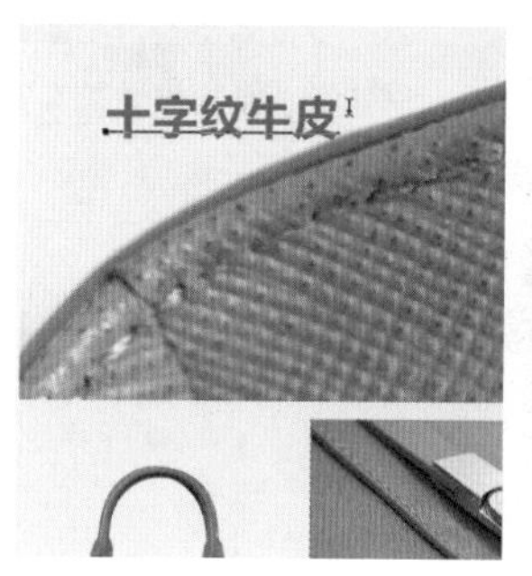

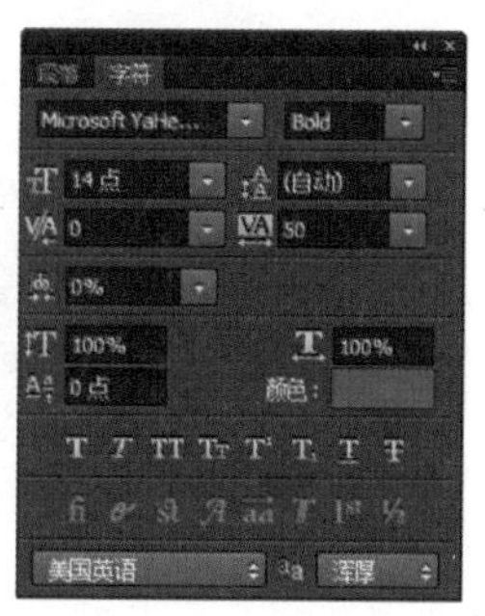

步骤14 在“图层”面板中的文字图层下方新建“图层9”，单击矩形工具，在文字位置绘制一个矩形路径，如下图所示。

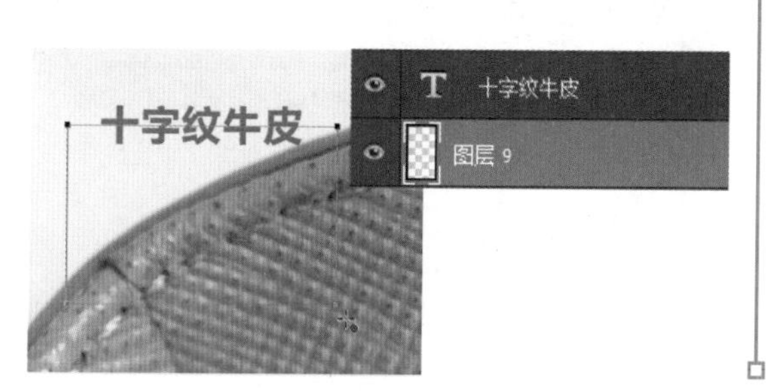

单击画笔工具，在选项栏设置画笔笔触为“硬边圆”、“大小”为2像素，设置前景色为白色。接着选择路径选择工具，将鼠标移至路径上右击，在弹出的快捷菜单中执行“描边路径”命令，打开“描边路径”对话框，在其中选择“工具”为“画笔”，用刚才设置的画笔效果对路径进行描边，单击“确定”按钮后可看到沿着路径出现白色的描边线条效果，如下图所示。

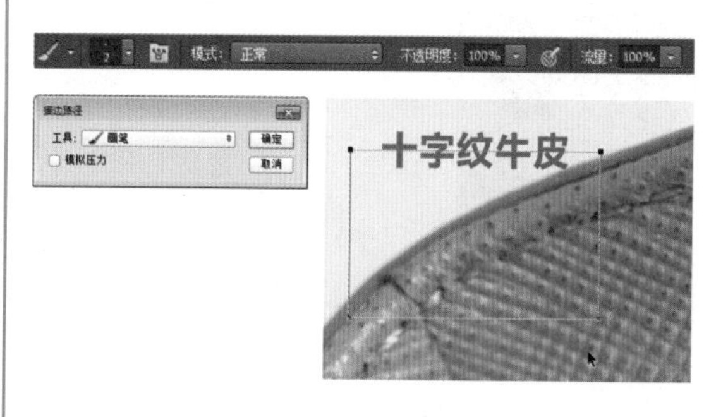

步骤15 使用路径选择工具选择矩形路径，按快捷键Ctrl+T在路径上生成自由变换框，将矩形路径放大至贴近皮质细节图的边缘，如右图所示。

步骤16 单击画笔工具，在选项栏更改画笔“大小”为1像素。选择路径选择工具，将鼠标指针移至路径上右击，在弹出的快捷菜单中执行“描边路径”命令，打开“描边路径”对话框，在其中选择“工具”为“画笔”，对路径进行描边。按快捷键Ctrl+H隐藏矩形路径查看描边效果，如下图所示。

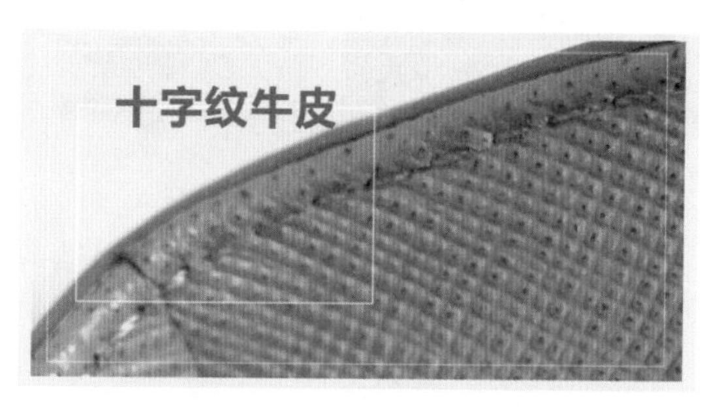

步骤 17 单击横排文字工具，在文字“十字纹牛皮”下方拖动绘制文本框。在“字符”面板中设置文字大小为4点、字体为“Adobe黑体”、行距为7点、字距为50、颜色为黑色。在“字符”面板内设置完成后，直接在文本框内输入材质的说明文字，文字会按刚才设置的格式出现在文本框中，如下图所示。

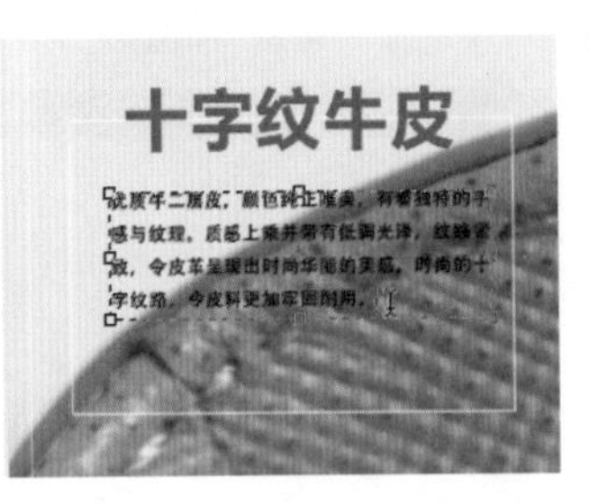

步骤 18 新建“组1”，在该组内新建“图层10”。单击多边形工具，在选项栏设置“边”的数量为6。执行“窗口>路径”命令，打开“路径”面板，新建“路径1”，然后在刚才输入的文字下方绘制六边形路径。按快捷键Ctrl+T在路径上生成自由变换框，对六边形进行旋转和调整大小，如下图所示。这里新建一个路径图层是为了在执行变换操作时，不会选中之前绘制的矩形路径，从而可以单独对六边形路径进行操作。

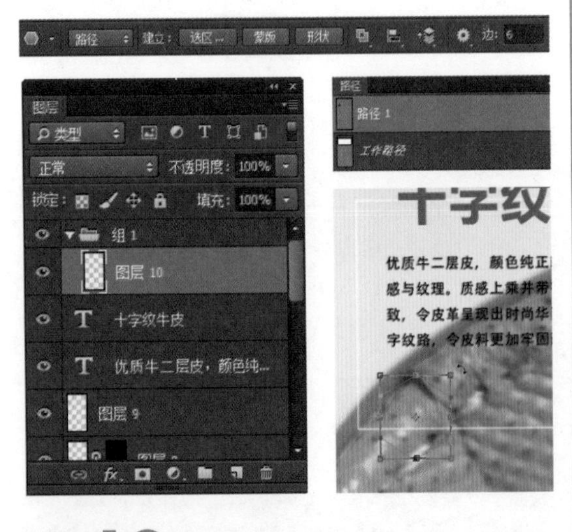

步骤 19 按快捷键Ctrl+Enter将六边形路径转化为选区，在“图层10”内对六边形选区填充白色，然后取消选区，如下图所示。

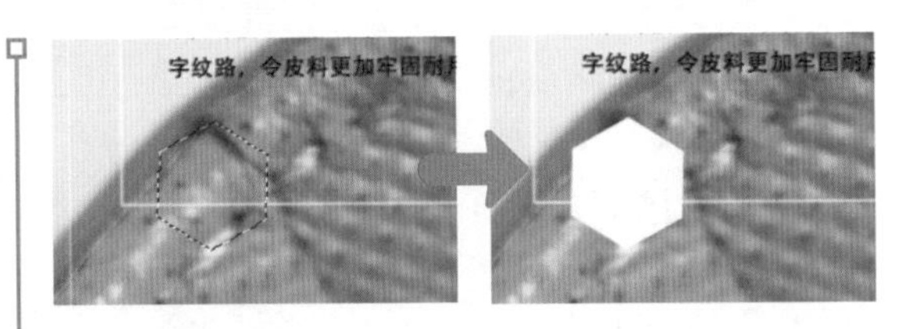

按3次快捷键Ctrl+J，复制出3个白色六边形，使用移动工具将它们沿着白色线框放置，效果如下图所示。之后将在这些六边形上添加文字和图案，对女包的用料和做工进行说明。

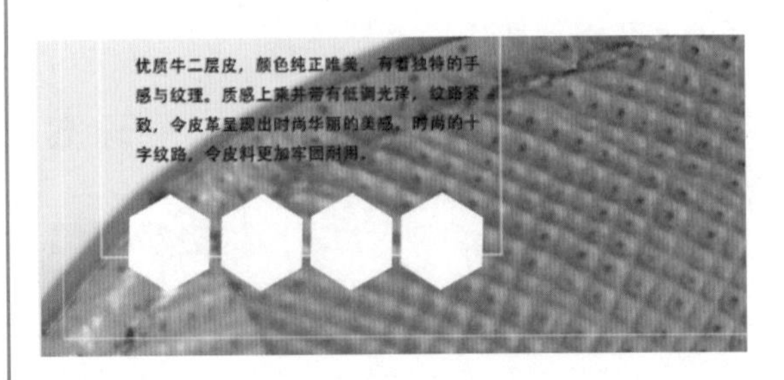

步骤 20 使用横排文字工具在第一个六边形内单击输入文字“优质牛皮”，选中文字，在“字符”面板中调整文字的大小。继续在该文字下方输入英文文字并调整文字大小，使上下两行字整齐、匀称，如下图所示。

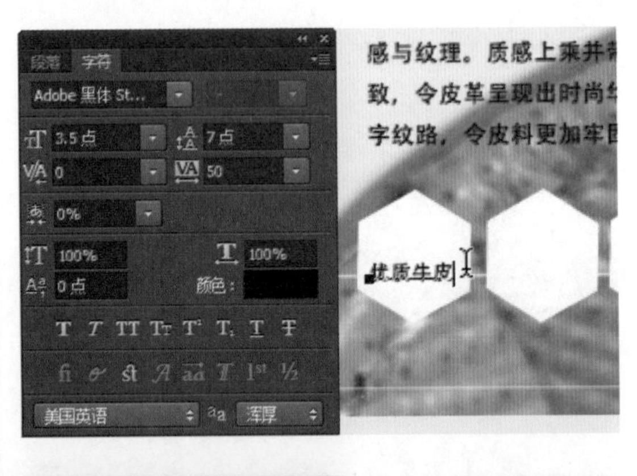

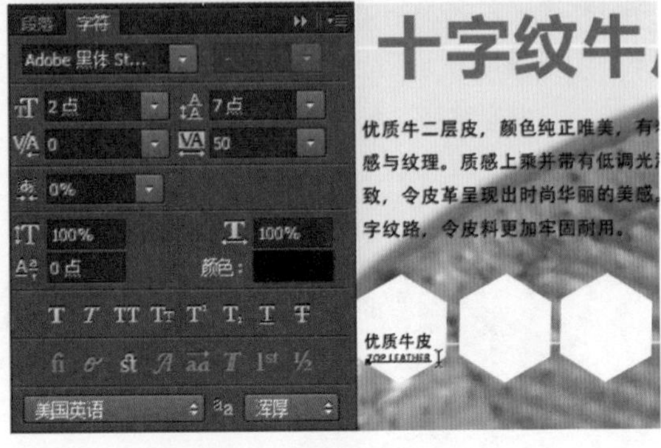

步骤21 单击移动工具，在“图层”面板中选中“优质牛皮”文字图层，按住Alt键不放，当鼠标指针形状变为▶时，再按住Shift键不放，同时按住鼠标左键将文字向右拖动至第二个六边形图案上，使用文字工具将文字“优质牛皮”更改为“高档五金”。重复此操作，完成第三个和第四个六边形图案上的文字的复制与更改，英文文字也按此操作进行复制与更改，四个六边形图案上的说明文字就制作好了，如下图所示。

步骤22 打开素材文件“图案.psd”，这个文件中有4个不同的图案，分别位于4个图层中。选中这4个图层，将它们一起拖动到本案例的PSD文件中生成4个新图层，使用移动工具将图案放置在六边形图案中，与文字一一对应，如下图所示。

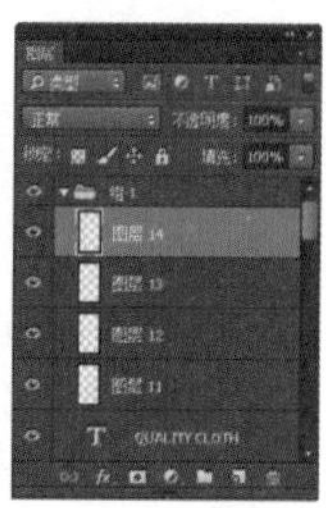

步骤23 新建“组2”，在该组内新建“图层15”，继续使用多边形工具在搭扣细节图的下方绘制六边形路径，使画面中的装饰图案在风格上保持一致。将路径转化为选区后对其填充深蓝色，如下图所示。

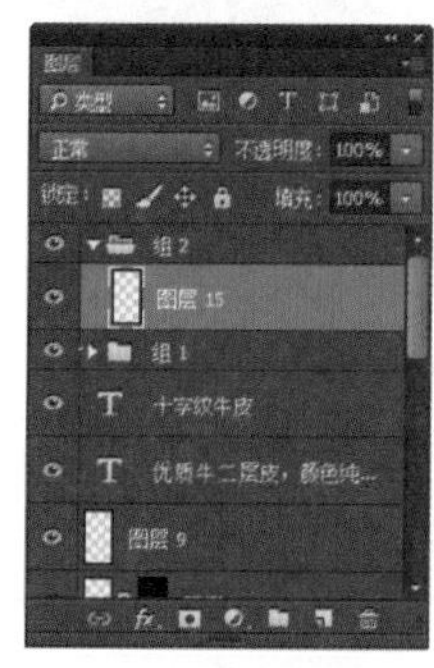

步骤24 单击横排文字工具，在蓝色六边形图案上单击输入数字“1”，选中数字，在“字符”面板中调整数字的字体、大小等，其中颜色为白色，如下图所示。添加数字序号是为了让细节说明部分更有系统性和条理性。

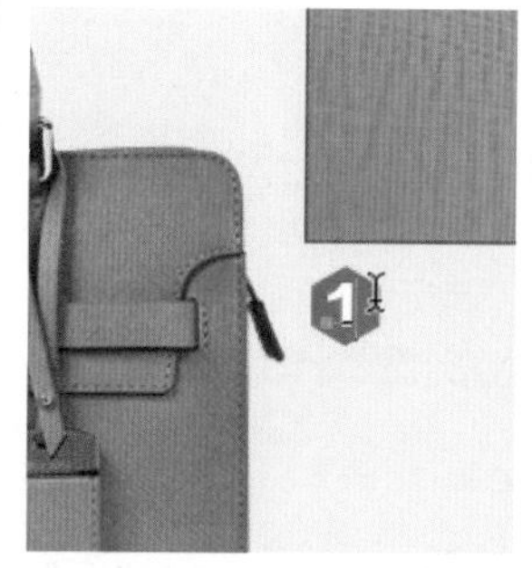

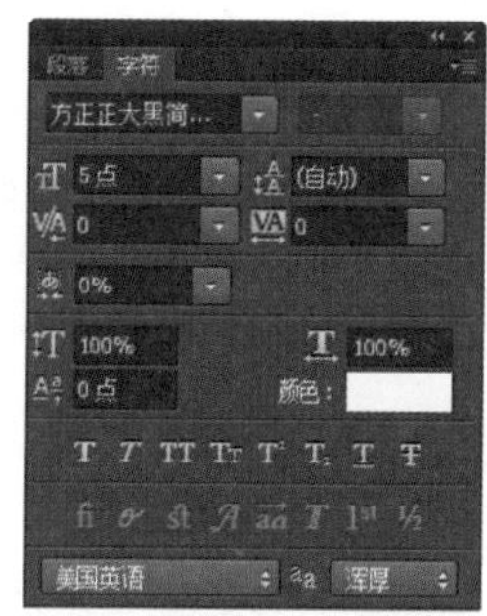

步骤25 使用横排文字工具在蓝色六边形图案右边输入文字“时尚搭扣设计”，选中文字，在“字符”面板内设置文字的字体为“黑体”、大小为6.5点、字距为-75、颜色为深蓝色，单击“仿粗体”按钮加粗文字，使文字更加醒目，如下图所示。

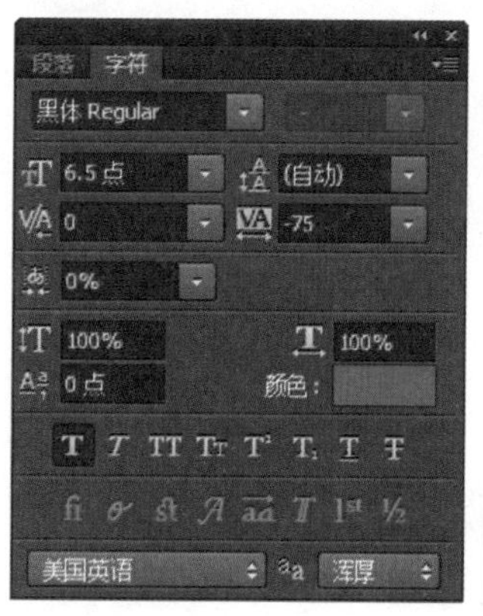

步骤26 新建一个空白图层，单击横排文字工具，在文字“时尚搭扣设计”下方单击生成活动光标，在“字符”面板中设置即将输入的文字的大小为2.5点、字距为100、颜色为暗蓝色（R0、G77、B121），如右图所示，完成后按住键盘中的

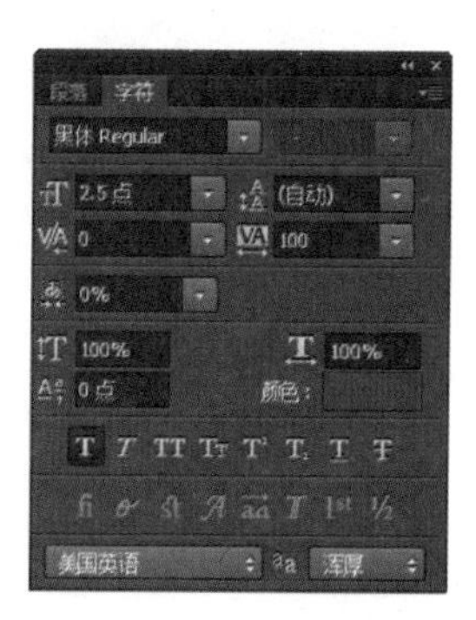

“-”键不放，输入一行减号，形成一条虚线，将标题文字与下方的文字隔开，效果如下图所示。这是一种比较简单的创建虚线的方法。

步骤27 继续新建空白图层，使用横排文字工具在虚线下方拖动绘制文本框，在“字符”面板中设置文字的字体、大小等，其中颜色为黑色，然后在文本框内输入搭扣设计的说明文字，如下图所示。

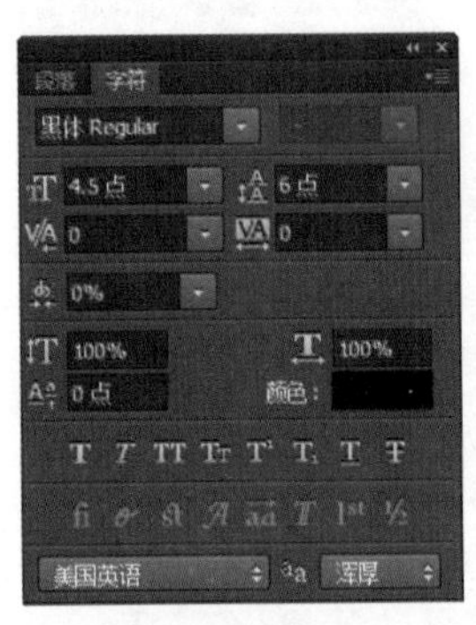

步骤28 完成后复制“组2”生成“组2拷贝”组，单击移动工具，按住Shift键将该组内的文字与图案垂直移动至拉链细节图的下方，如下图所示。移动时按住Shift键，可将移动的方向锁定为水平或垂直方向，这样就能保证两组文字与图案是对齐的，使整个画面更加规整。

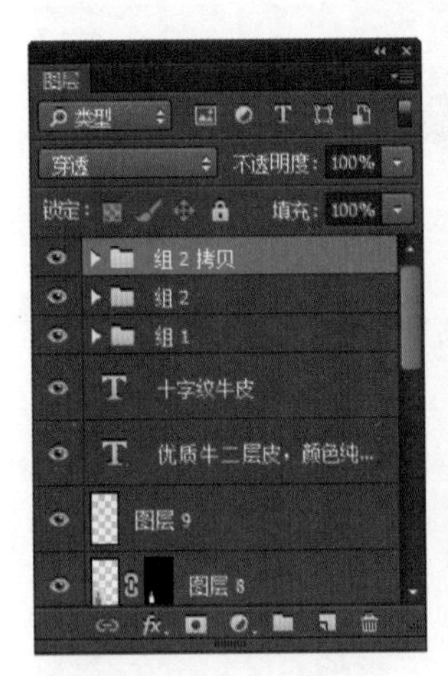

步骤29 选择“组2拷贝”组，在该组内选择对应的文字图层，将“1”改为“2”、“时尚搭扣设计”改为“高端优质金属拉链”，下面的说明文字也要改为针对拉链的内容，如下图所示。

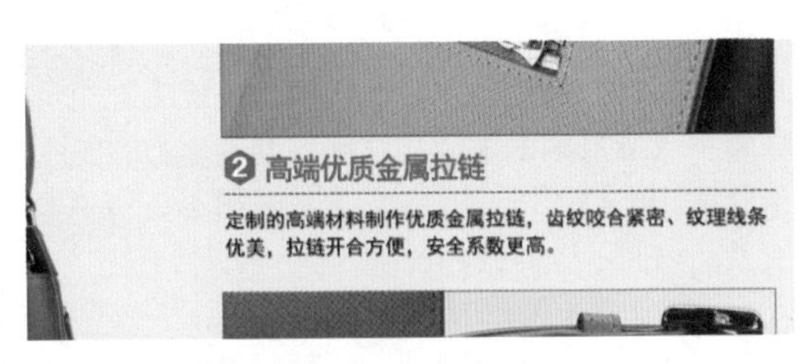

步骤30 复制“组2拷贝”组生成“组2拷贝2”组，将组内的文字与图案垂直移动至肩带细节图的下方，并将文字更改为针对肩带的内容，如下图所示。

步骤31 单击矩形选框工具，在女包侧面图下方绘制矩形选区，然后单击“图层”面板底部的“创建新的填充或调整图层”按钮，在弹出的快捷菜单中选择“渐变”命令，在“图层”面板创建“渐变填充1”调整图层，如下图所示。

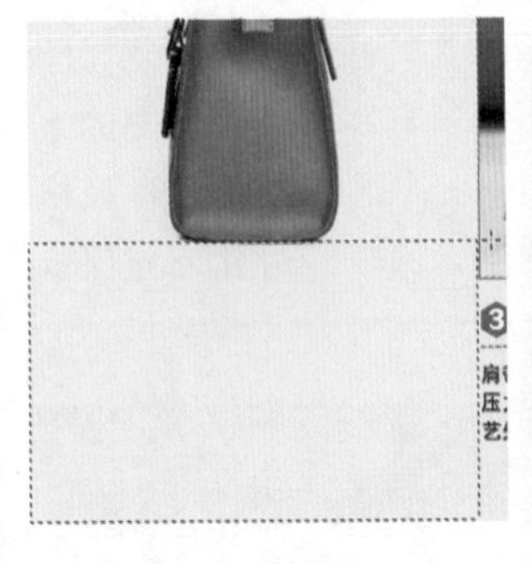

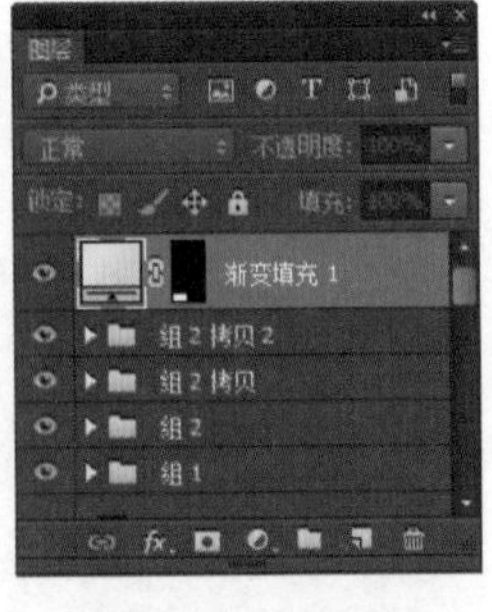

步骤32 在弹出的“渐变填充”对话框中单击“渐变”选项后的颜色渐变条，在弹出的“渐变编辑器”中设置渐变颜色为浅蓝色（R226、G236、B243）到灰蓝色（R203、G219、B230），

如下图所示。单击两次“确定”按钮，在女包侧面图下方创建一个渐变色矩形，让这一区域显得不那么单调，随后将在此处添加文字来丰富画面效果。

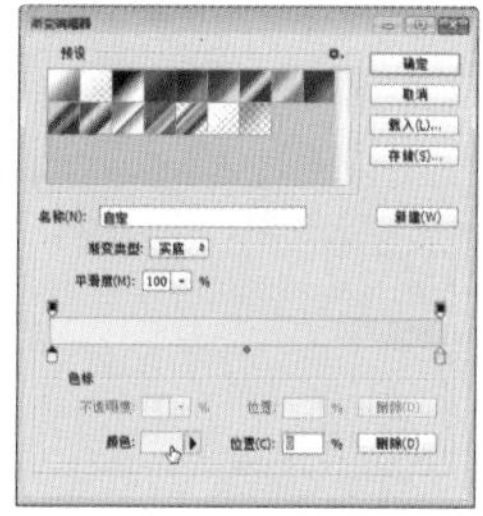

步骤33　在刚才绘制的渐变色矩形上使用横排文字工具单击输入英文文字，选中文字，在“字符”面板中对文字的大小、字体等进行设置，其中颜色为深蓝色，如下左图所示。效果如下右图所示。

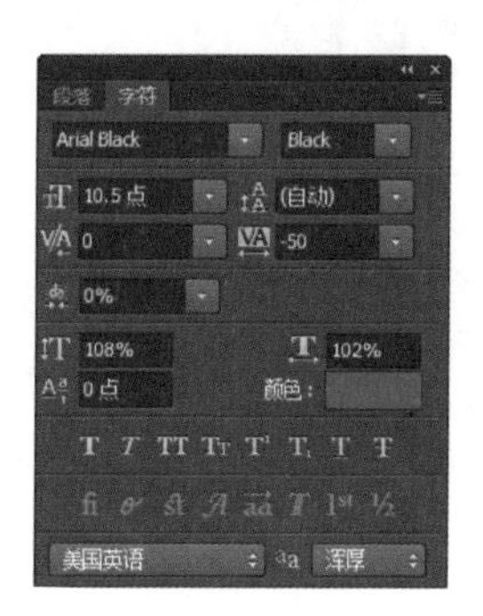

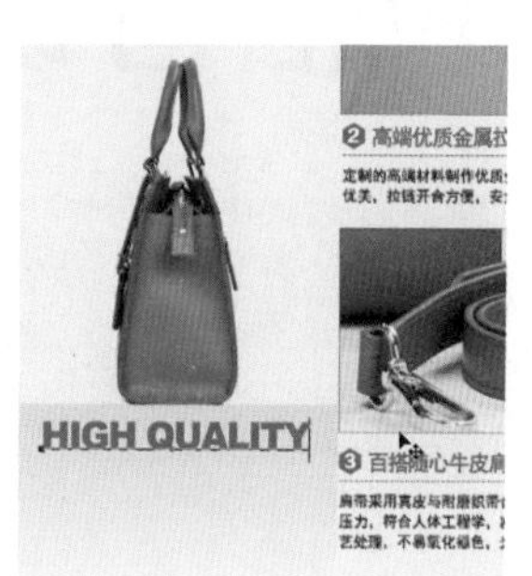

步骤34　继续使用横排文字工具在英文文字下方单击输入中文文字，选中文字后在“字符”面板中对文字的大小、字体等进行设置，单击“仿粗体”按钮，加粗中文文字。调整中文文字的位置，与英文文字对齐，如下图所示。

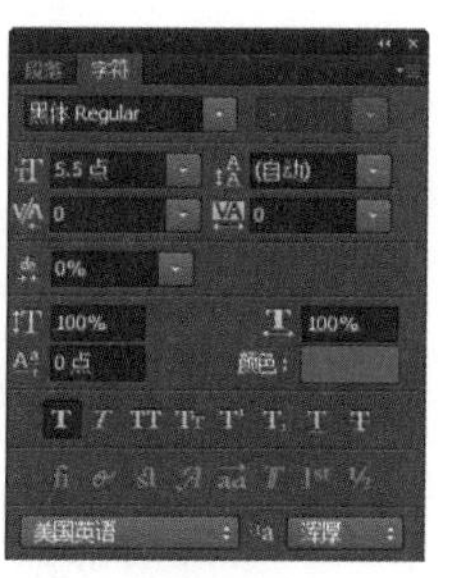

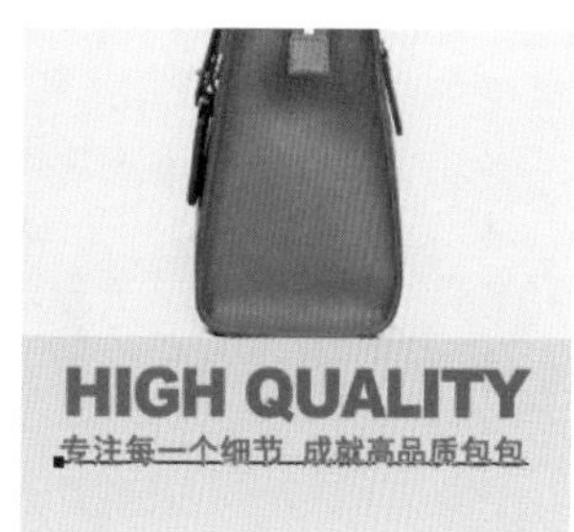

步骤35　使用横排文字工具在下方绘制文本框，在“字符”面板中设置文字的字体、大小等，更改颜色为黑色，如下左图所示。然后在文本框内输入说明文字，如下右图所示。至此，本案例便制作完成了。

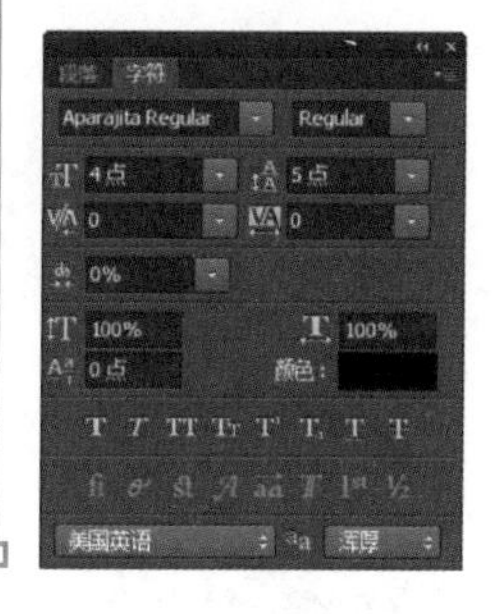

第5章

增强感知力、引发新商机的融合设计

融合的视觉设计体现了一元化的思想，它不仅能让电商商家的品牌形象在统一中得到巩固，加深消费者对品牌的认知，而且能引发新的商机。

身处沃尔玛、大润发、宜家等大型卖场的某个连锁店时往往会产生这样的感觉：这个连锁店跟之前逛过的其他连锁店很像。这样的感受是很正常的，因为这些商家进行了融合营销，将卖场的布局、形象、宣传单、促销活动等一系列信息整合成统一的面貌，展现在消费者眼前。就算连锁店位于不同城市，每家连锁店传递出来的品牌形象、服务理念等信息也是一致的。电商的视觉营销同样需要融合。融合的设计与表现能够进一步增强品牌的感染力，从而带来更多商机。

5.1 细分中的融合

上一章的“细分”与本章的“融合”可以说是一组相互依存的概念：在细分后进行融合的设计，从而获得更为统一、富含关联感的视觉表现。

5.1.1 依托品牌精神实现视觉表现的融合

店铺品牌因为经营范围扩大而分化后，就要注意运用融合思维保持视觉设计的关联性，才能不让分化导致品牌整体形象的碎片化，并且让分化出的新品牌能够借助原有品牌的优势，获得消费者的认同。

因此，在品牌分化的初级阶段，“融合”是最有利于品牌整体发展的设计思想。仍以上一章中提到的“素缕”“自古”“果芽”这三个品牌为例，它们的店铺装修风格如下图所示。由于定位不同，每个品牌的店铺装修风格略有差异，但它们的视觉设计都透着一股浓郁的传统、自然的味道。这是“素缕”这个核心品牌在创建伊始所崇尚的风格与理念，也是该品牌所擅长的经营领域。尽管分化后每个品牌根据细分的方向有着不同的细分设计，但在对品牌精神的坚守和传承中实现了融合。

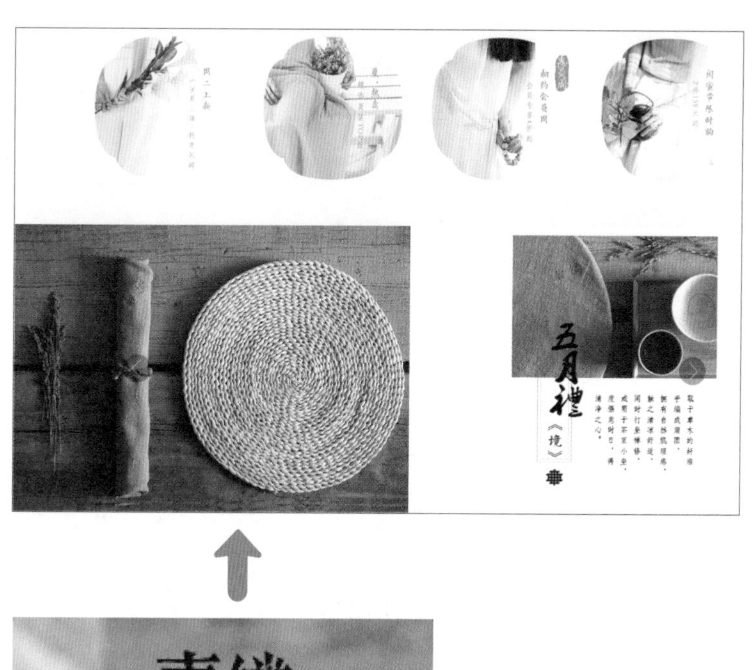

❶ “素缕”主攻复古女装，装修风格清新、素雅

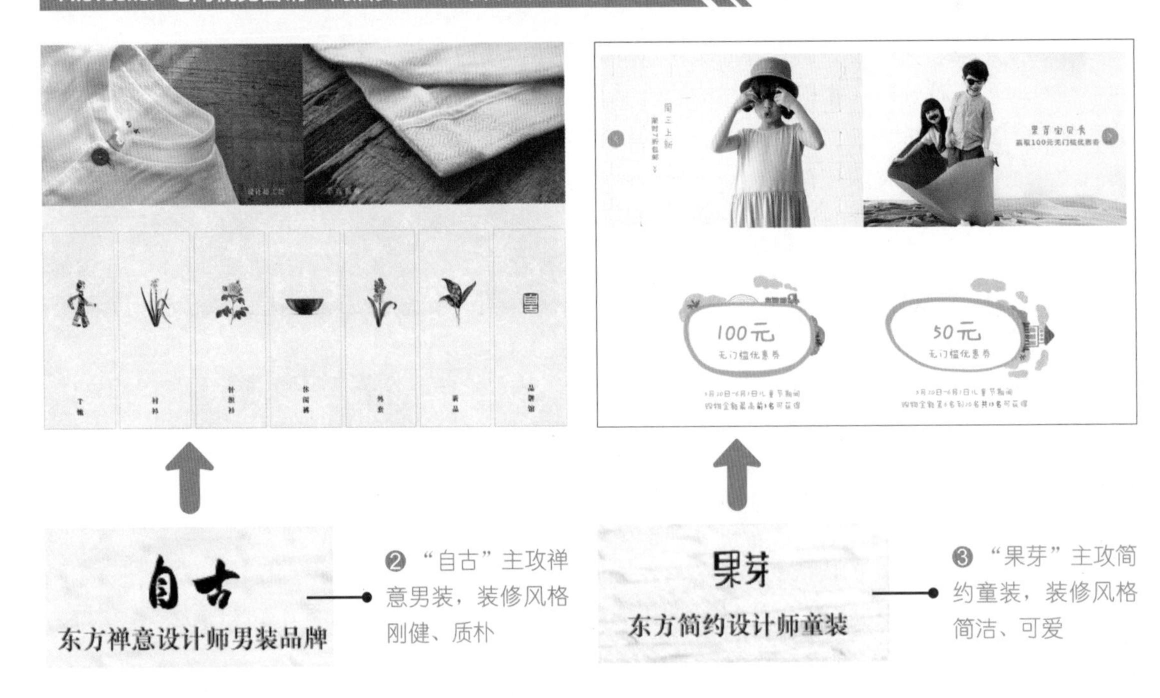

5.1.2 多品牌的融合推广

在多品牌的发展过程中，除了对每个分化品牌进行具有融合感的视觉设计以外，还需要借助核心品牌的力量，对发展中的子品牌进行融合推广。如下图所示，“素缕”在涉足童装领域的初期，就采用了这种方式，将童装品牌融合在女装品牌之中，借助“素缕”这一核心品牌已有的影响力，帮助童装打响知名度；而在童装品牌独立运营后，在“素缕”女装品牌店铺首页中，融合设计也相应发生了改变。

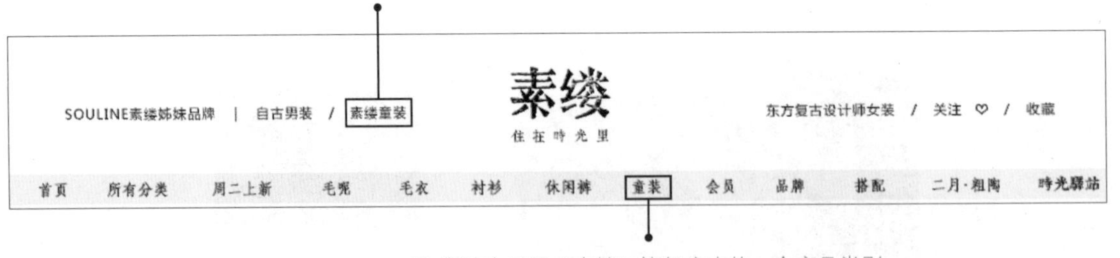

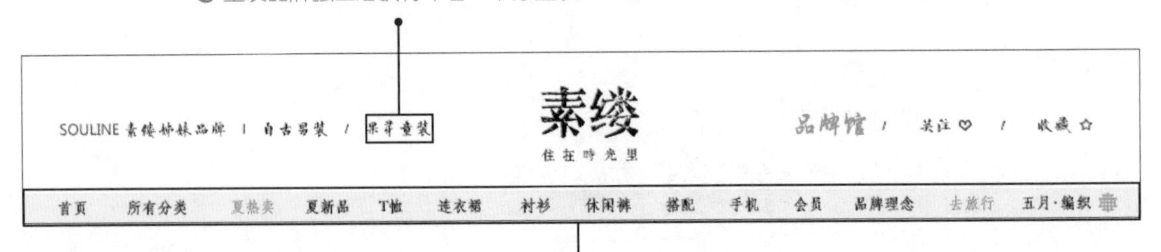

在整个品牌家族的发展都步入正轨后，还要继续通过融合推广形成合力，提升整体的转化率。“素缕”品牌家族在店铺首页底部的融合设计如下图所示。

❶ 核心品牌与子品牌的链接按钮，明确地向消费者展示了各个品牌，并提供了快速进入的通道，通过融合推广提升转化率

❷ 背景图片中有女性、男性、儿童，与各品牌的目标受众相呼应，一家人在大自然的怀抱中共享天伦之乐的场景也丰富了品牌精神的内涵

“素缕”品牌家族的融合设计还体现在商品介绍上。如下图所示，在“素缕”品牌店铺首页中，展示完女装后并没有结束，而是进行了融合，加入对姊妹品牌商品的展示。

5.2 融合营销中的视觉设计

一些电商平台经常会组织品牌联手的活动，借助强强联合的力量去吸引更多消费者。如下图所示为天猫商城推出的“天猫新风尚”活动。在活动中，天猫商城会选取时尚、优质的商品或品牌，将它们融合在一个页面中。这样的活动一方面为消费者提供了便捷的购物渠道，能够在一定程度上增加平台的成交额，另一方面也帮助扩大了品牌的影响力和认知度，对商家和电商平台而言可以说是一种双赢的融合营销方式。

中小卖家可能没有足够的实力参与这样的大型品牌融合营销活动，但可以对店铺中的商品进行融合。首先分析商品的使用者和购买者，例如，童装的使用者为儿童，但是儿童自己并没有买衣服的能力，购买者便可能是他们的父母、爷爷奶奶等；然后运用融合营销的思维，可以在成人服装的页面中加入儿童服装，以“亲子装”的名义进行关联销售。在相关的视觉设计中，要尽可能站在商品购买者的角度来营造购买和使用商品时的情境。对于男装或女装，也可以搭配成“情侣装”来进行融合营销，下面来看一个具体的设计案例。

如图一所示，将女装的销售对象扩展到男性——“给女朋友最好的礼物”“有爱就‘购’了”这样的文案不仅符合情侣装的特点，而且让男性有了购买女装的理由。同理，图二也针对情侣装中的男装撰写了吸引女性消费者的文案。

图一

图二

案例1　跨品牌联合打造情侣装的商品详情页设计

初步构想

某品牌女装店铺中有一款女装滞销，为了打开销路，商家运用融合思维，找到一家男装品牌联手打造情侣款，希望能实现共赢。有了融合营销的思路后，在实际操作时就要注意体现融合感。

❶与女装搭配的男装要让消费者一眼就能看出它们是情侣装，才能提高它们各自的销量。

❷商品展示方面，通过男女模特展示来营造情侣装的穿着情境。

❸文案要注意对关联品牌的融合，对合作双方的品牌进行宣传，并要有男装的单独购买链接。

灵感发散

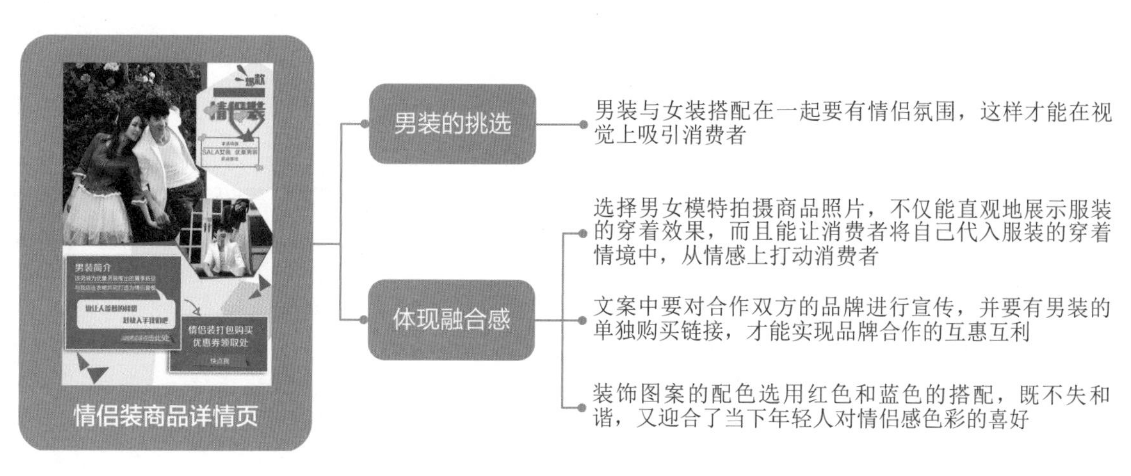

操作解析

素　材：随书资源\素材\05\人物1.jpg、人物2.jpg、文字.png、文字2.png、心形.png

源文件：随书资源\源文件\05\跨品牌联合打造情侣装的商品详情页设计.psd

步骤01　商品详情页的尺寸要求是宽度不超过750像素、高度不限。这里同样按照之前的做法，在Photoshop中新建一个尺寸更大的文件，如下图所示。

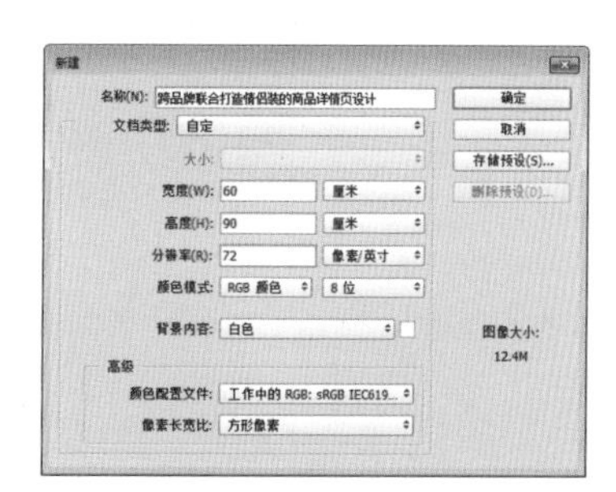

步骤02 选择多边形工具，在选项栏选择“形状”选项，在“填充”选项处设置填充颜色为浅蓝色（R224、G236、B255）、“边”的数量为6，如下图所示。

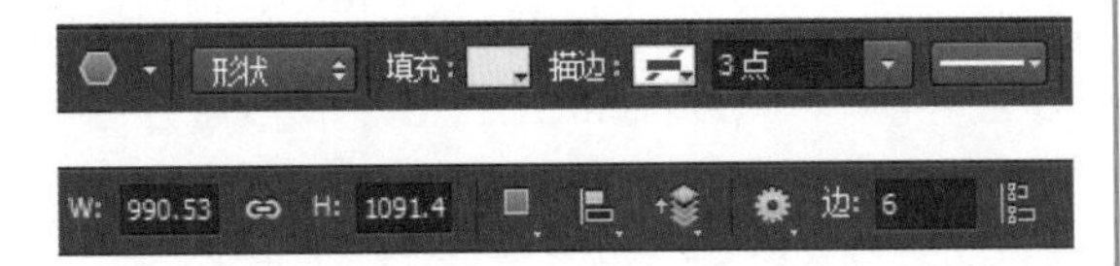

按住Shift键在画面下半部分绘制六边形，如下左图所示，此时在“图层”面板自动生成形状图层。按快捷键Ctrl+J复制六边形，将其移动至左下角位置，给画面添加底层图案效果，如下右图所示。

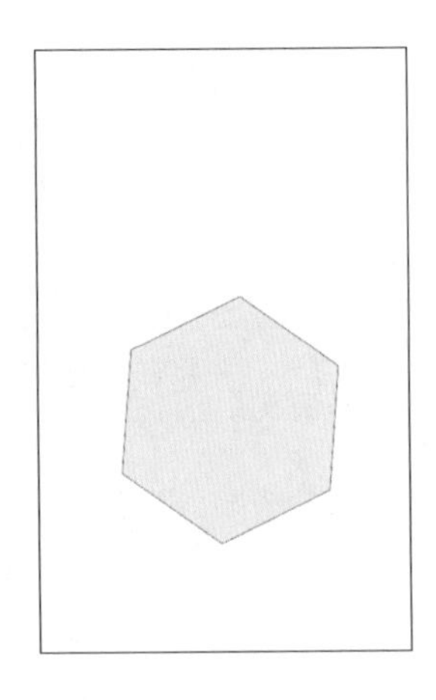

步骤03 继续使用多边形工具，在选项栏设置填充颜色为蓝色（R192、G211、B241）、“边”的数量为6，然后按住Shift键在右下方绘制六边形，如下左图所示。在“图层”面板新建“图层1”，单击矩形选框工具在画面左侧绘制矩形选区，对其填充蓝色（R49、G117、B198），作为商品图片的底色，如下右图所示。完成后取消选区。

步骤04 新建“图层2”，按住Ctrl键单击“图层1”的缩览图，载入矩形选区，如下左图所示。设置前景色为黑色，按快捷键Alt+Delete填充选区为黑色，如下右图所示。后面将利用这个黑色矩形创建剪贴蒙版，限定商品图片的显示范围。

步骤05 选择黑色矩形所在的“图层2”，按快捷键Ctrl+T在矩形上生成自由变换框，将矩形旋转一定角度，如下左图所示，按Enter键确定操作。打开素材文件“人物1.jpg”，将其中的情侣装模特图拖动至本案例的PSD文件中生成“图层3”，按快捷键Ctrl+Alt+G创建剪贴蒙版，使模特图显示在“图层2”的黑色矩形范围内。按快捷键Ctrl+T在模特图上生成自由变换框，调整图像大小，如下右图所示。

步骤06 新建“图层 4”，单击多边形套索工具，在模特图的右下方绘制六边形选区并对其填充蓝色（R49、G117、B198），如下左图所示。取消选区后，复制“图层 4”生成“图层 4 拷贝”图层，然后按快捷键 Ctrl+T 在六边形上生成自由变换框，对六边形进行适度旋转，使其与“图层 4”上的六边形不是完全重合，以营造层次感，如下右图所示。按 Enter 键确定操作。

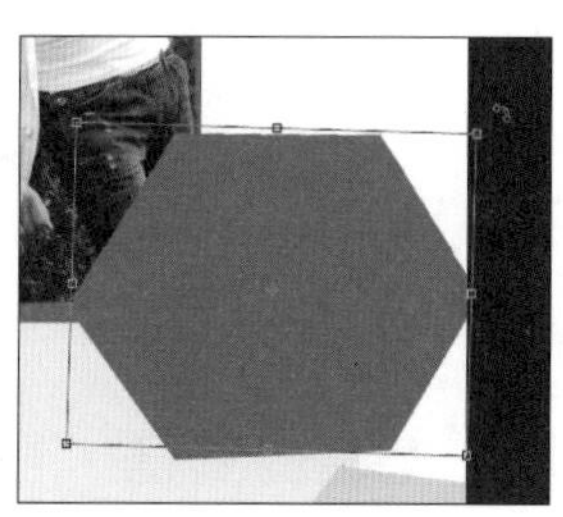

步骤07 打开素材文件“人物 2.jpg”，将其拖动至本案例的 PSD 文件中生成“图层 5”，按快捷键 Ctrl+Alt+G 创建剪贴蒙版，并调整图像的大小和位置，如下左图所示。选择“多边形 1”形状图层，按快捷键 Ctrl+J 复制生成拷贝图层，将其移动至“图层 5”上方，并调整六边形图案的大小和位置，增加画面层次感，如下右图所示。

步骤08 新建图层，使用横排文字工具在画面右侧的六边形图案中单击输入文字，如下左图所示。选中文字，单击选项栏上的“居中对齐”按钮，将文字居中对齐，如下右图所示。

步骤09 选中所有文字，在“字符”面板内设置文字的字体、大小、字距等参数，其中文字颜色为 R47、G118、B200，如下左图所示。选中第二行文字，将其调大，以突出重点，如下右图所示。

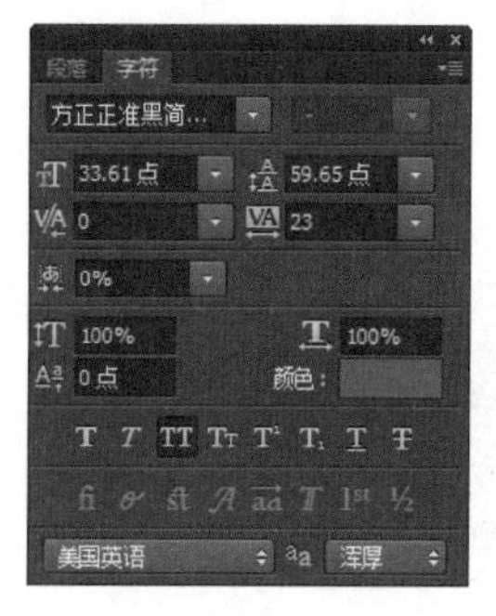

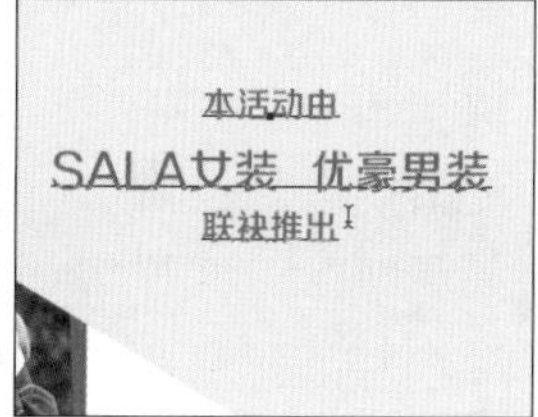

步骤10 选中文字“SALA 女装”，在“字符”面板中更改文字颜色为红色（R255、G54、B87），使文字更贴合女装气质，如下左图所示。新建图层，单击直线工具，在第一行文字下方按住 Shift 键绘制一条直线。在选项栏设置“描边”选项的颜色为蓝色（R49、G117、B198）、“大小”为 4.59 点，效果如下右图所示。

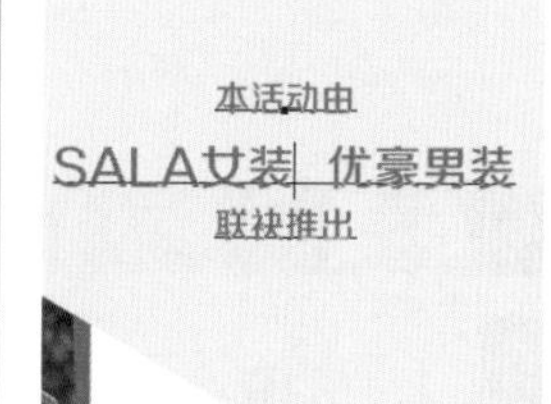

步骤11 单击矩形工具，在选项栏设置参数，然后在文字外绘制矩形边框，如下左图所示。打开素材文件“心形 .png”，将其拖动至本案例的 PSD 文件中生成“图层 6”。将心形图案移动到矩形边框右下角，再复制一个心形图案，旋转一定角度后移动到矩形边框左上角，丰富矩形边框的图案效果，并渲染爱情的甜蜜氛围，如下右图所示。

步骤 12 打开素材文件“文字.png”，将其中的艺术化文字图像“情侣装”拖动至本案例的PSD文件中生成“图层7”。将文字图像移到矩形边框上方，单击“图层”面板下方的“添加图层样式”按钮，在弹出的对话框中勾选“投影”选项并调整相关参数，使文字更有层次感，如下图所示。

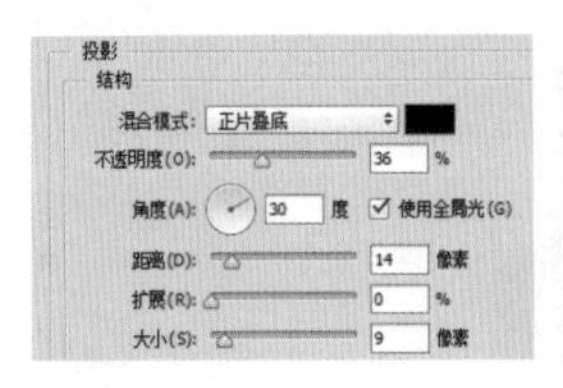

步骤 13 复制“图层7”生成“图层7拷贝”，双击该图层的缩览图，在打开的对话框中取消勾选“投影”选项，勾选“颜色叠加”选项，并更改颜色为红色（R255、G54、B87），改变文字的颜色，如下左图所示。接着单击“添加图层蒙版”按钮为该图层添加图层蒙版，使用黑色画笔对“装”字的上半部分和下半部分进行涂抹，以显示出下层的蓝色，完成后画面颜色更丰富，如下右图所示。

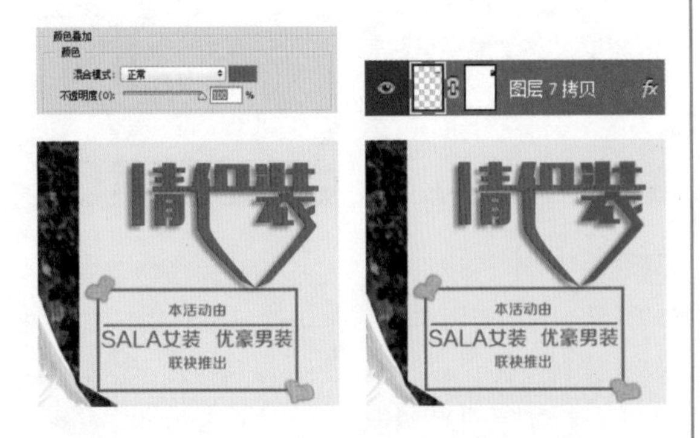

步骤 14 新建“图层8”，使用矩形选框工具在文字“情侣装”上方绘制矩形选区并对其填充蓝色，丰富画面效果，如下左图所示。选择心形图案所在的“图层6”，按两次快捷键Ctrl+J复制生成两个拷贝图层，将它们移动至所有图层的上方，调整心形图案的大小和位置，如下右图所示。

新建“图层9”，使用多边形套索工具在文字下方绘制三角形选区并填充上蓝色，如下左图所示。新建“图层10”，继续绘制三角形选区并填充上红色，如下右图所示。通过添加箭头图案，文字的指向性更明显。

步骤 15 打开素材文件“文字2.png”，将其拖动至本案例的PSD文件中生成“图层11”，放在蓝色矩形上方，丰富画面文字效果，如下图所示。

步骤 16 新建“图层12”，使用矩形选框工具在画面右下角绘制矩形选区并填充上蓝色。单击“图层”面板底部的“添加图层样式”按钮，

在弹出的对话框中勾选“描边”和“投影”选项，并设置参数，增强矩形的立体感和层次感，如下图所示。

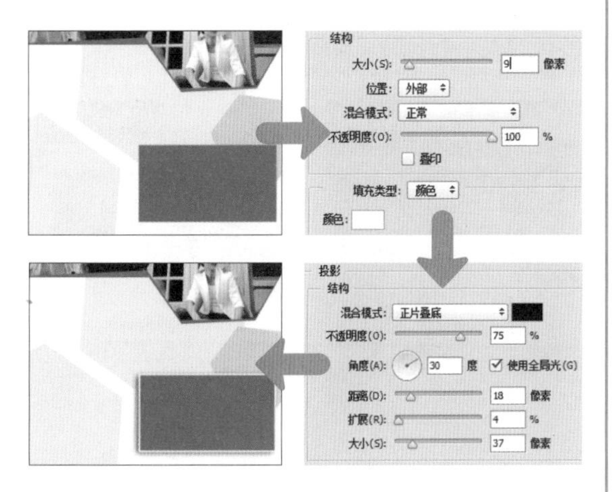

步骤 17 选择横排文字工具，在矩形中单击输入文字，选中输入的文字，在“字符”面板中按下图设置参数。其中文字颜色为白色，这是为了让文字在蓝色的矩形中更显眼。

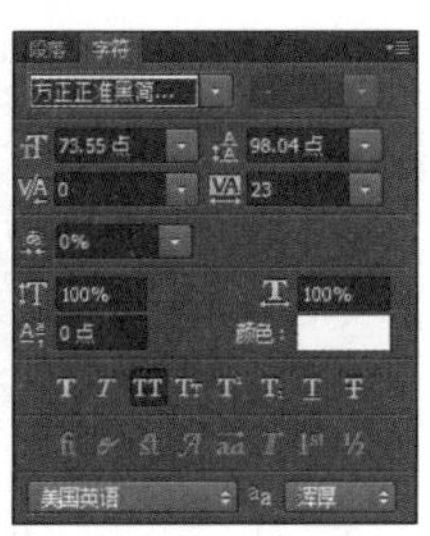

步骤 18 新建“图层 13”，使用多边形套索工具在文字的右下方绘制三角形选区并填充上深红色（R182、G0、B30），如下左图所示，完成后取消选区。继续使用多边形套索工具绘制四边形选区，对其填充浅一些的红色（R255、G54、B87），制作出一个立体文件夹图案，以衬托后续要添加的文字，如下右图所示。

步骤 19 选择横排文字工具，在文件夹图案上单击输入文字，选中文字，在“字符”面板中设置文字的大小、字体等参数，如下图所示。

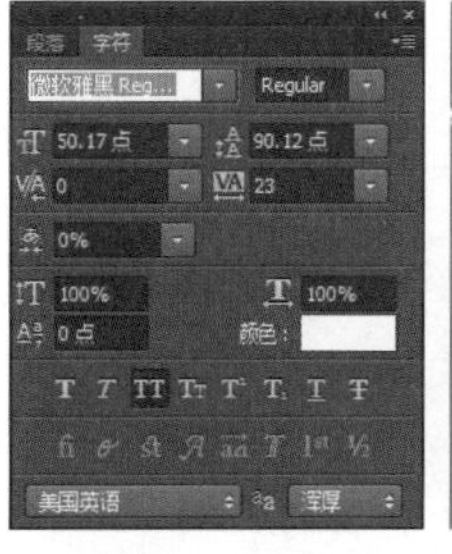

步骤 20 新建“图层 14”，单击矩形选框工具，在如下左图所示的模特图下方绘制矩形选区并填充蓝色。取消选区后双击该图层的缩览图，在弹出的“图层样式”对话框中勾选“描边”和“投影”选项（设置同步骤 16），使两个矩形图案看起来像是叠放在一起，增强画面的层次感，如下右图所示。

步骤 21 使用横排文字工具在上一步绘制的蓝色矩形上单击，输入文字“男装简介”，选中文字，在“字符”面板中设置文字的字体、大小、字距等参数，如下图所示。

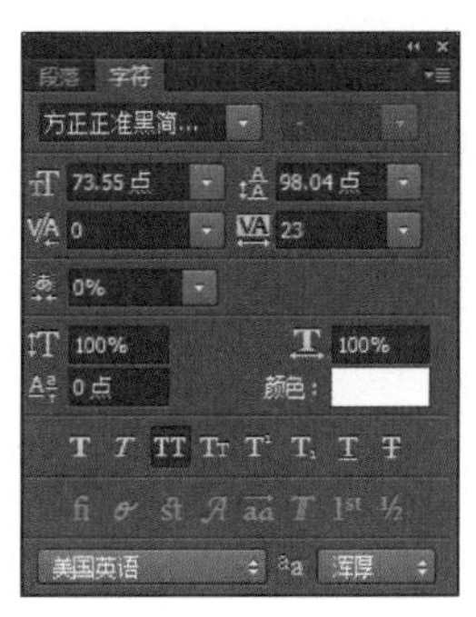

新建图层，继续使用横排文字工具在文字“男装简介”下方输入简介内容，选中文字后在“字符”面板中设置文字的字体、大小、字距等参数，如下图所示。

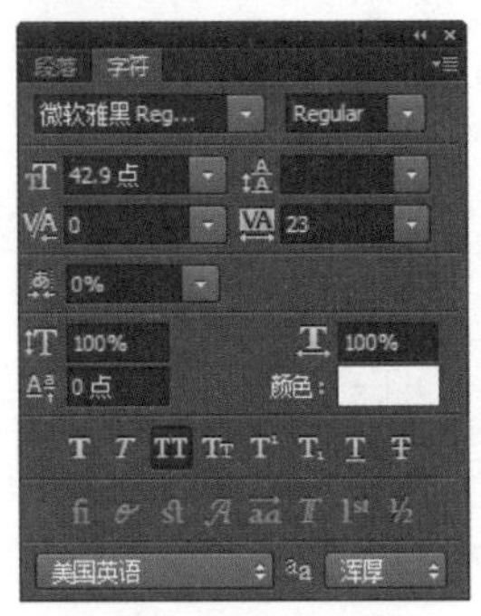

步骤22 新建空白图层，单击直线工具，在选项栏设置“填充”为“无颜色”、“描边”的颜色为“白色”、“大小”为3点、“线条”为“虚线”、“粗细”为3像素。设置完成后按住Shift键在简介内容的第一行文字下方绘制出一条虚线，如下图所示。

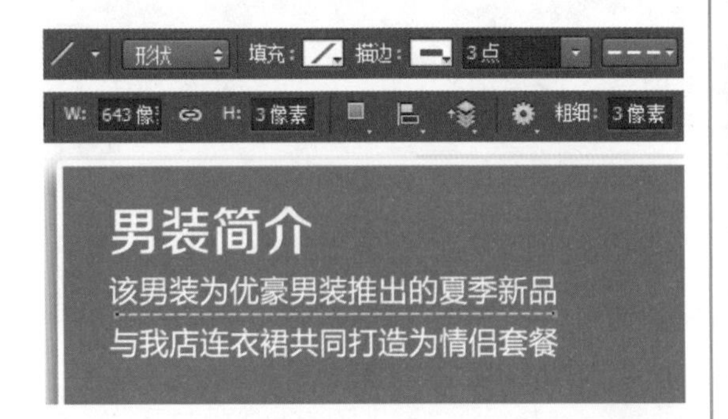

完成后复制形状图层生成拷贝图层，将其移动至第二行文字的下方，对简介内容进行强调，效果如下图所示。

步骤23 新建空白图层，单击自定形状工具，在选项栏设置“填充”颜色为浅蓝色（R224、G236、B255）、“描边”为“无颜色”。在“形状”选项的下拉面板中选择“会话12”形状，在文字下方绘制一个会话气泡形状，如下左图所示。按快捷键Ctrl+T在会话气泡形状上生成自由变换框，在变换框内右击，在弹出的快捷菜单中选择“垂直翻转”命令，将形状向上翻转，接着调整形状的大小和位置，如下右图所示。

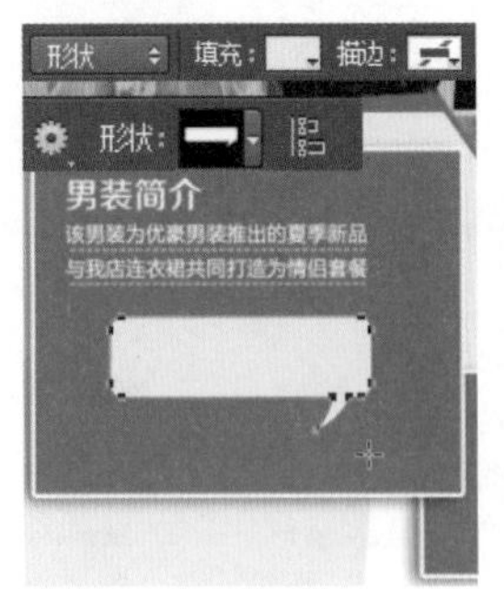

步骤24 新建空白图层，使用横排文字工具在会话气泡形状内单击输入文字，选中文字后在“字符”面板设置文字的字体、大小、字距、行距等参数，其中文字的颜色为红色（R255、G54、B87），如下图所示。

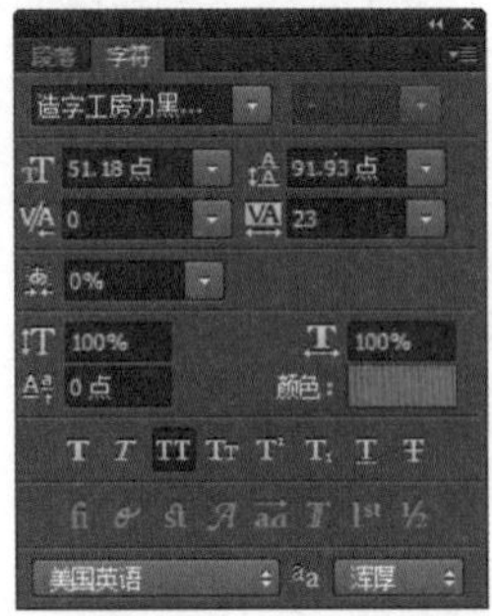

步骤25 重复步骤18中绘制立体文件夹图案的操作，新建空白图层，使用多边形套索工具在文字下方绘制三角形选区并填充深红色（R182、G0、B30），如下左图所示。取消选区后继续绘制四边形选区并填充红色（R255、G54、B87），如下右图所示。

步骤26 使用横排文字工具在文件夹图案中单击生成活动光标，在“字符”面板设置好字体、大小、字距等，更改颜色为白色，在光标位置输入如下图所示的文字。

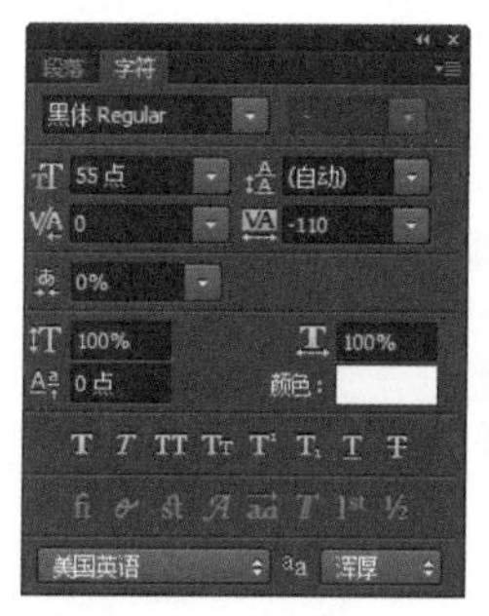

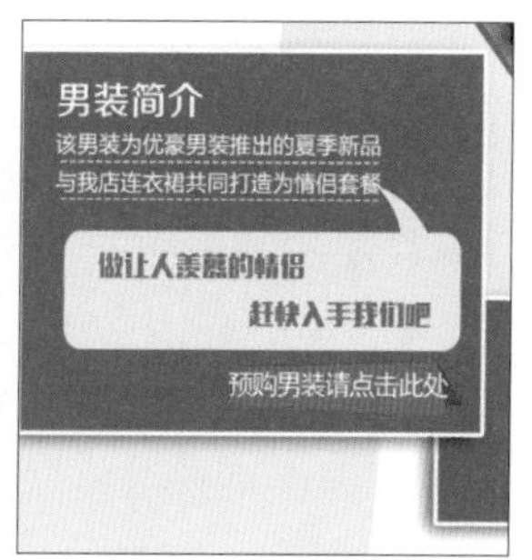

步骤27 在“图层”面板中右击上一步创建的文字图层，在弹出的快捷菜单中选择“栅格化文字”命令，将文字图层转换为普通图层。按快捷键 Ctrl+T 在文字上生成自由变换框，按住 Ctrl 键拖动左边的节点，改变文字的透视角度。继续依次调整其他节点，使文字与文件夹图案的透视效果相匹配，完成后效果如下图所示。

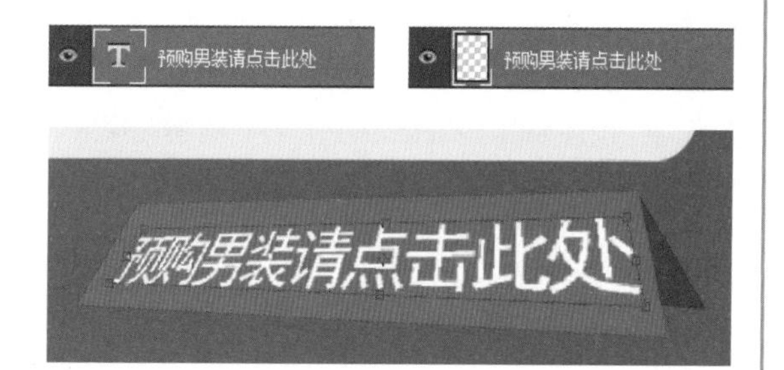

步骤28 新建空白图层，设置前景色为红色（R249、G79、B93），单击画笔工具，在选项栏设置笔尖为“硬边圆”、画笔大小为 10 像素。在两个蓝色矩形交界的位置绘制红色的箭头，对文字的阅读顺序形成引导，如下图所示。

步骤29 新建空白图层，使用多边形套索工具在画面左下角和六边形照片的右下角绘制 4 个三角形选区并分别填充蓝色和红色，使画面更加活泼，如下图所示。至此，本案例已制作完成。

案例2　银饰店铺商品详情页的设计师推荐单品区设计

初步构想

❶首先要了解店铺的整体风格。这家店铺的整体风格偏向复古和简约，融合这一品牌形象进行设计师推荐单品区的视觉设计，有利于促进品牌形象推广，强化品牌精神与风格的渗透。

❷设计师推荐单品区内部在设计上也要融合。例如，各推荐单品的品种、风格都有差异，如何将它们的商品图片统一在一个和谐的视觉效果中，是需要思考的问题。

灵感发散

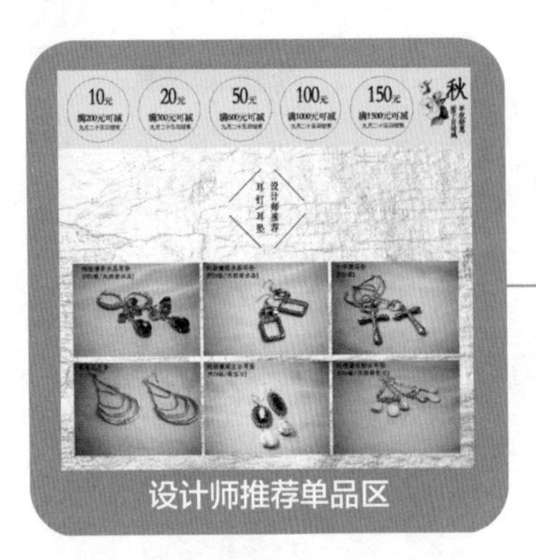
设计师推荐单品区

模块与店铺风格的融合

遵循店铺的整体风格，注重画面的简约、风格的复古。主要通过灰色的底色及颜色类似的银材质背景图将整个模块进行视觉上的融合统一，银材质背景图的添加也烘托了商品主体，同时强化了复古的风格

模块内部的融合

优惠券部分：主要通过圆形线框、相同的文字设计等进行融合

推荐单品展示区：利用矩形线框将展示区与优惠券部分关联起来，同时在单品图片上添加相同格式的文字，统一视觉效果

操作解析

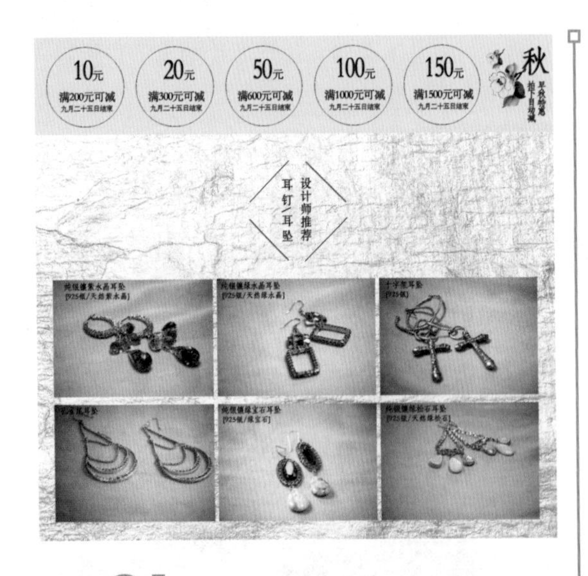

步骤01 本案例的图片尺寸要求为宽度不超过750像素、高度不限。这里同样按照之前的做法，在Photoshop中新建一个尺寸更大的文件，如下图所示。

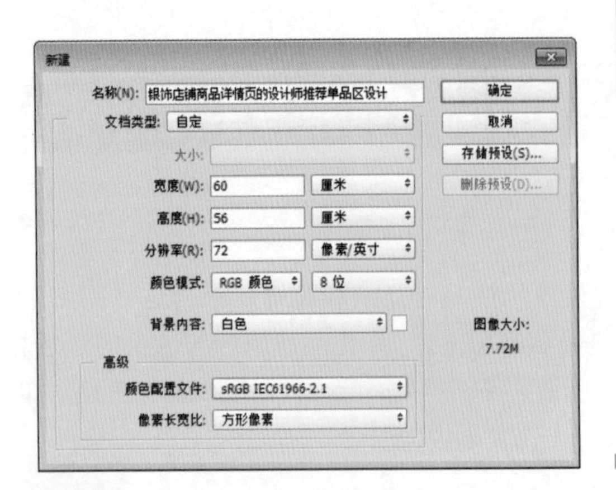

素　材：随书资源\素材\05\耳饰1.jpg~耳饰6.jpg、银材质.jpg、花朵.png

源文件：随书资源\源文件\05\银饰店铺商品详情页的设计师推荐单品区设计.psd

步骤02 设置前景色为浅灰色（R229、G229、B229），按快捷键Alt+Delete对“背景”图层填充浅灰色。新建“图层1”，单击椭圆选框工具，按住Shift键在画面左上角绘制圆形选区，如下左图所示。在选区上右击，在弹出的快捷菜单中选择“描边”命令，打开“描边”对话框，在其中设置描边“宽度”为1像素、“颜色”为黑色，如下右图所示，单击“确定”按钮，制作出圆形线框效果。

步骤03 按快捷键Ctrl+D取消选区，单击移动工具，按住Alt+Shift键，在画面中将圆形线框水平向右拖动一定距离，复制出一个圆形线框，如下图所示。

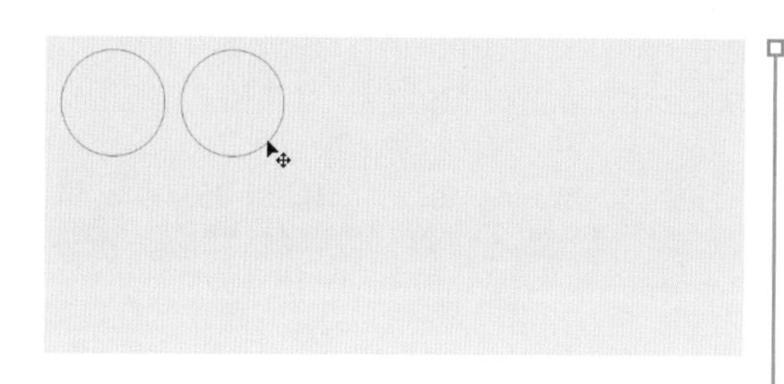

步骤04 重复上一步操作，再复制出3个圆形线框，操作时要注意使线框的间距保持一致。在拖动过程中，会自动出现参考线帮助确定位置。完成后画面如下图所示。

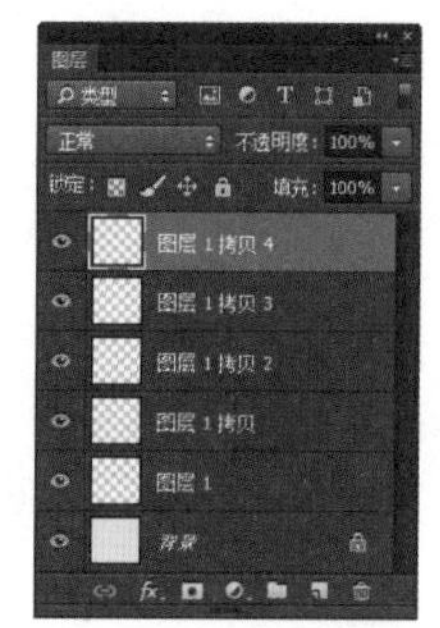

步骤05 打开素材文件“花朵.png”，将其中的水墨花朵图像拖动至本案例的PSD文件中生成“图层2”，放置于画面右上角、圆形线框之后，如下图所示。

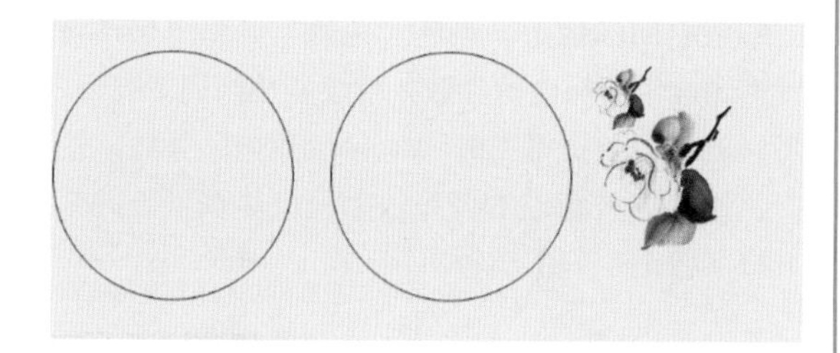

单击横排文字工具，在花朵图像右边单击输入文字“秋”，选中文字，在“字符”面板中设置文字格式，其中颜色为黑色，与花朵的颜色相呼应；字体为仿宋，风格古典，与画面的搭配更加协调，如下图所示。

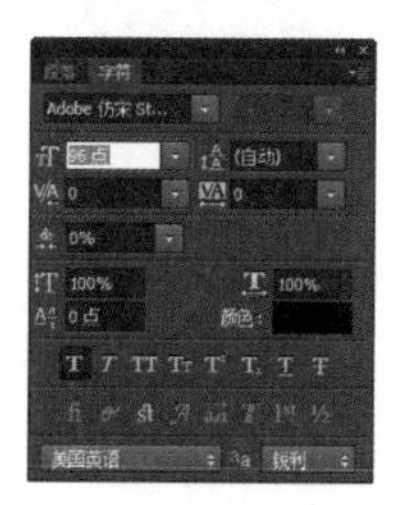

步骤06 继续使用横排文字工具在文字“秋”的下方单击生成活动光标，单击选项栏的“切换文本取向”按钮，如下图所示，将文字方向更改为直排。

输入文字“早秋特惠”，选中文字后在“字符”面板中设置字体、大小、字距等参数，如下图所示。

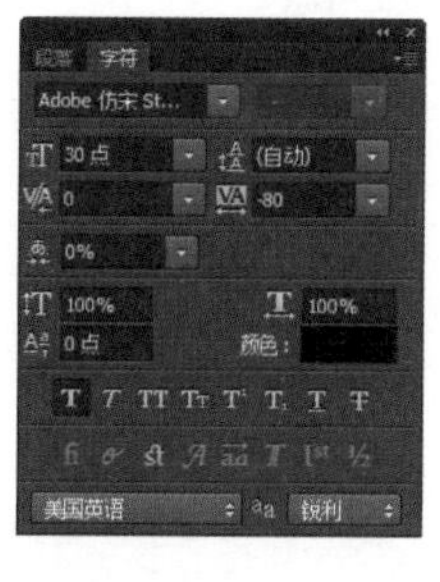

步骤07 重复上一步操作，在文字“早秋特惠”的左侧输入文字“拍下自动减”，选中文字后在“字符”面板中调整文字格式。这样便制作出两列竖排文字的效果，为画面增添了古典韵味，如下图所示。

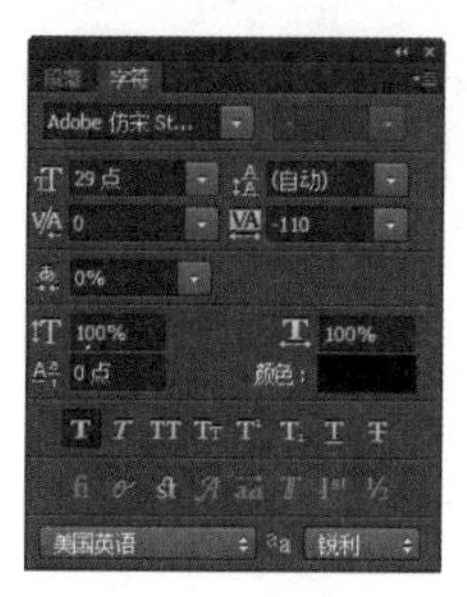

步骤08 在“图层”面板中新建“组1”，用于统一管理圆形线框内的优惠券文字图层。在“组1”内新建空白图层，使用横排文字工具在线框中单击输入数字“10”，选中数字，在“字符”面板中更改字体、大小等参数，如下图所示。

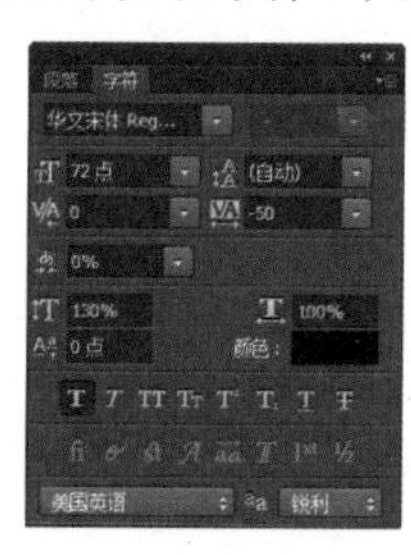

步骤 09 新建图层，使用横排文字工具在数字“10”后输入文字“元”，选中文字，在“字符”面板内将其大小更改为36点，然后调整文字位置，如下左图所示。保持“字符”面板内的参数设置不变，新建图层，在“10 元”下方输入文字“满 200 元可减”，如下右图所示。

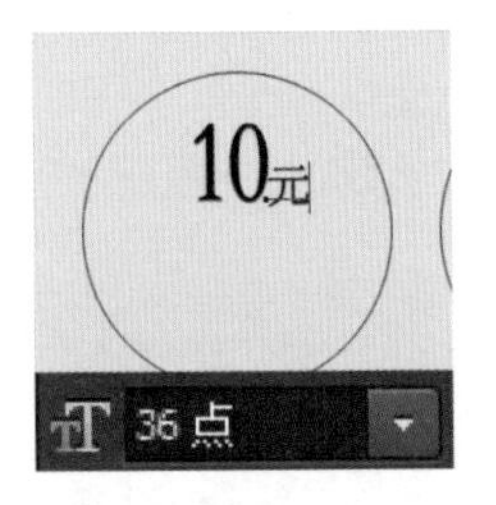

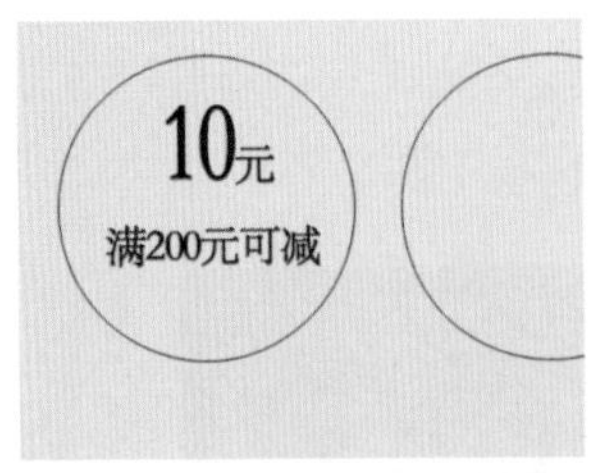

步骤 10 新建图层，使用横排文字工具在文字“满 200 元可减”下方输入优惠结束日期的文字，选中文字，在“字符”面板内更改文字大小、字距等参数，使其与上一行文字居中对齐，形成规整的视觉感受，如下图所示。

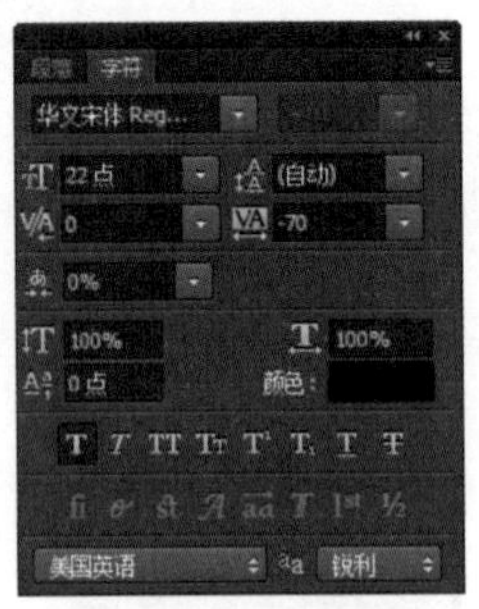

步骤 11 按 4 次快捷键 Ctrl+J，将“组 1”复制 4 份，然后按住 Shift 键不放，使用移动工具将复制出的图层组水平移动至后面的 4 个圆形线框之中，如下图所示。

步骤 12 分别修改各组内文字图层上的优惠信息，注意优惠金额的排列顺序要有规律，如从左到右优惠金额依次增大，效果如下图所示。

步骤 13 打开素材文件“银材质.jpg”，将其拖动至本案例的 PSD 文件中生成“图层 3”，适当调整银材质图像的大小，然后将其移至优惠券区下方作为单品展示区的背景纹理。单击“图层”面板底部的“创建新的填充或调整图层”按钮，创建“曲线”调整图层，拖动曲线，提亮画面，如下图所示。

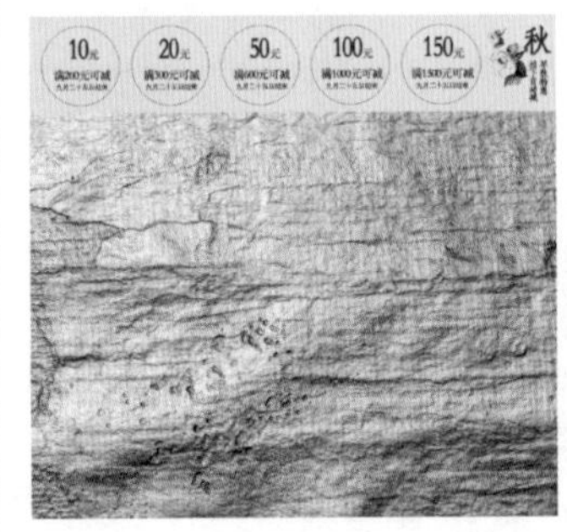

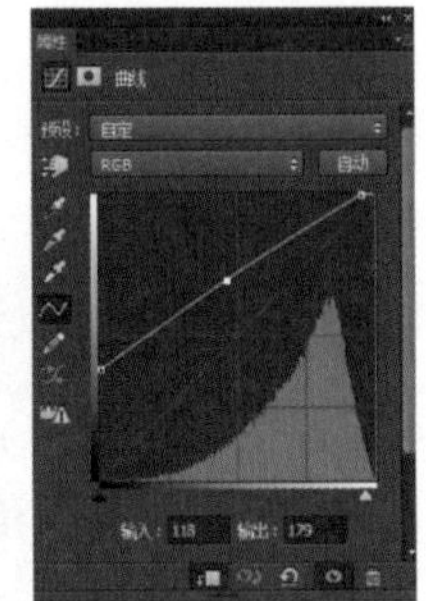

步骤 14 按快捷键 Ctrl+Alt+G 创建剪贴蒙版，使“曲线”调整图层的提亮效果只应用在下方的银材质图像上。创建“色阶”调整图层，设置“属性”面板内的参数，继续调整画面的亮度，然后同样按快捷键 Ctrl+Alt+G 创建剪贴蒙版，使“色阶”调整图层的调整效果只应用在下方的银材质图像上，如下图所示。

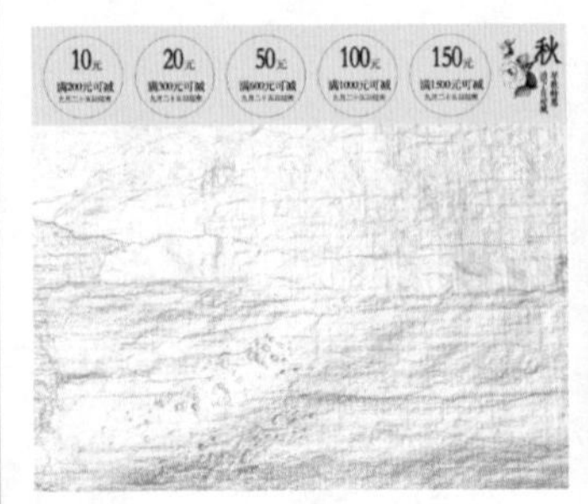

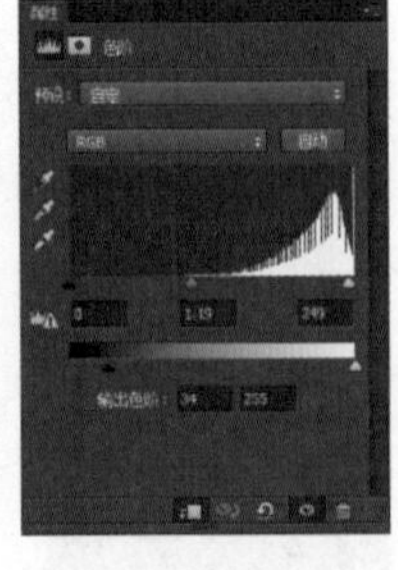

步骤 15 选择矩形工具，在选项栏设置工具的各项参数后在画面中绘制出矩形线框，按快捷键 Ctrl+T 在矩形线框上生成自由变换框，如下图所示。

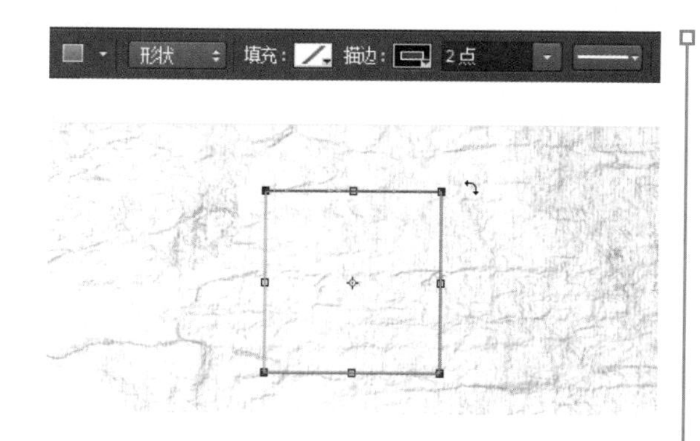

在选项栏设置旋转角度为45°，按Enter键确定操作，在弹出的对话框中单击“是”按钮，如下图所示。接下来要在这个矩形线框内加入文字，对设计师推荐的单品信息进行说明。

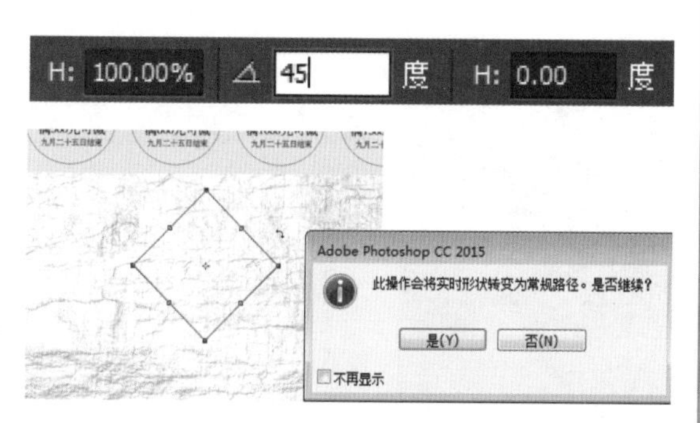

步骤16 再次按快捷键Ctrl+T，在矩形线框上生成自由变换框，调整矩形线框的大小，完成后按Enter键确定操作，如下左图所示。单击“图层”面板底部的“添加图层蒙版”按钮为该图层添加图层蒙版。设置前景色为黑色，选择画笔工具在蒙版中对矩形线框的四个角进行涂抹，将边角隐藏，制作出艺术化的线条效果，如下右图所示。

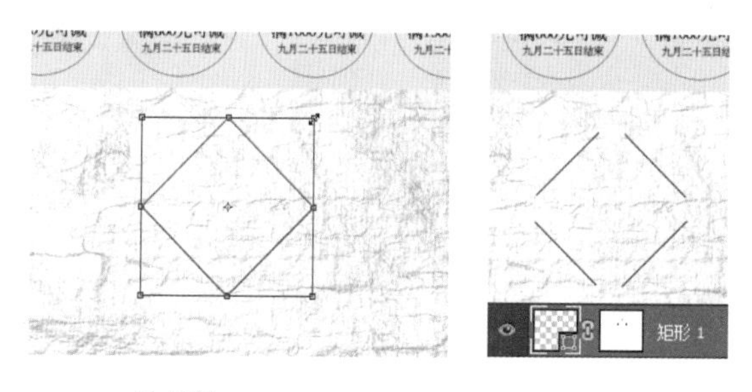

步骤17 选择直排文字工具，在矩形线框内部单击输入竖排文字“设计师推荐”，选中文字后在“字符”面板中设置参数，要注意字体风格保持一致，如下图所示。

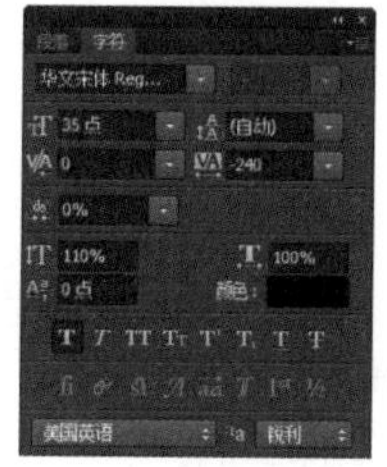

步骤18 继续使用直排文字工具在文字“设计师推荐”左边单击输入文字，选中文字后在“字符”面板中设置字距，使其与“设计师推荐”的高度一致，形成均衡的视觉效果，如下图所示。

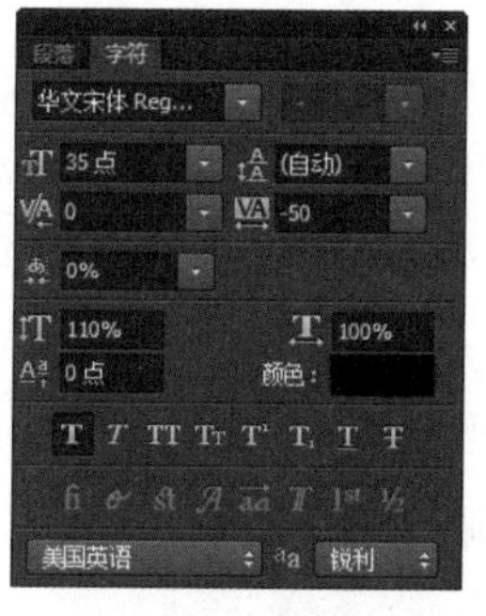

步骤19 新建“图层4”，单击矩形选框工具，在文字下方绘制矩形选区并对其填充黑色，如下左图所示。然后按住Shift+Alt键，使用移动工具将黑色矩形向右拖动一定距离后松开鼠标，复制出新的黑色矩形。重复此操作，复制生成多个黑色矩形图案，用于确定单品图片的摆放位置，如下右图所示。

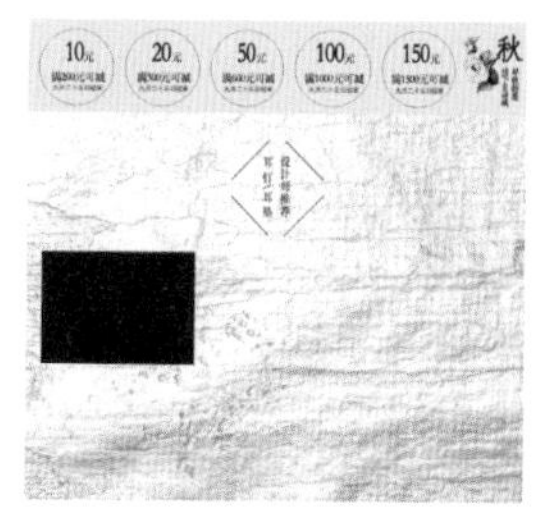
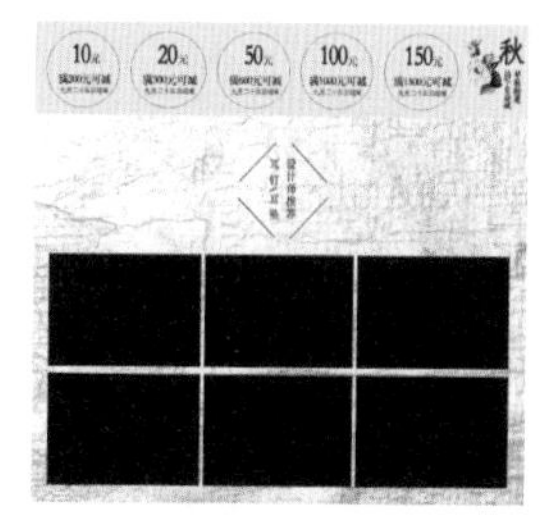

步骤20 在“图层”面板中选中第一个黑色矩形所在的“图层4”，打开素材文件“耳饰1.jpg”，将其拖动至本案例的PSD文件中生成“图层5”，如下图所示。

按快捷键 Ctrl+Alt+G 创建剪贴蒙版，使耳饰图片只显示在第一个黑色矩形范围内，效果如下图所示。

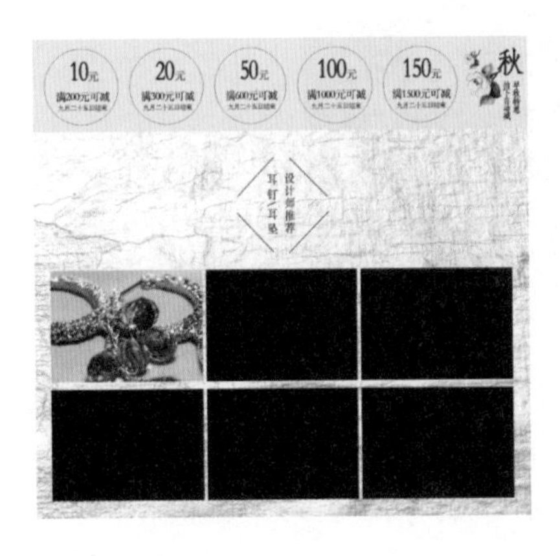

步骤21 选择“图层 5”，按快捷键 Ctrl+T 在耳饰图片上生成自由变换框，按住 Shift 键选中其中一个节点后向内部拖动，将耳饰图片同比例缩小，使耳饰完整地显示在黑色矩形中，如下图所示。按 Enter 键确定操作，完成第一张耳饰图片的添加。

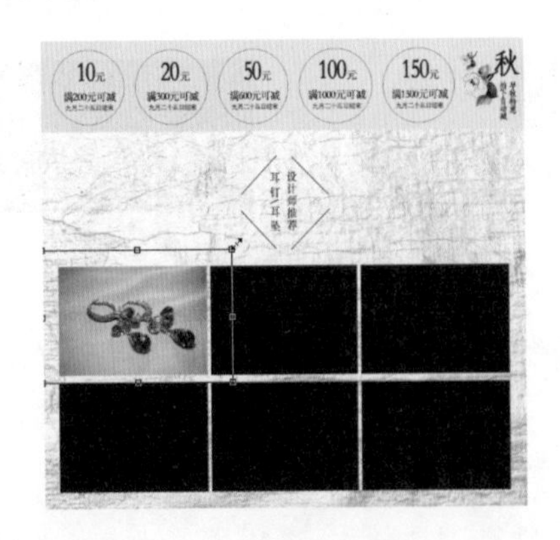

步骤22 重复前两步的操作，添加其余的耳饰图片，最终效果如下图所示。

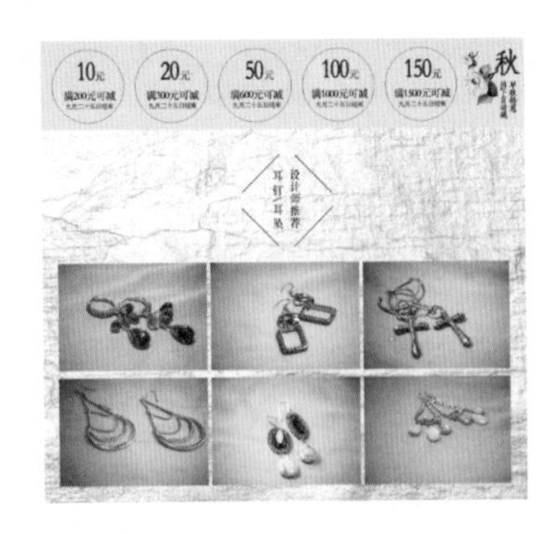

步骤23 在“图层”面板中新建“组 2”，用于统一管理耳饰图片上的文字信息图层。在该组内新建图层，使用横排文字工具在第一张耳饰图片的左上角输入相应的商品名称，选中文字后在“字符”面板内调整文字格式，如下图所示。

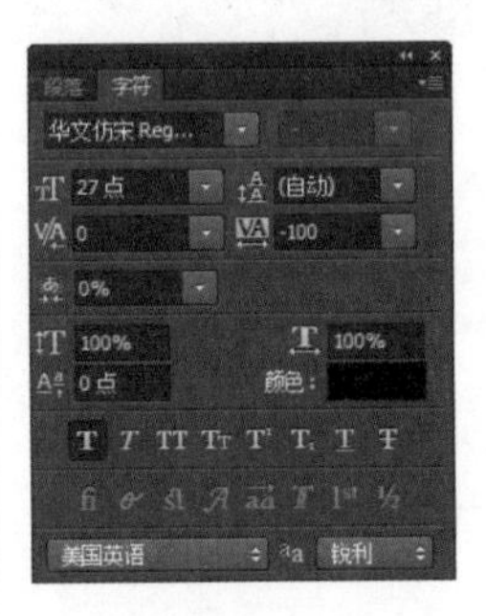

继续新建图层，在商品名称文字下方输入商品材质信息并调整文字格式，如下图所示。

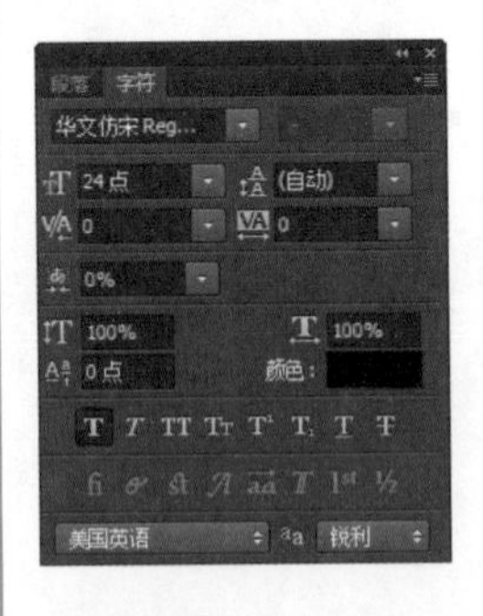

步骤24 将“组 2”复制多份后分别移动到相应的位置，并按照图片更改文字内容，如下图所示。至此，便完成了设计师推荐单品区的设计。

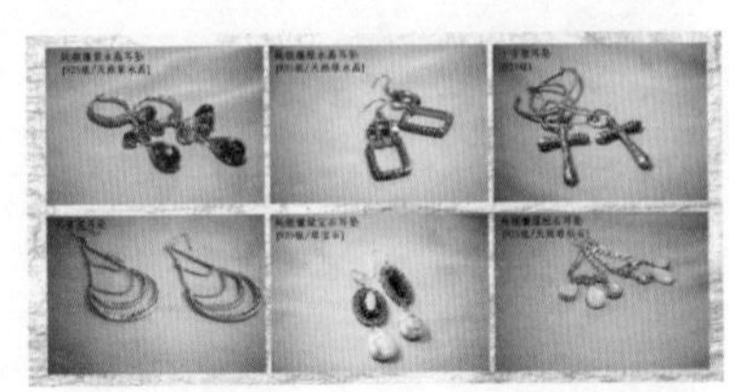

第6章

让视觉设计激发情感共鸣

“只要你给顾客放出一笔感情债，他就欠你一份情，以后有机会他可能会来还这笔债，而最好的还债方法就是购买你推销的产品。”这种营销策略同样适用于电商的视觉营销和广告设计，在设计中加入激发消费者共鸣的情感表现，能促使消费者购买商品。

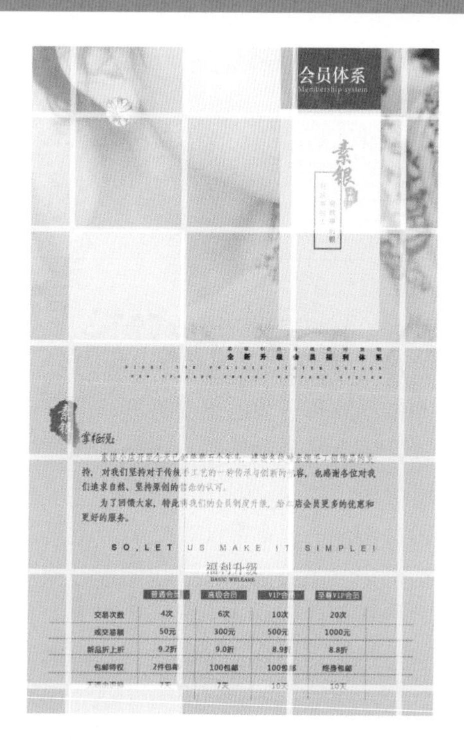

6.1 通过情感认同获得更多青睐

美国汽车推销大王乔伊·吉拉德曾说过：“顾客不仅来买商品，而且还买态度、买感情。只要你给顾客放出一笔感情债，他就欠你一份情，以后有机会他可能会来还这笔债，而最好的还债方法就是购买你推销的产品。”这番话道出了情感在市场营销中的重要作用。著名营销大师菲利普·科特勒也有类似的理论，他把人们的消费行为分为三个阶段，如右图所示。

随着物质和文化生活水平的提高，如今人们的消费行为日趋差异化、多样化、个性化与情绪化，从量和质的消费阶段进入了感性消费阶段。人们除了重视商品本身的质与量以外，还希望通过购物获得精神的愉悦和放松。他们更青睐能赢得自己的情感认同的商品，在消费过程中也越来越注重购物体验。

国外心理学研究表明：“情感因素是人们接收信息渠道的‘阀门’，在缺乏必要的‘丰富激情’的情况下，理智处于一种休眠状态，不能进行正常的工作，甚至产生严重的心理障碍，对周围世界视而不见、听而不闻。只有情感能叩开人们的心扉，引起消费者的注意。”

对于视觉营销而言也是如此。用情感去激发消费者的购买欲望，是视觉营销的重要手段，主要体现在以下两个方面。

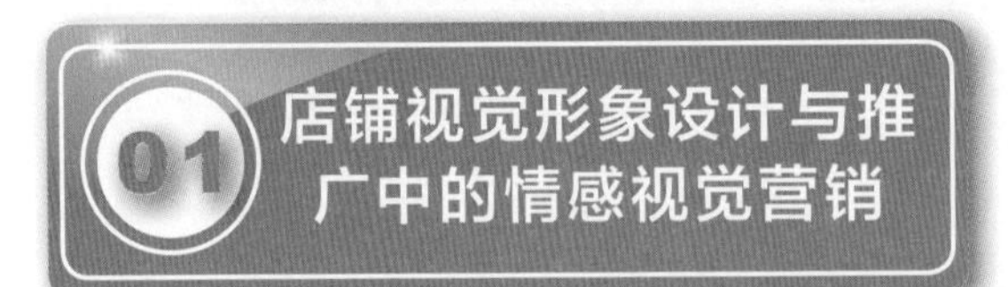

6.2 打好视觉感情牌

随着电商平台中商品同质化的日益严重，商品的功能与质量都已不再是促使消费者购买的关键因素，此时就需要打好经营的感情牌，去迎合、吸引与刺激消费者。

6.2.1 品牌中的情感体现

品牌的创建本身便是一种情感的体现。品牌能让店铺在同质化的市场中拥有个性化的表现，消费者也能从品牌的文化与精神中获得共鸣，从而认可和忠于品牌。

品牌文化与精神是激发消费欲望和推动购买行为的主要力量，但它也需要通过视觉来表现。除了在店铺首页、商品详情页的视觉设计中突显品牌情感，还可以单独建立一个版块来展示品牌文化与精神，促进消费者对品牌的了解与信任。

以“贝芬奇”家具为例，该品牌的关键词为：高品质、轻奢、欧美，这也是该品牌所追求的文化与精神。下图为“贝芬奇”家具店铺中“品牌故事”版块的部分截图，设计师选择了黑色、金色、暗红色这些代表着“品质”与“经典”的色彩去突显品牌追求“高品质”的精神；同时添加了一些能代表“欧美”和“轻奢”意象的图形图像作为装饰；构图时大量留白，让整个版块看起来开阔、大气。通过让抽象的品牌关键词扎根于具象的视觉元素，使整个版块沉浸在浓厚的品牌文化氛围之中，仿佛打开了一个交流情感的通道，消费者在视觉的刺激下与品牌形成了“情感联结”，进而对品牌产生信任，并做出购买行为。

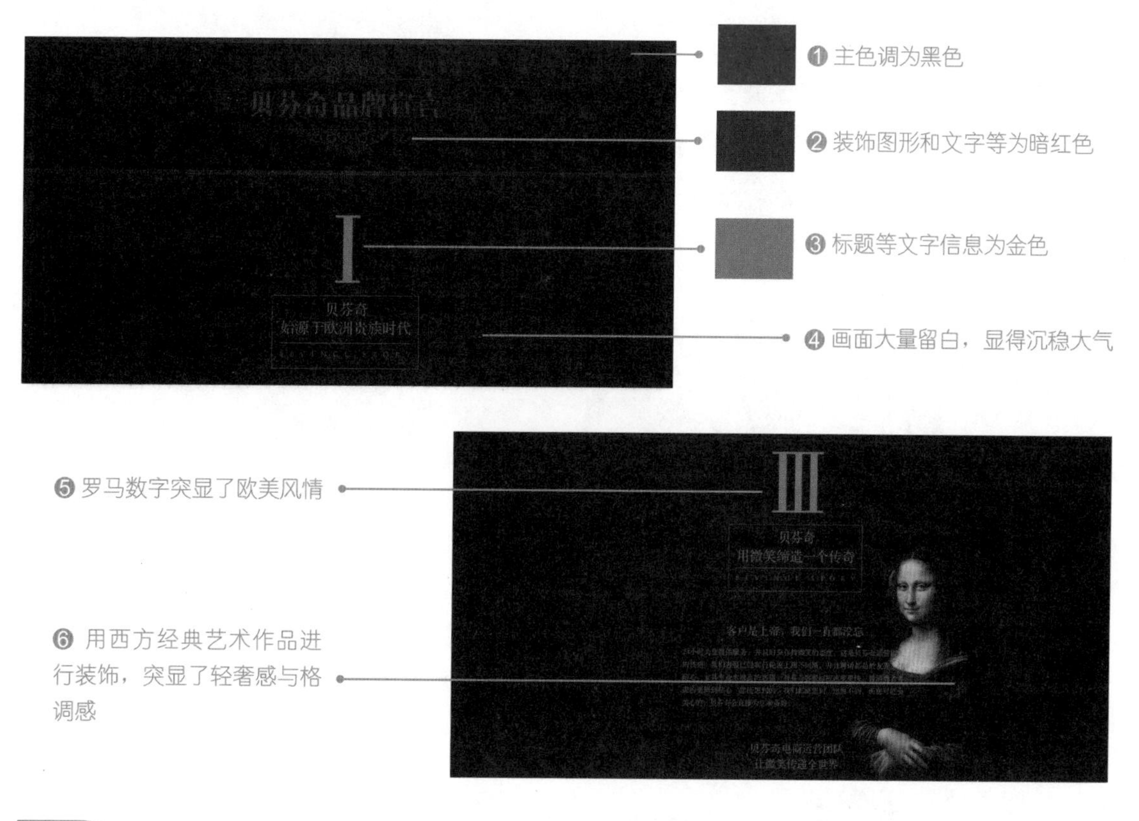

6.2.2 推广中的情感体现

推广的手法与方式多种多样，在视觉营销中，最常见的推广手段是广告图片。广告通过媒介向目标受众诉说，以求获得所期望的反应。诉求是制定某种道德、动机、认同，或是说服受众应该去做某件事的理由。广告诉求主要包括如下图所示的三个方面，本小节将分析其中的感性诉求。

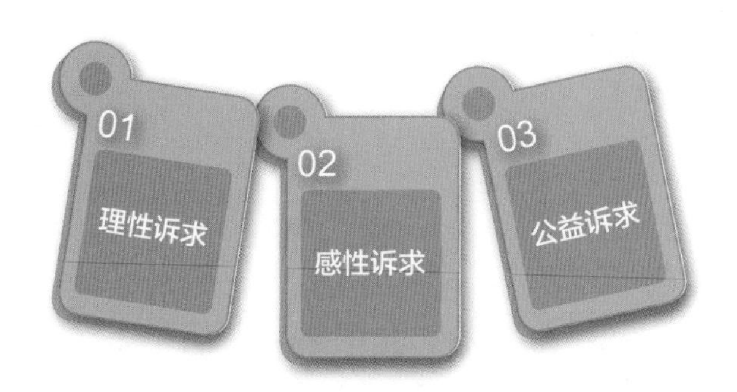

感性诉求能向消费者传达商品的附加值，满足消费者的情感需求。情感广告通过从深层次挖掘出商品与消费者之间的情感联系，让商品更具吸引力和说服力。电商广告图片可以包含各种各样的情感，主要有如下图所示的几大类。

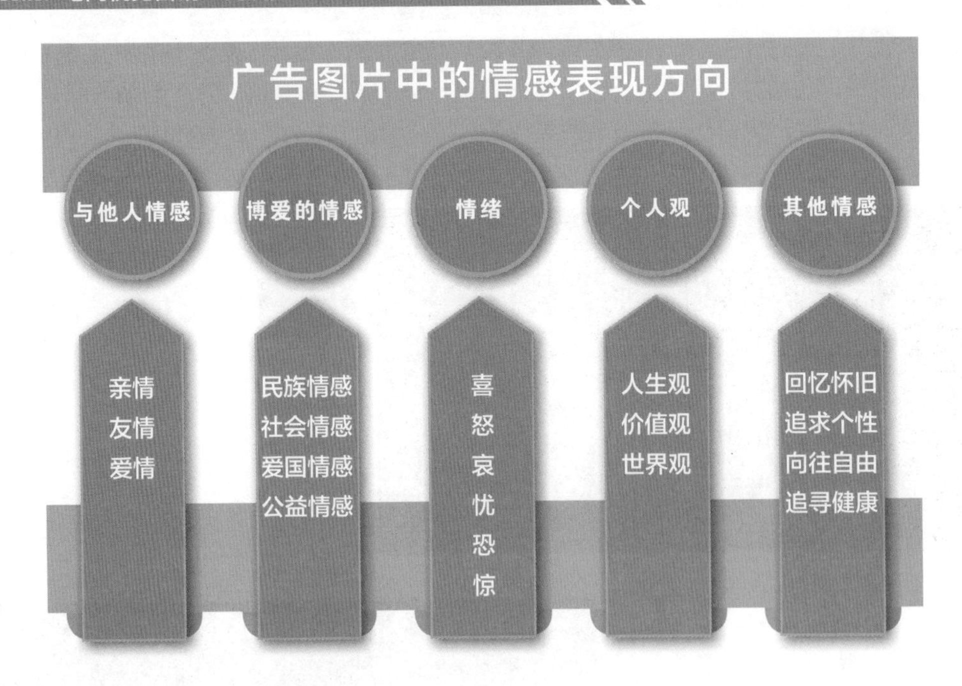

■ 广告图片中与他人情感的表现

在进行广告图片的设计时，可以在商品的卖点展示中融入亲情、爱情、友情等情感，营造出温暖人心的展示氛围，以激起消费者的情感共鸣。下图为某品牌中老年女装的广告图片，商品展示、卖点、价格等基本视觉元素一样也不缺，虽足以让消费者快速了解商品，却少了一些能触动人心的情感表现去打动消费者购买商品。

与上图相比，右图更为温暖和人性化。画面中除了基本的商品信息外，还添加了饱含情感的文案："把优雅送给最美好的人——母亲。"这句广告语体现了商家对消费者需求与内心世界的了解及诉说，会让消费者内心受到触动，涌起对母亲的关爱之情，再加上"100% 桑蚕丝"等商品卖点信息，更能大大激发他们购买商品的冲动。

广告图片中博爱情感的表现

有时结合商品的特征还可以挖掘出博爱的情感表现。在广告图片中突显博爱，不仅能很好地表现商品的特色，而且能在一定程度上拉近与消费者之间的距离，如下图所示。

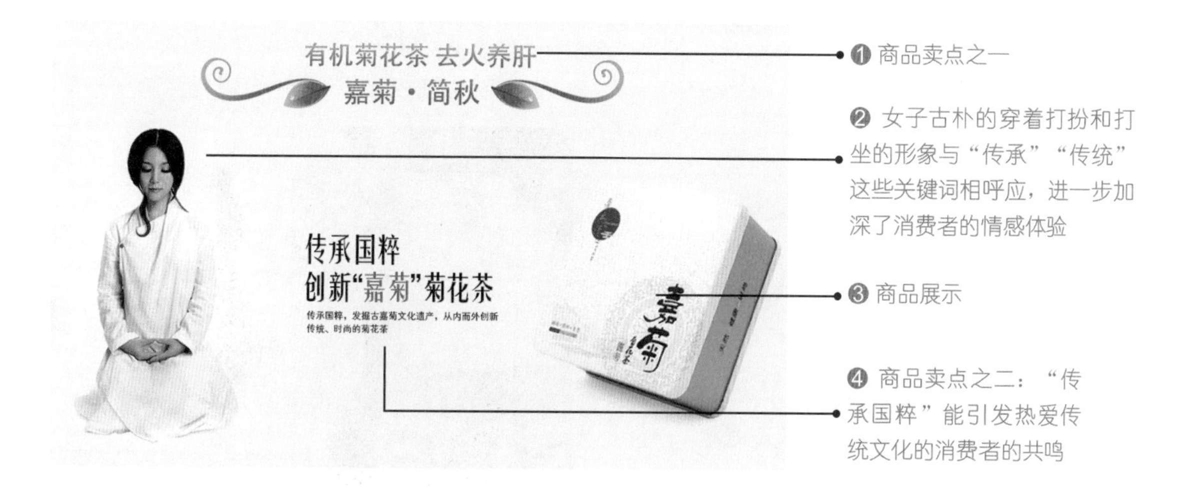

广告图片中情绪情感的表现

人的情绪千变万化，与人一样，商品也有不同的情绪表现。例如，科技类商品总是流露出一种严肃的情绪，药品总是流露出一种治愈、健康与平和的情绪，食品总是流露出一种欢乐、满足的情绪。让广告图片具有与商品相符的情绪表现，也能让消费者更好地感受与体验商品。

以“素缕”女装品牌为例，它追求简洁内敛、飘逸自由、无量自在、安静的精神，这也是它的商品设计风格。如下图所示的钻展广告图片就贯穿了这样的情绪，从模特展示到字体选择再到构图，都流露出与品牌精神及商品风格一致的洒脱与内敛，对于目标消费者而言极具吸引力。

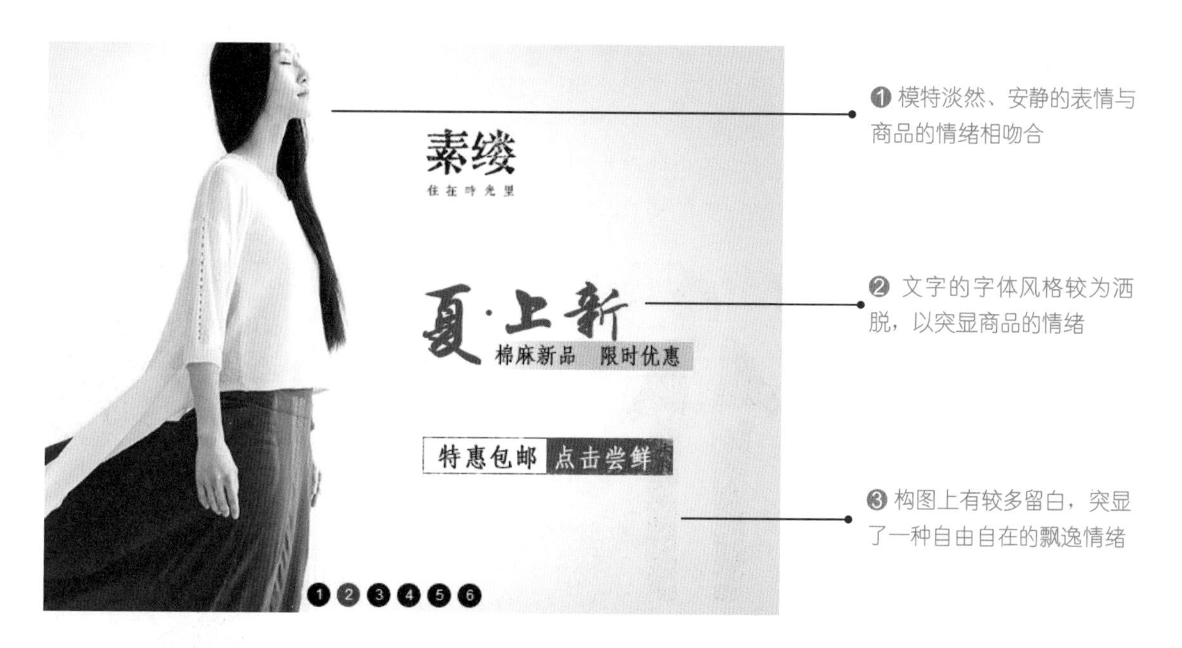

广告图片中个人观情感的表现

将积极突破、实现自我等一系列价值观、人生观表现在广告图片中以激励消费者，这样的情感表现能让消费者的心理产生微妙变化。如下图所示，“有爱，就要勇敢去追”的宣言与爱情观，加上幸福牵手的图片，都能在一定程度上激发消费者去拥有商品的心理。

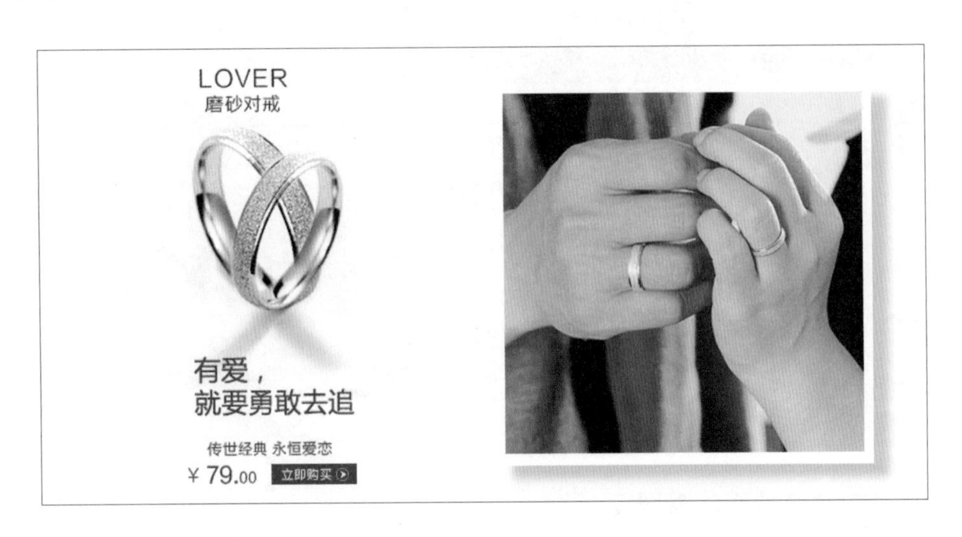

广告图片中其他情感的表现

其他情感包括回忆怀旧、追求健康、向往自由等。以回忆为例，人们遇到熟悉的场景或特别的事物，总是会特别地注意，内心深处对往事的记忆被唤起，从而产生共鸣。在进行广告图片设计时，同样可以结合商品与消费者的联系去制造这些情感，以打动消费者。为了更好地将情感因素融入广告中，需要做好以下两点。

- 受众定位：细分消费群体，研究这些群体的心理，抓住他们的特征，进行有针对性的研究与广告策略的制定。这一点尤其体现在情感表现方面。
- 挖掘商品：挖掘出蕴含在商品中的情感，并通过展示去迎合消费者的心理，让他们感受到商品的属性与个人价值、需求之间的联系，获得消费者的认同。

如右图所示的“日着”女装品牌的轮播广告图便从上述两个方面入手，很好地将情感融入广告之中。结合商品简约而又不失品质感的样式及特色，将商品的受众定位于处于“熟女”年龄阶段且热爱文艺的女性。这部分女性更向往平静、安然自若，因此，在广告中便可以增添安静、淡雅的情绪来打动消费者。例如，“送给雅致如丝的你”这样的广告语，就能给这部分消费者“遇见知己”一般的美好体验。

6.3 回头客营销中情感的视觉表现

相关电子商务调查显示，迎来一个新客户的成本远高于留住一个老客户的成本，因此，很多商家会采取一系列营销措施让“头回客”变为“回头客”。其中，“打感情牌”不可或缺，它能让消费者在获得满意购物体验的同时也获得感动。

6.3.1 VIP会员制度的情感表现

VIP 会员制度是商家为了维系与客户的长期交易关系而发展出来的一种较为成功的关系营销模式。会员身份能够让消费者产生一种与众不同的优越感，而且会员还能享受诸多优惠政策，这些都是让消费者持续在店内购物的重要因素。

会员制度建立后，需要将其通过视觉设计手段呈现在消费者眼前，才能激发他们成为会员的冲动。在对“会员中心”版块进行视觉设计时，要传达出与品牌精神相符的情感，让消费者找到与商品、店铺及品牌一致的价值观，从而提升消费者对商家的好感度与认可度，促使他们入会并建立起忠诚度。

下图为“森宿”女装品牌“会员中心”版块的首屏截图，该品牌崇尚清新雅致的气质，独立、念旧、文艺都是该品牌想要传递给消费者的情感，因此，“会员中心”版块的设计风格也融入了这样的情感。

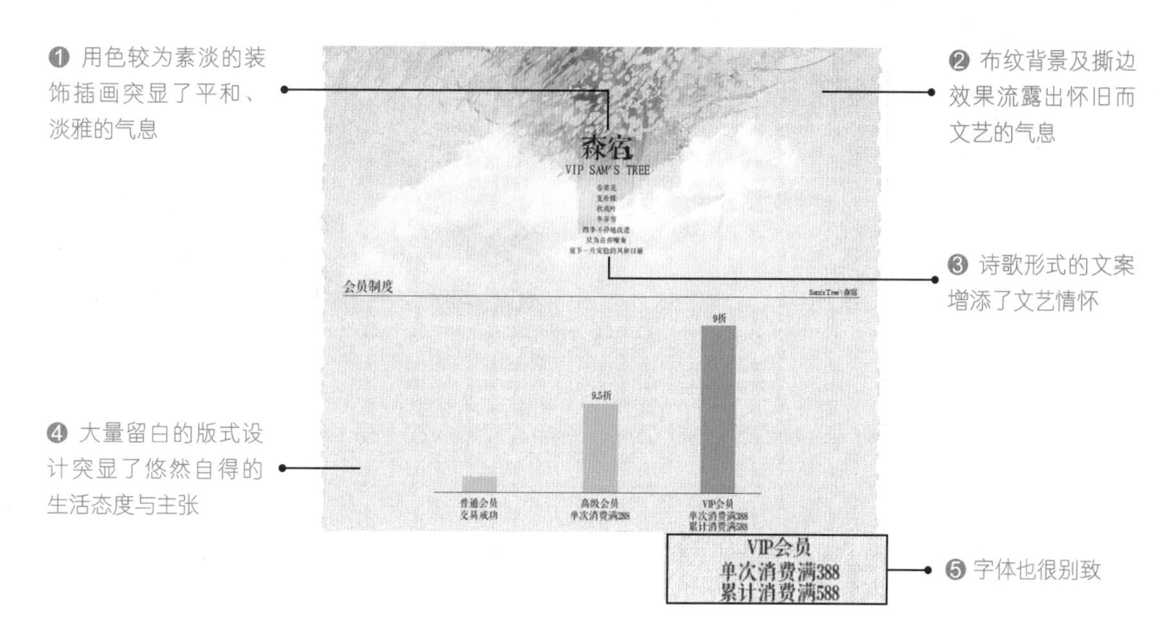

6.3.2 具有趣味与亲和力的情感表现

有些商家会在店铺中添加一个类似于博客的版块。这一版块更像是一种情感的诉说，它不仅能让消费者感受到店铺的个性，更能起到推销商品、打造品牌的作用。

例如，如下图所示的“初语”女鞋旗舰店中便添加了“初语街拍”这一版块，通过街拍与搭配的形式，不仅让鞋子看起来更具卖相与吸引力，而且顺带实现了其他商品的关联营销。该版块的设计也具有趣味性与亲和力，更容易让消费者产生阅读兴趣。

❶ 照片都在日常生活中的场景里拍摄，能让消费者感到熟悉与亲切

❷ 版式设计的表现形式丰富，活泼而不杂乱，能让消费者充满阅读的兴趣

6.3.3 在互动中增进感情

互动能拉近消费者与商家之间的距离，在购物中增添沟通的乐趣和参与感，从而促进消费。营造互动体验有以下两种方式。

■ 添加娱乐版块营造互动体验

如果购物能像玩游戏一样有趣，相信消费者能够获得更多精神愉悦，而且游戏还有着让消费者“上瘾”的功效，可以激发消费者在店铺中停留的兴趣。商家可以在店铺中添加抽奖等游戏活动版块，不仅能让消费者获得有趣的情感体验，加深对店铺的印象，而且能吸引部分消费者为了玩游戏而在店中持续消费。游戏版块的页面设计要注意保持一定的简洁性，要有明确、简单易懂的操作提示，才能唤起消费者参与的积极性，如下图所示。

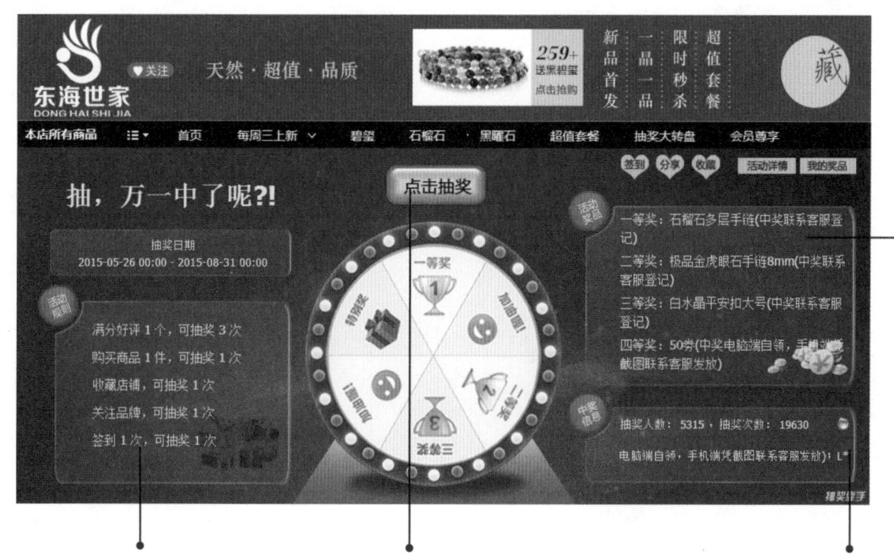

❶ 分点说明活动规则，简洁明了

❷ “点击抽奖”按钮非常显眼，让消费者对游戏的玩法一目了然

❸ 说明活动奖品，让消费者明确参与目标，提高积极性

❹ 抽奖人数与次数的展示也能在一定程度上刺激消费者参与，消费者会产生这样的心理：那么多人都参加并获奖了，我也要踊跃一点

■ 视觉传达的互动体验

互动感还可以通过商品详情页去传递。例如，在手机壳 DIY 材料包的商品详情页中，如果只是介绍材料包的内容及展示 DIY 后的成品，就显得有些平庸，而一步步展示 DIY 的操作过程，则会更具互动感，能感染消费者，使其产生跃跃欲试的心理，从而下单购买。

案例 1　银饰店铺的会员中心版块设计

初步构想

本实例要制作的是上一章案例 2 中银饰店铺的会员中心版块，属于回头客营销的一部分。在这个版块中添加情感因素，能让消费者获得既满意又感动的购物体验，是商家维系客户的好方法。案例中的银饰店铺崇尚手工制作，坚持原创简约风格，在设计时需要融合这些理念。

❶首先要确定会员中心版块的颜色基调。

❷文字是用来说明会员制度的最为直接的视觉表现符号。为迎合消费者对快速轻松的阅读方式的偏爱，不能出现大段文字，以减少厌烦情绪，并且文字要包含与品牌精神相符的情感要素。

❸其他装饰元素（图片、图案等）在整个版面设计中也十分重要，运用得当将有助于会员中心版块的情感传达效果。

灵感发散

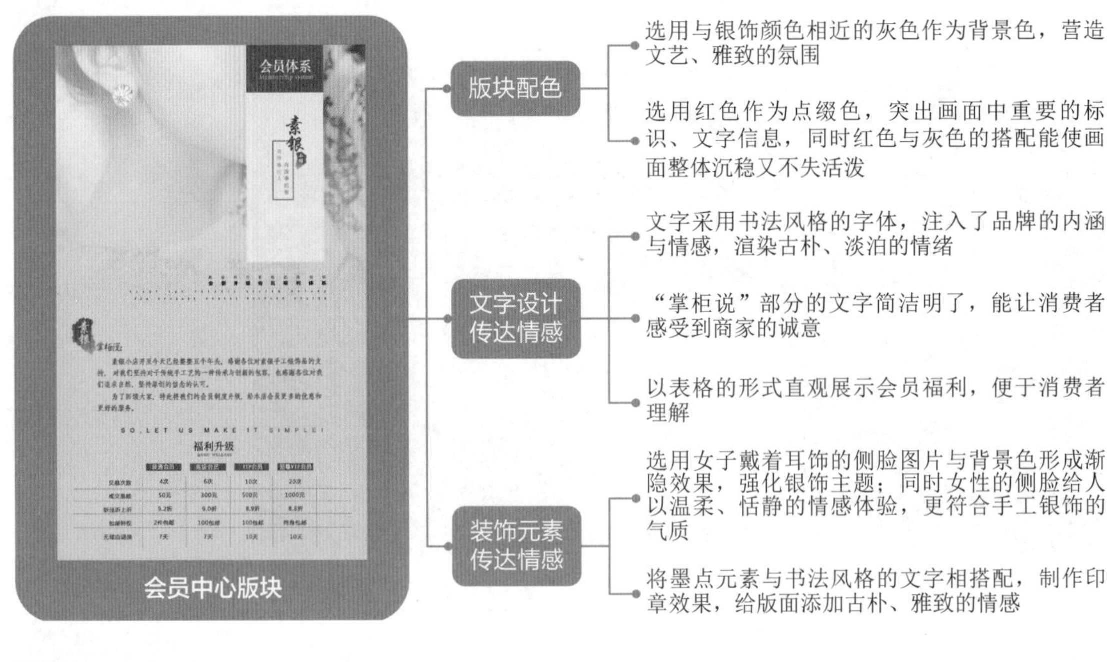

操作解析

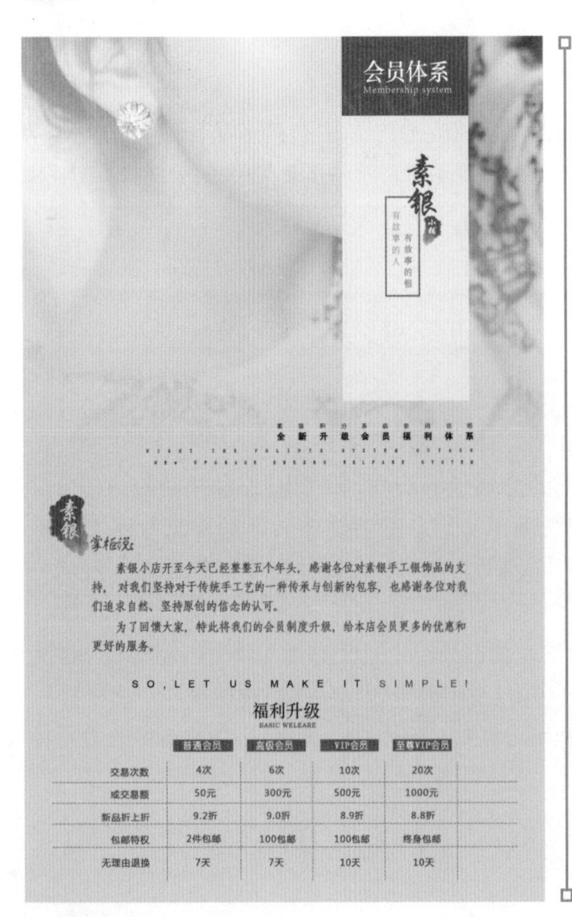

素　材：随书资源 \ 素材 \ 06 \ 人物.jpg、墨点.png

源文件：随书资源 \ 源文件 \ 06 \ 银饰店铺的会员中心版块设计.psd

步骤01 占单独页面的会员中心版块的尺寸要求是宽 750 像素、高不限。这里同样按照之前的做法，在 Photoshop 中新建一个尺寸更大的文件，对“背景”图层填充灰色（R209、G212、B217），如下图所示。

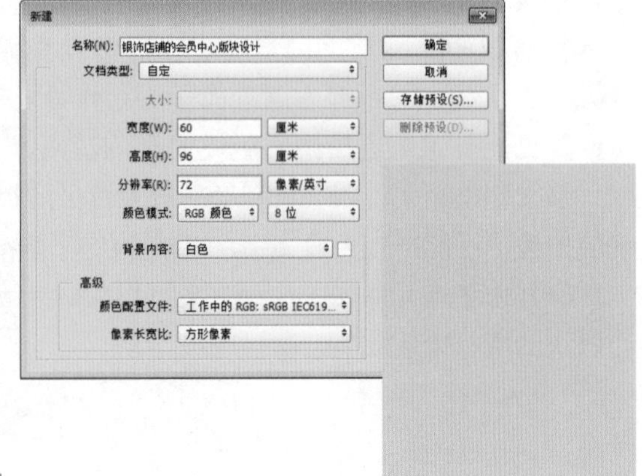

步骤02 打开素材文件“人物.jpg”，如下左图所示，将其拖动至本案例的PSD文件中生成“图层1”。为了贴合银饰店铺的销售主体，只需要人物戴着耳饰的局部图片。按快捷键Ctrl+T在人物图像上生成自由变换框，按住Shift键将图像同比例拖动放大至下右图大小后，按Enter键确定操作。

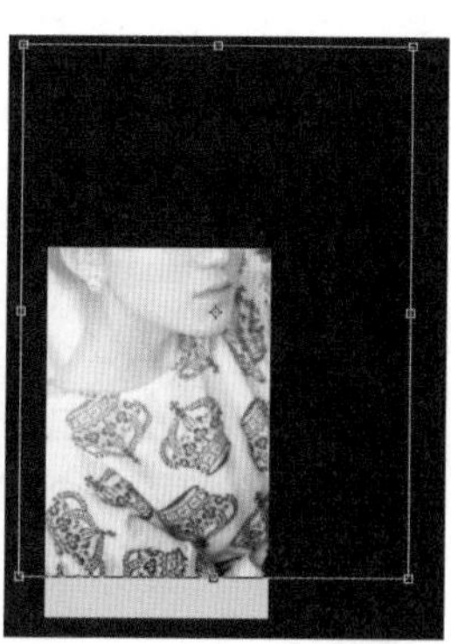

步骤03 在“图层”面板中为“图层2”添加图层蒙版。接下来要在蒙版上创建黑白渐变，从而让图像产生渐隐效果。单击工具箱中的渐变工具，按快捷键D复位前景色和背景色。选择渐变工具，在选项栏选择“前景色到透明渐变”的渐变色，按住Shift键在蒙版中由下至上直线拖动创建渐变，反复拖动几次达到下图的渐隐效果。

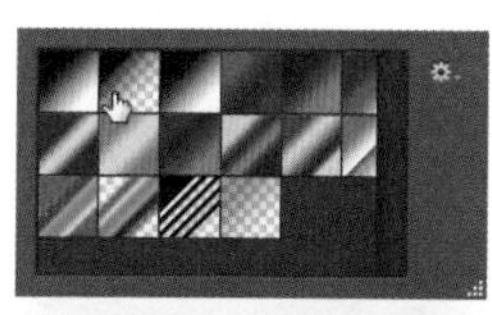
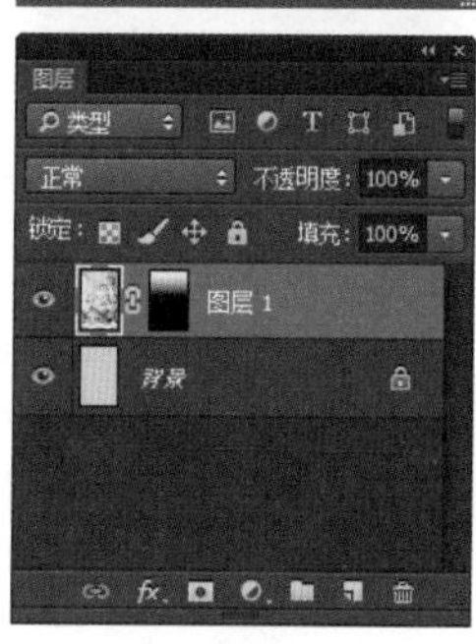

步骤04 新建“图层2”，使用矩形选框工具在画面上方中部靠左位置绘制矩形选区，对其填充灰色（R233、G234、B236），如下左图所示，然后取消选区。新建“图层3”，绘制一个与灰色矩形同宽的矩形选区，对其填充红色（R193、G73、B74）后取消选区，如下右图所示。后面将在这两个矩形上添加会员中心的标题文字。

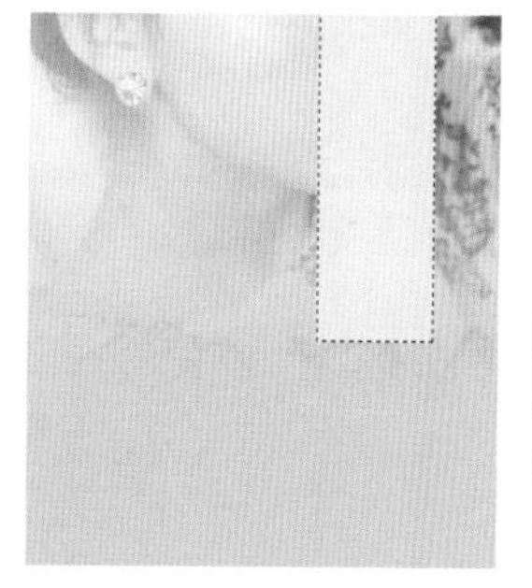
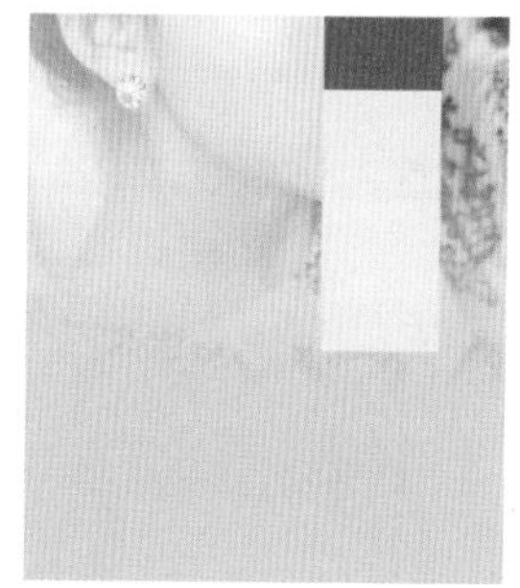

步骤05 选择横排文字工具，在红色矩形上单击输入文字“VIP”，选中文字，在“字符”面板内对文字的字体、大小等进行调整，如下左图所示。其中文字颜色为比矩形的红色更浅一些的红色（R197、G86、B84），使文字与背景形成一定差异，丰富视觉效果，如下右图所示。

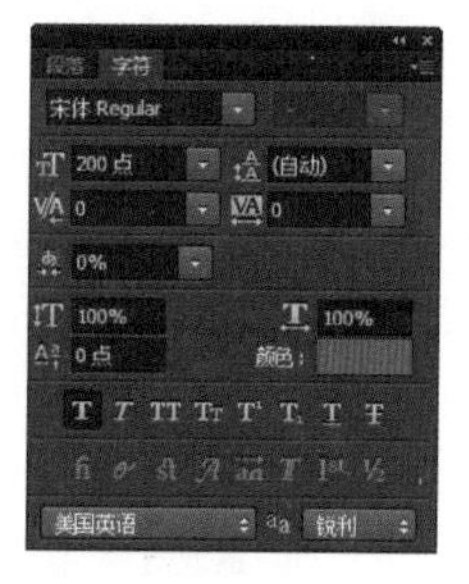

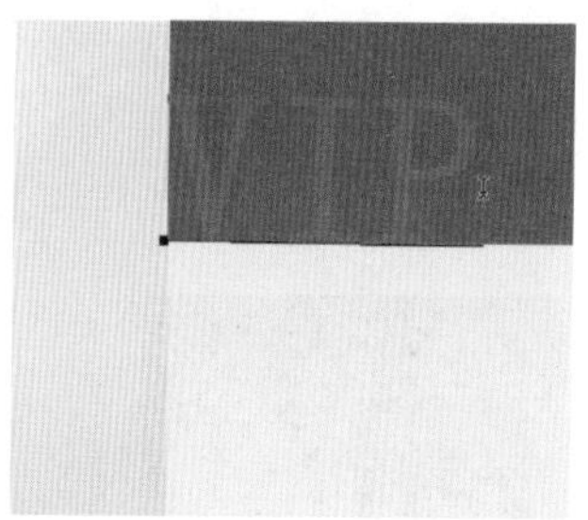

步骤06 按快捷键Ctrl+T在文字上生成自由变换框，将文字旋转一定角度，如下左图所示。按住Ctrl键单击“图层3”的缩览图，载入红色矩形的选区。返回“VIP”文字图层，为文字图层添加图层蒙版，隐藏文字位于矩形之外的部分，如下右图所示。

步骤07 新建“图层 4”，使用矩形选框工具在灰色矩形中绘制矩形选区，如下左图所示。在选区内右击，在弹出的快捷菜单中选择“描边”命令，在弹出的对话框中设置“宽度”为 5 像素、“颜色”为灰色（R115、G116、B120），单击“确定”按钮，生成矩形线框，作为汇聚消费者视线的视觉中心，如下右图所示。

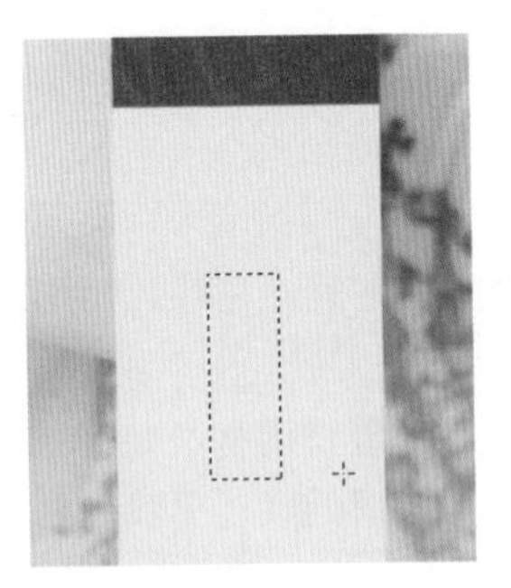

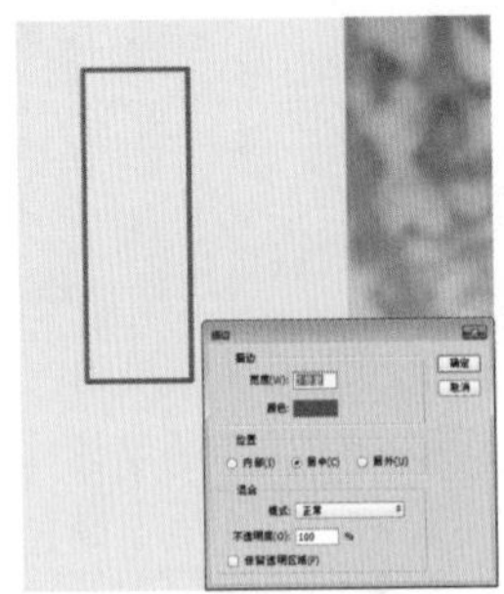

步骤08 选择直排文字工具，在矩形线框左上角单击输入店名“素银”。选中文字，在“字符”面板内设置文字的字体、大小等，其中颜色为红色（R165、G69、B69），如下图所示。

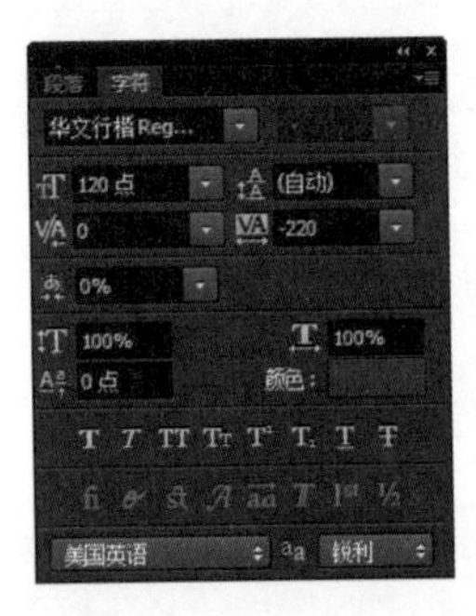

由于字体原因，尽管字号一样，两个字却显得一小一大，因此单独选择文字“银”，在“字符”面板中更改文字大小，让两个字的大小更均衡，如下图所示。

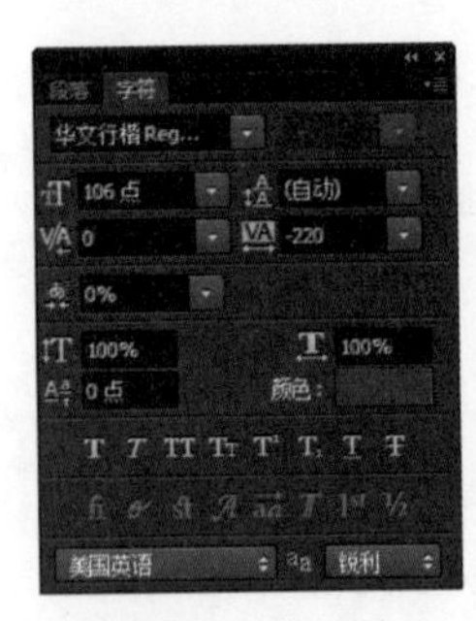

步骤09 打开素材文件“墨点.png”，将其拖动至本案例的 PSD 文件中生成“图层 5”，按快捷键 Ctrl+T，将墨点图像调整至适当大小，如下左图所示。黑色的墨点与红色的文字搭配不太协调，因此单击“创建新的填充或调整图层”按钮，创建“颜色填充”调整图层，在弹出的“拾色器（纯色）”对话框中选择红色（R193、G73、B74），如下右图所示，单击“确定”按钮对画面填充红色。

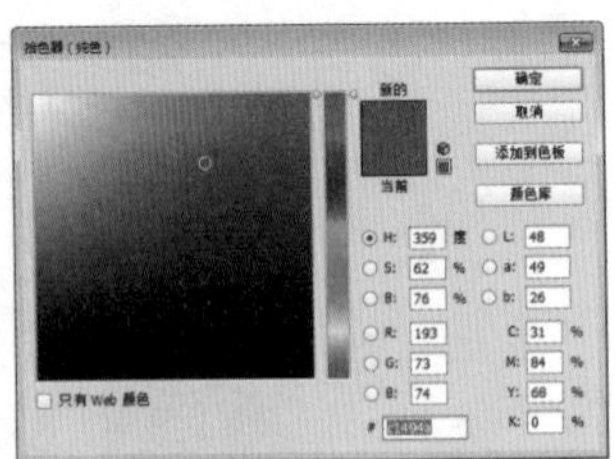

步骤10 按快捷键 Ctrl+Alt+G 创建剪贴蒙版，使填充的红色只显示在下方图层的墨点之上，如下左图所示。选择“图层 5”和“颜色填充”调整图层，按快捷键 Ctrl+J 复制这两个图层。选择复制出的两个图层，将墨点移至画面中部左侧，按快捷键 Ctrl+T 在图像上生成自由变换框，对图像进行水平翻转和大小变换，如下右图所示。之后可在其中输入文字，与上部分的标题相联系。

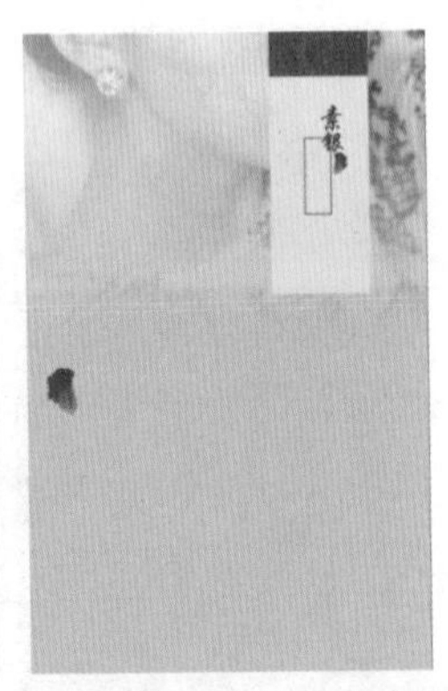

步骤11 在“图层”面板新建“组 1”，用于统一管理文字图层。在组内新建空白图层，选择直排文字工具，在标题下的红色墨点中单击输入文字“小铺”。选中文字，在“字符”面板中调整文字字体、大小等，其中颜色为白色，以使文字在红色中突显出来，如下图所示。

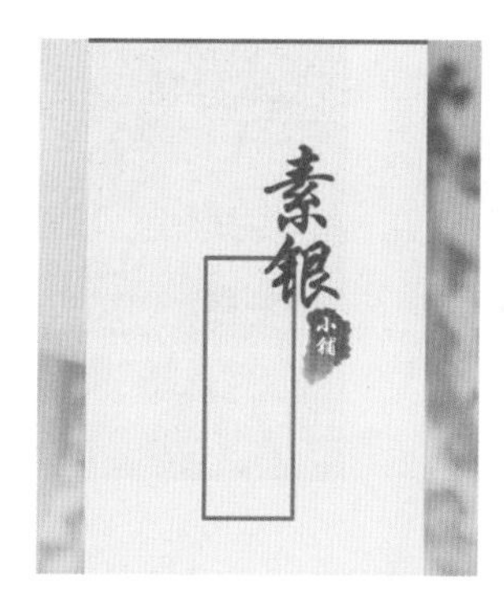

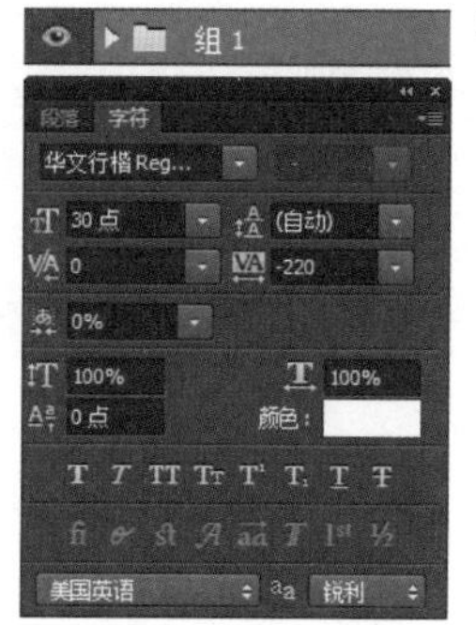

步骤 12　继续使用直排文字工具在画面中部左侧的墨点中单击输入文字“素银”。分别选中文字“素”和“银”，在“字符”面板中分别调整文字大小，使两个字在视觉上更加统一。文字的颜色更改为背景的灰色（R209、G212、B217），形成镂空文字的效果，如下图所示。

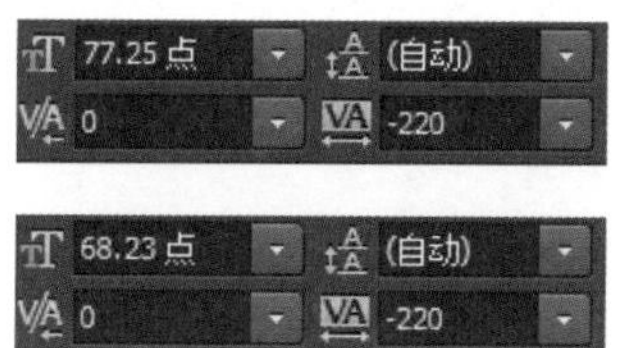

步骤 13　在“组 1”内新建空白图层，使用横排文字工具在红色矩形内部单击输入文字“会员体系”。选中文字后在“字符”面板内更改文字字体、大小等，其中文字颜色为白色，以使文字在红色的底色上更醒目，同时也与画面的整体色调相符，如下图所示。

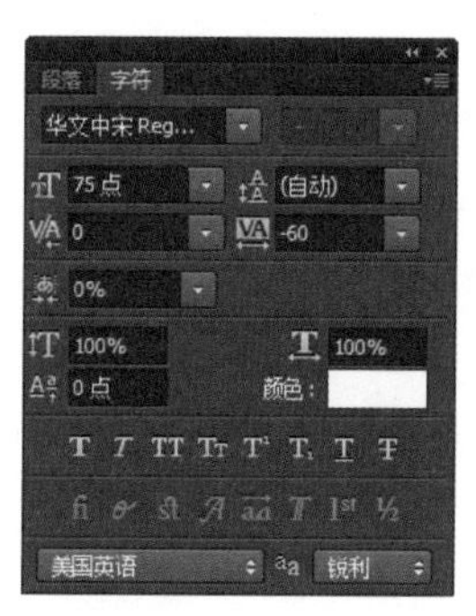

步骤 14　新建空白图层，在文字下方输入英文文字，并更改其字体、大小、字距等，如下图所示。

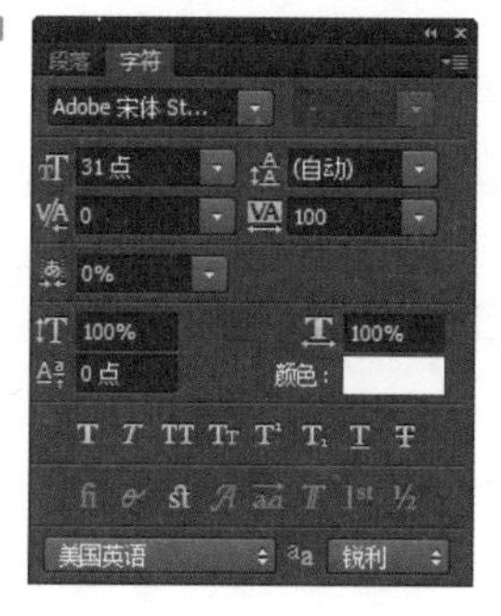

步骤 15　新建空白图层，选择直排文字工具在矩形线框内单击输入文字“有故事的人”，调整文字的大小、字体等，其中文字颜色为与线框色调一致的灰色（R134、G135、B138），如下图所示。

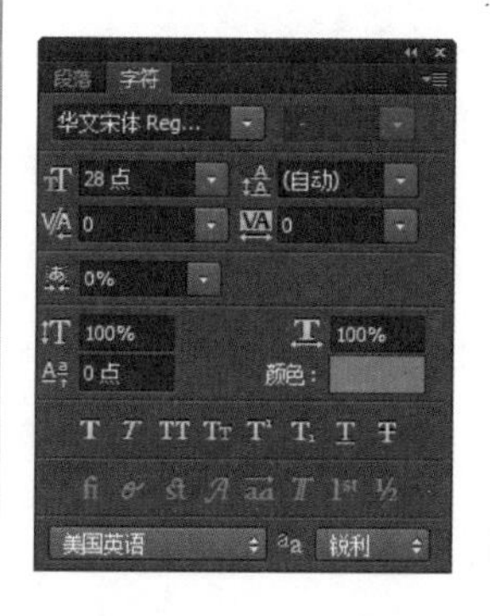

步骤 16　按快捷键 Ctrl+J 复制上一步创建的文字图层，将复制的文字拖动至如下图所示位置。将“人”更改为“银”，然后选中整列文字，更改其大小，并单击“仿粗体”按钮将文字加粗，使其与左边的文字有一定差异。

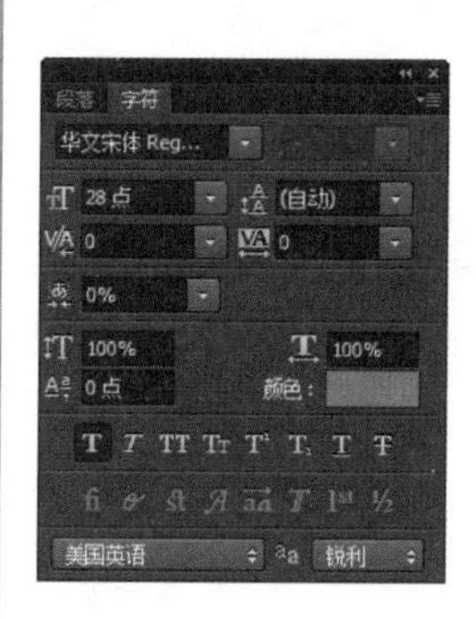

步骤 17　在“组 1”内新建图层，选择横排文字工具在矩形下方输入文字，并更改文字大小、字体等，其中字距为 1440，使画面中的文字更具有多样性，丰富画面效果，如下图所示。

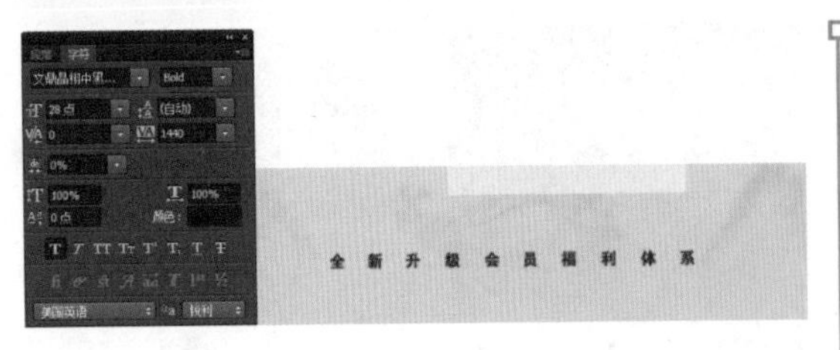

步骤 18 新建空白图层，继续在上一步中输入的文字上方输入文字，并更改文字的字体、大小，这里将字距设为 2840，使其与下方的文字对齐，如下图所示。

步骤 19 新建图层，在中文文字下方输入英文文字，并更改其字体、大小、字距等，使这些文字在起注释作用的同时更具美感，如下图所示。

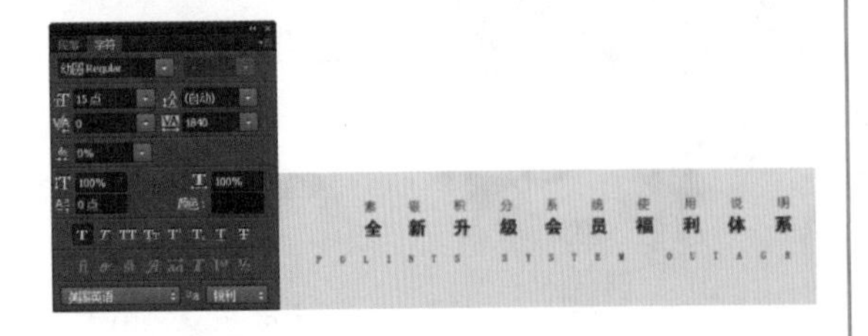

继续在下方输入英文文字，并调整文字大小、字距，使其与上方文字有所区别，如下图所示。

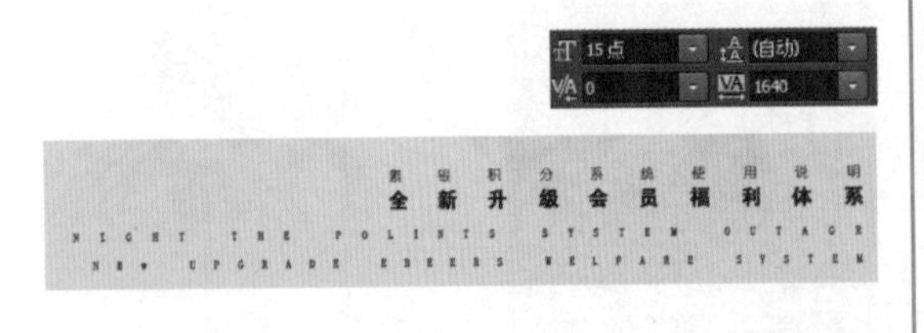

步骤 20 新建“组 2”，用于统一管理画面下半部分的文字。新建空白图层，选择横排文字工具，在画面中部左侧的墨点右边单击输入文字“掌柜说：”，并更改文字的字体、大小、字距等，其中文字颜色为土黄色（R125、G100、B79），使“掌柜说：”的颜色与其他文字有所区别，但又与画面色调相符，如下图所示。

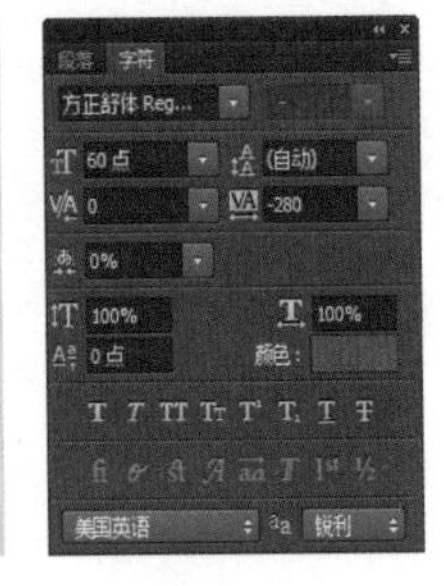

步骤 21 继续使用横排文字工具在文字“掌柜说：”下方按住鼠标左键拖动创建一个文本框，在框内输入要对会员说的话，然后设置文字的各项参数，其中文字颜色为灰色（R90、G90、B90），以与背景色调相统一，如下图所示。

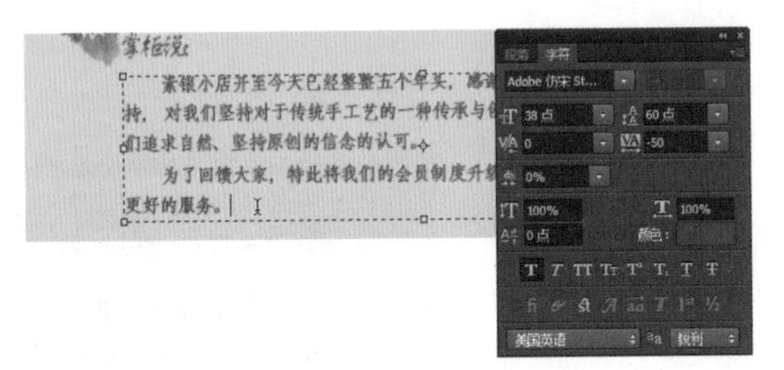

步骤 22 在“组 2”内新建图层，使用横排文字工具在刚才输入的文字下方输入英文文字，并对文字的大小、字体等进行调整，其中文字颜色为深灰色（R53、G53、B53）。然后选中英文“SIMPLE!”，更改其颜色为红色（R193、G74、B75），使文字颜色形成变化，以突出重点，如下图所示。

步骤 23 新建图层，使用横排文字工具在下方单击输入文字“福利升级”，并对文字格式进行调整，其中颜色为深灰色（R53、G53、B53）。继续创建空白图层，在文字“福利升级”下方输入英文文字，并对文字格式进行调整，其颜色与上方文字相同。效果如下图所示。

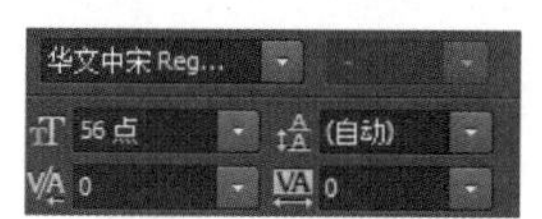

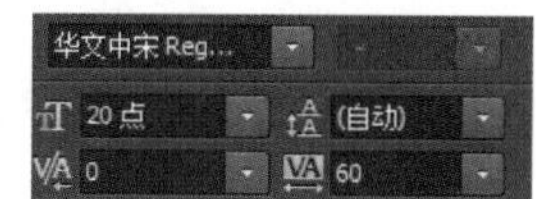

步骤24 在文字图层上方新建“图层 6”，使用矩形选框工具在文字“福利升级”下方绘制一个矩形选区，并对选区填充红色（R192、G73、B75），如下图所示。

取消选区后按住 Shift+Alt 键，用鼠标水平向右拖动红色矩形，生成拷贝图层。重复此操作，直至制作出 4 个相同的红色矩形为止，如下图所示。在拖动时要使用参考线来保证矩形图案之间的距离均等。这 4 个矩形将作为分类文字的底色，对文字起烘托作用。

步骤25 新建空白图层，使用横排文字工具在矩形下方输入一行减号“-”，形成一条水平虚线，然后调整减号的大小和字距，并设置“仿粗体”效果，如下图所示。

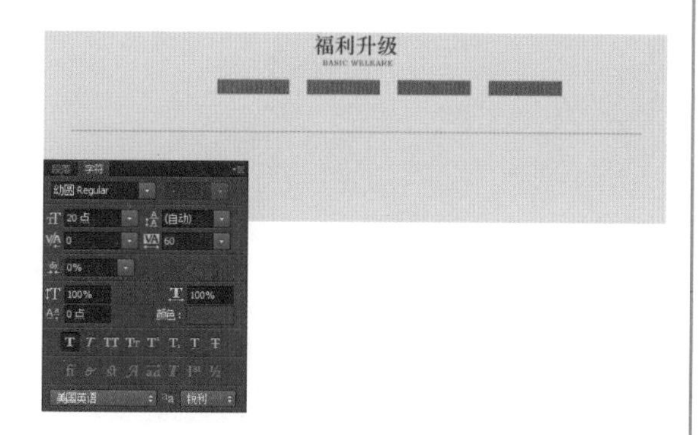

按 3 次快捷键 Ctrl+J，复制出 3 个拷贝图层，使用移动工具将它们向下移动，按下图均匀放置，这几条虚线将作为表格的横线。

步骤26 创建新图层，使用直排文字工具输入一列减号“-”，创建出一条竖直虚线，如下图所示。

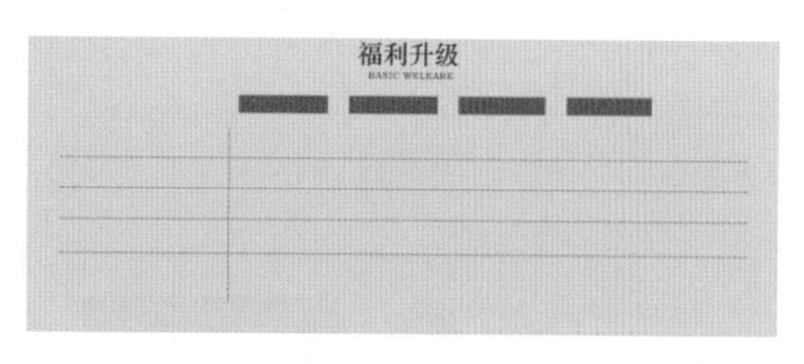

按 4 次快捷键 Ctrl+J，复制出 4 条虚线，使用移动工具按下图均匀放置虚线，表格线便制作完成了。

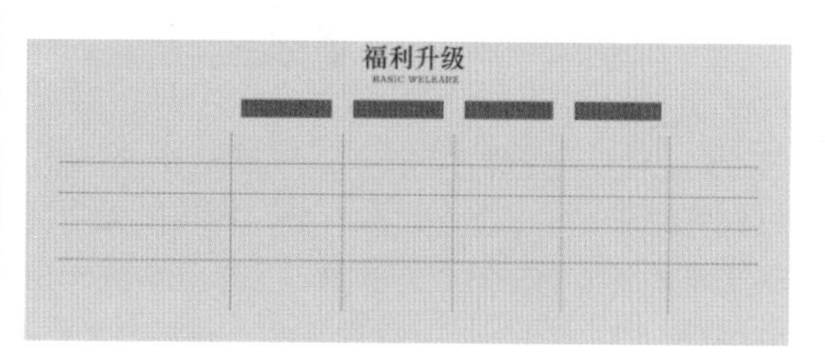

步骤27 创建新图层，选择横排文字工具，在之前制作的红色矩形上单击输入文字“普通会员”，并调整文字的字体、大小、字距等参数，其中文字颜色为白色，使文字更加显眼，如下图所示。

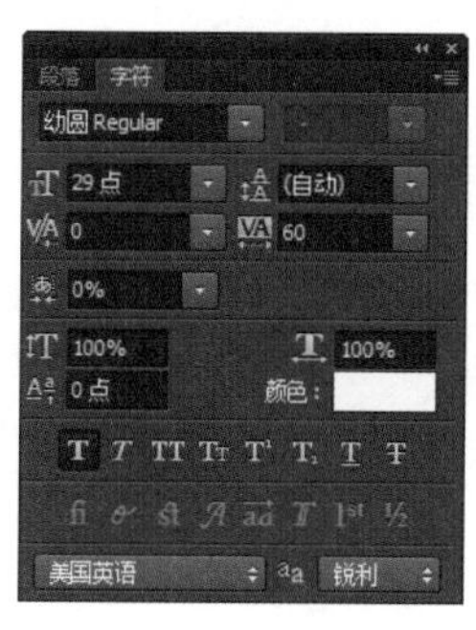

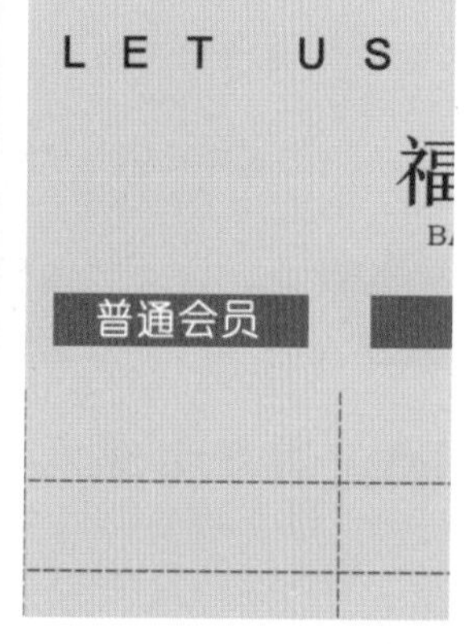

步骤28 重复上一步的操作，创建3个新图层，在其余3个矩形之上输入文字，说明会员的等级，效果如下图所示。

步骤29 创建新图层，使用横排文字工具在表格第一行的第一个单元格中单击输入文字“交易次数”，选中文字后在“字符”面板内对文字格式进行设置，其中文字颜色为褐色（R103、G80、B63），与上方“掌柜说”的文字颜色相呼应，如下图所示。

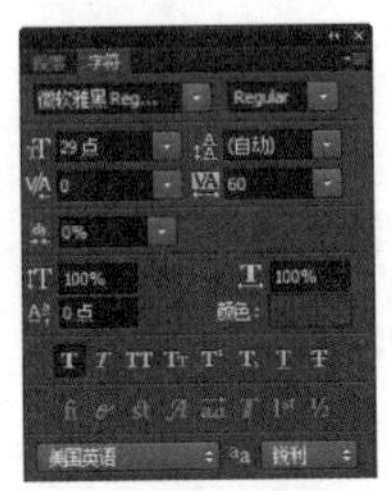

步骤30 选择移动工具，按住Shift+Alt键，将鼠标移至文字“交易次数”上，按住鼠标左键将文字向下拖动至第二行的第一个单元格处，松开鼠标左键，复制出一个文字图层。重复此操作，再复制出3个文字图层，分别修改文字内容，表格第一列内容便制作完毕，如下图所示。

步骤31 创建多个空白图层，使用横排文字工具分别在这些图层上输入文字，将表格第二列的内容补充完整，如下图所示。这些文字的大小、字体等均保持一致。

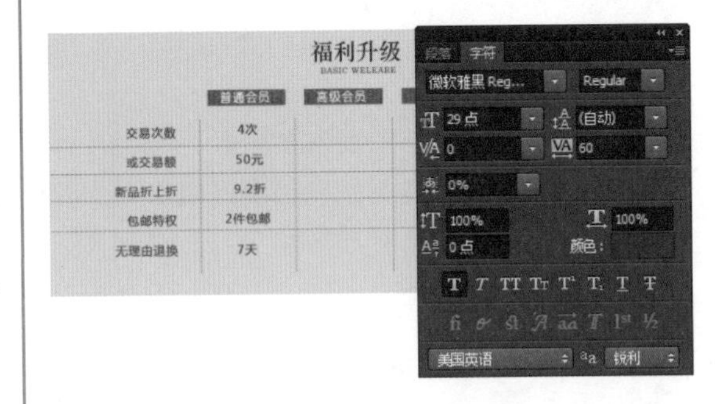

步骤32 在“图层”面板中按住Ctrl键选中第二列所有文字所在的文字图层，然后选择移动工具，按住Shift+Alt键，将第二列文字向右水平拖动至第三列处，松开鼠标左键，便复制出一整列的文字。重复这个操作，将其余两列填上文字。完成后继续选择移动工具，移动鼠标至第二列第一行的文字上，单击鼠标右键，在弹出的快捷菜单中选择“4次”选项，这样便自动选中了文字“4次”所在的图层，这时双击文字图层即可对文字进行更改。用这个方法快速选择指定的文字图层并更改相应文字内容，效果如下图所示。至此，本案例便制作完成了。

为了回馈大家，特此将我们的会员制度升级，给本店会员更多的优惠和更好的服务。

SO, LET US MAKE IT SIMPLE!

福利升级

BASIC WELEARE

	普通会员	高级会员	VIP会员	至尊VIP会员
交易次数	4次	6次	10次	20次
或交易额	50元	300元	500元	1000元
新品折上折	9.2折	9.0折	8.9折	8.8折
包邮特权	2件包邮	100包邮	100包邮	终身包邮
无理由退换	7天	7天	10天	10天

案例2 银饰店铺的商品详情页设计

初步构想

❶本案例中需要融合情感来进行视觉设计，向消费者传达品牌精神。因此，要先了解品牌的文化和理念，才能设计出契合主题的商品详情页。

❷从哪些方面去体现情感呢？首先，商品本身是有情绪表现的，尤其是银饰这种手工制品，能体现手工艺人对作品倾注的创意与情感。其次是用色，包括底色和文字颜色等，要与商品的情绪相贴合，并烘托商品。最后是选择和运用素材来传达品牌精神等。

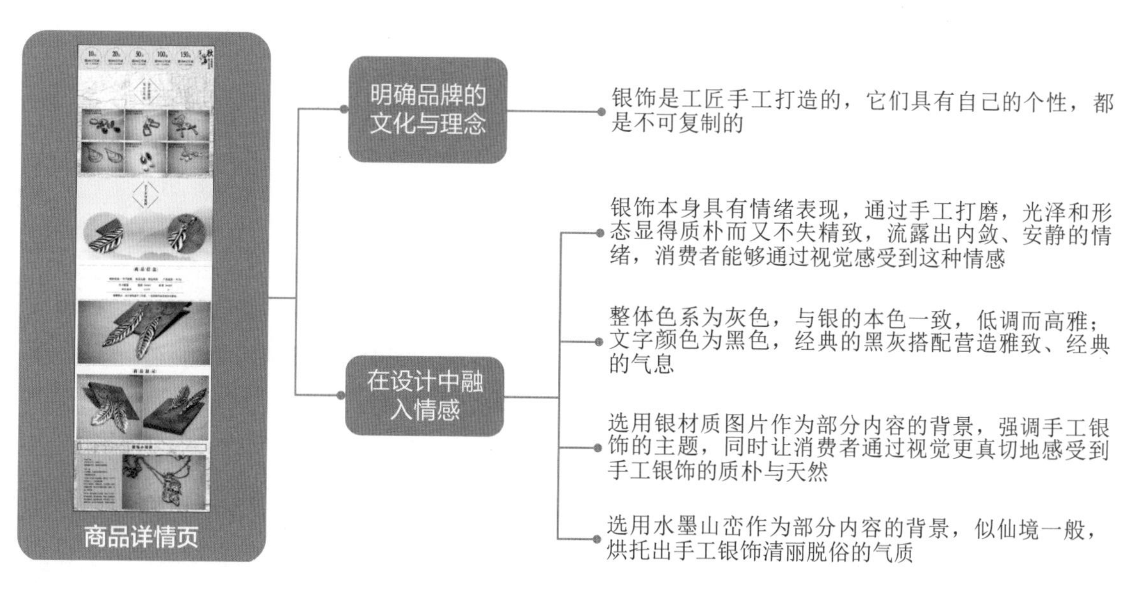

操作解析

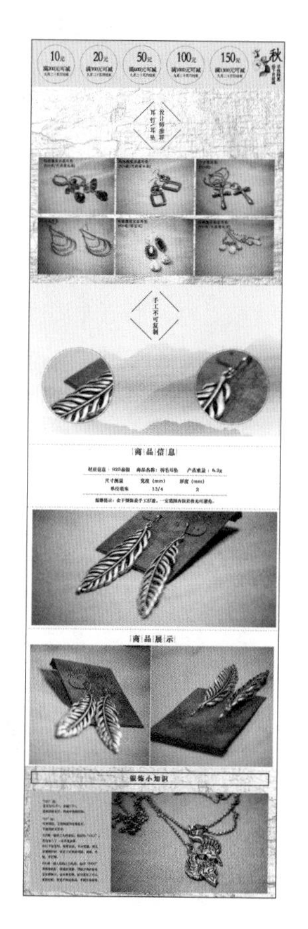

素　材：随书资源\素材\06\耳饰1.jpg~耳饰3.jpg、银材质.jpg、银项链.jpg、花朵.png、水墨山峦.png

源文件：随书资源\源文件\06\银饰店铺的商品详情页设计.psd

步骤01　本案例要制作的商品详情页的尺寸要求是宽750像素、高不限。这里同样按照之前的做法，在Photoshop中新建一个尺寸更大的文件，如下左图所示。在“图层”面板中创建“组1”，在该组内新建空白图层“图层1”，如下右图所示。

步骤 02 在“图层 1”中绘制一个矩形选区，位于画面顶端，对其填充灰色（R240、G240、B240），如下左图所示。取消选区后打开素材文件“水墨山峦 .png”，将其拖动至本案例的 PSD 文件中生成“图层 2”。将山峦图像移至矩形上，按快捷键 Ctrl+Alt+G 创建剪贴蒙版，使图像只显示在矩形范围内，如下右图所示。

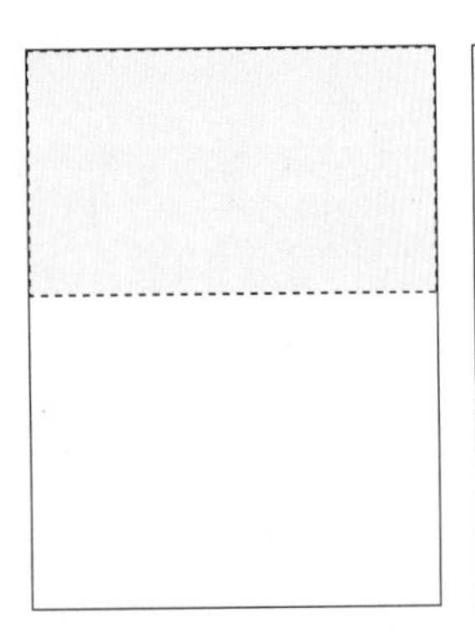

步骤 03 为“图层 2”添加图层蒙版，然后按 D 键，将前景色和背景色设置为默认状态。选择渐变工具，在选项栏设置渐变颜色为“前景色到透明渐变”，然后在蒙版内从上到下拖动一小段距离，将水墨山峦图像的边缘虚化渐隐，使其与下方图层的灰色矩形更自然地融合在一起，如下图所示。

步骤 04 新建“图层 3”，选择矩形选框工具，按住 Shift 键在画面顶部中间绘制矩形选区，执行“选择 > 变换选区”命令，在选区上生成自由变换框，将选区旋转 45° 后按 Enter 键确定变换，如下左图所示。在选区上右击，在弹出的快捷菜单中选择“描边”命令，在弹出的对话框中设置描边的“宽度”为 3 像素、“颜色”为深灰色（R67、G66、B65），如下右图所示，完成后单击“确定”按钮为选区描边，画面上出现一个矩形线框。这种描边方法比路径描边的方法简单，但是可修改性要弱一些。

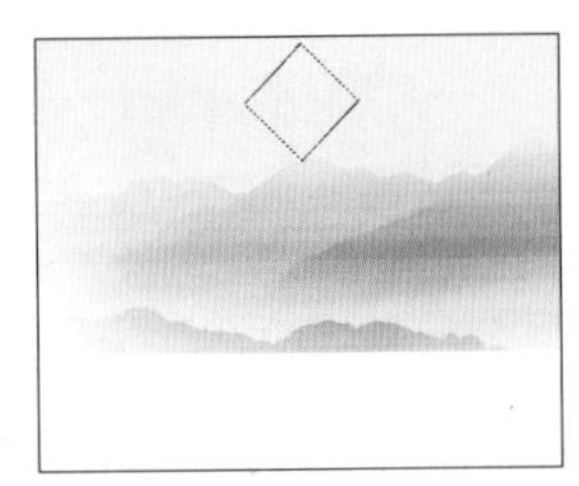

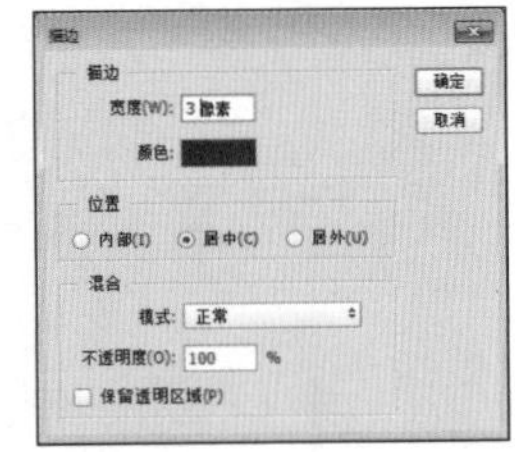

步骤 05 为矩形线框的图层添加图层蒙版，设置前景色为黑色，单击画笔工具，选择“硬边圆”笔尖，在矩形的四个角上涂抹，将其隐藏，此时矩形线框呈现四角镂空的状态，如下图所示。

步骤 06 新建“图层 4”，选择椭圆选框工具，按住 Shift 键在水墨山峦背景的左侧绘制一个正圆选区，并对其填充黑色，如下左图所示。取消选区后，选择移动工具，按住 Shift+Alt 键，将鼠标移至黑色圆形上方，按住鼠标左键向右水平拖动圆形，复制出一个相同的圆形，如下右图所示，作为之后放置耳饰图片的位置。

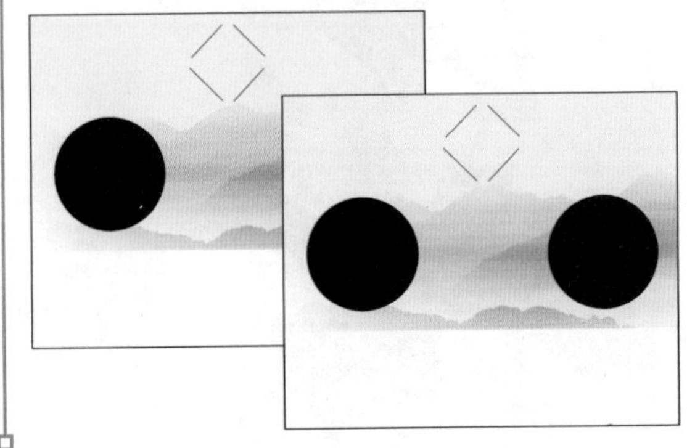

步骤07 选择“图层4”，打开素材文件“耳饰1.jpg”，如下左图所示，将其拖动至本案例的PSD文件中，在“图层4”上方生成“图层5”。按快捷键Ctrl+Alt+G创建剪贴蒙版，使耳饰图像只显示在“图层4”中的圆形图案范围内。按快捷键Ctrl+T在耳饰图像上生成自由变换框，对图像进行旋转和大小调整，使耳饰的某个局部显示在左侧的圆形图案中，形成局部特写效果，如下右图所示。

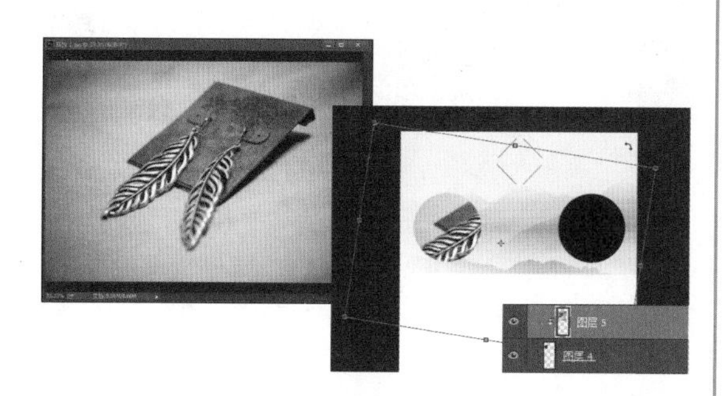

步骤08 复制“图层5”生成“图层5拷贝”，在“图层”面板中将其移至“图层4拷贝”上方，然后按快捷键Ctrl+Alt+G创建剪贴蒙版，按照上一步的操作方法将耳饰图像进行放大和旋转，使耳饰的另一个局部显示在右侧的圆形图案中，如下左图所示。选择椭圆工具，在选项栏设置“填充”为“无颜色”、“描边”颜色为红色（R154、G36、B38），然后按住Shift键在左侧的圆形外围绘制一个正圆路径，得到“椭圆1”形状图层。调整正圆路径的大小，使其比圆形图案稍大一些即可，如下右图所示，按Enter键确定操作。

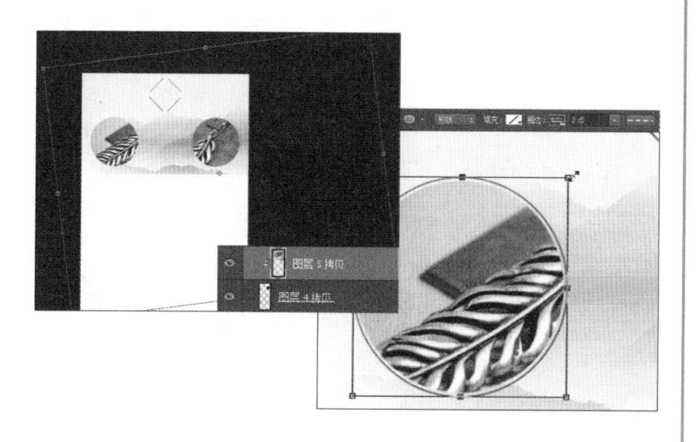

步骤09 在选项栏设置“描边选项”为虚线，按快捷键Ctrl+H隐藏圆形路径，圆形图案周围出现红色圆形虚线框，如下图所示。

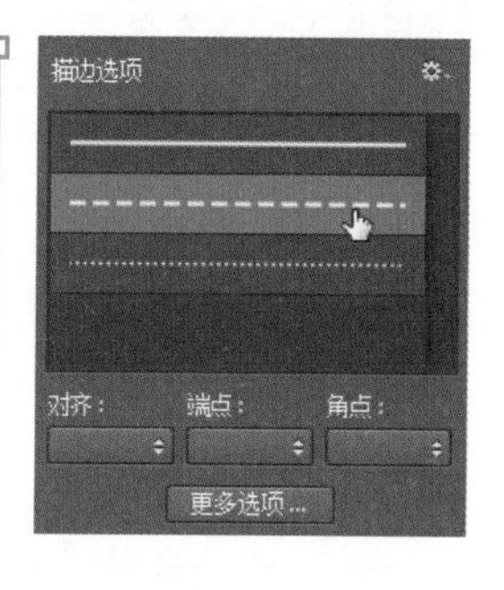

步骤10 复制“椭圆1”形状图层得到“椭圆1拷贝”图层。选择移动工具，按住Shift键，将复制的圆形线框向右水平拖动至右侧的圆形图案之上，作为右侧圆形图案的边框，如下图所示。

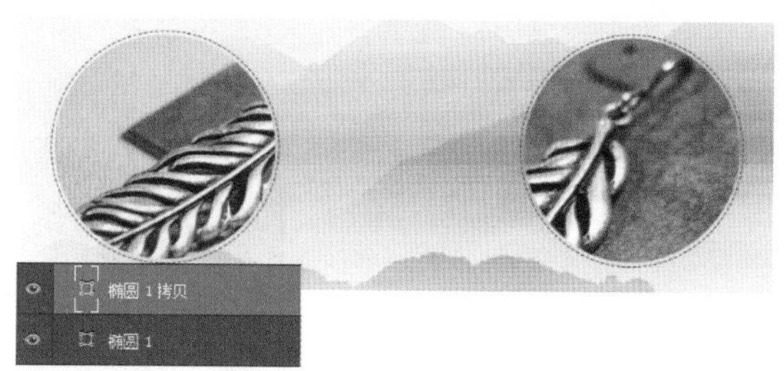

步骤11 新建一个空白图层，使用直排文字工具在画面顶部的矩形线框内单击输入文字“手工不可复制”，并设置文字的字体、大小等，使其均匀排列在矩形线框内部，如下图所示。这样便完成了第一个版块的设计。

步骤12 新建“组2”，在该组内新建空白图层，使用横排文字工具在矩形图像的下方左侧输入一行减号“-”，形成一条水平虚线。选中输入的减号，在“字符”面板中设置减号的大小、字距等格式参数，其中颜色为浅褐色（R130、G123、B120），完成虚线的制作。复制出两条虚线并分别向下移动一定距离，将画面分割成四个部分，如下图所示。

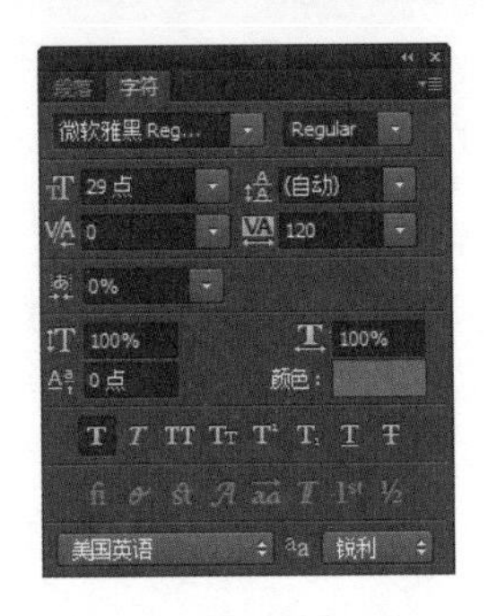

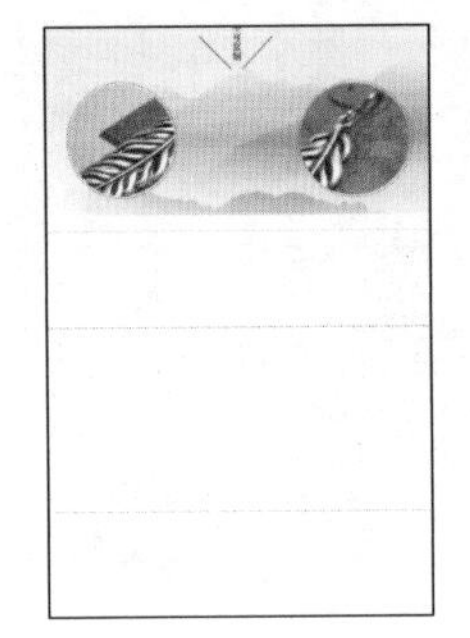

步骤 13 新建"图层 6",选择矩形选框工具,在第二条和第三条水平虚线之间的空白区域绘制矩形选区并对其填充黑色。

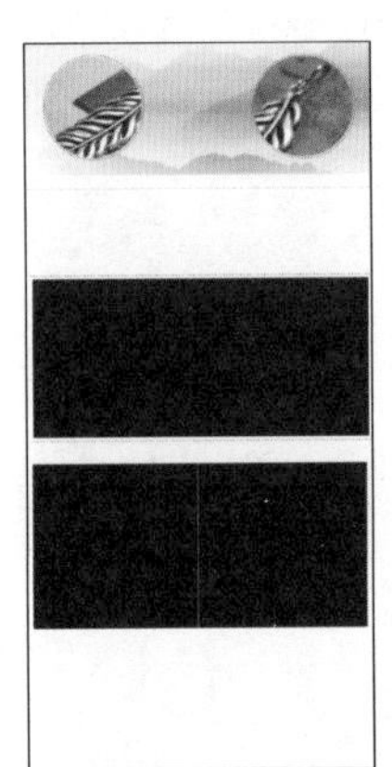

重复此操作,新建"图层 7",在第三条虚线下方左侧绘制一个矩形选区并对其填充黑色。取消选区后复制"图层 7"生成"图层 7 拷贝"图层,将拷贝的黑色矩形水平移动至右侧。这三个黑色矩形作为放置耳饰图片的位置,如右图所示。

步骤 14 选择"图层 6",打开素材文件"耳饰 1.jpg",将其拖动至本案例的 PSD 文件中,在"图层 6"上生成"图层 8",如下左图所示。按快捷键 Ctrl+Alt+G 创建剪贴蒙版,将耳饰图像显示在"图层 6"中的矩形范围内。按快捷键 Ctrl+T 在耳饰图像上生成自由变换框,调整图像大小,使耳饰完整地显示出来,如下右图所示。

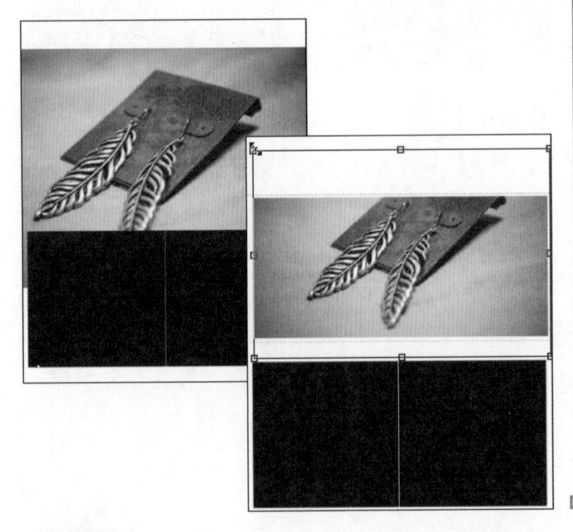

步骤 15 重复上一步的操作,将素材文件"耳饰 2.jpg"和"耳饰 3.jpg"添加进来,并通过创建剪贴蒙版和调整大小,将耳饰图像完整显示在其余两个矩形图案范围内,如下图所示。

步骤 16 使用横排文字工具在第一条水平虚线下方单击输入第二个版块的名称"商品信息",并设置文字的字体、大小、字距等,其中文字颜色为深褐色(R52、G46、B42),如下图所示。

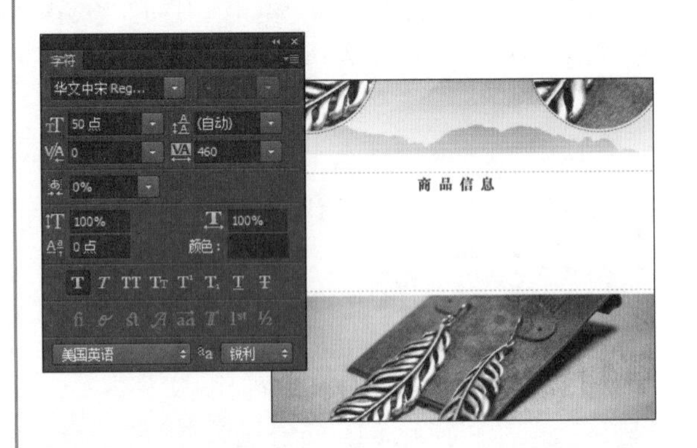

步骤 17 新建"图层 11",设置前景色为浅褐色(R128、G121、B118)。选择画笔工具,在选项栏设置画笔笔尖为"硬边圆"、大小为 3 像素,按住 Shift 键在文字前方从上至下绘制一条竖线,与文字同高,如下图所示。

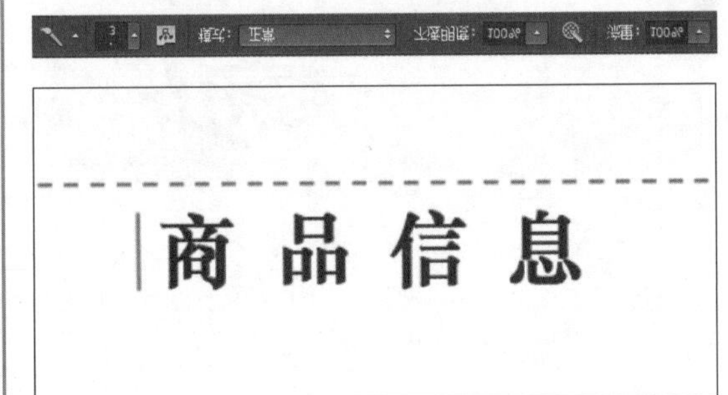

重复此操作，在文字中间和后面绘制同样的竖线，效果如下图所示。

|商|品|信|息|

步骤18 新建“图层 12”，选择画笔工具，按住 Shift 键在文字下方从左至右绘制一条横线，如下图所示。

复制该图层，将复制出的横线向下移动一定距离，如下图所示。

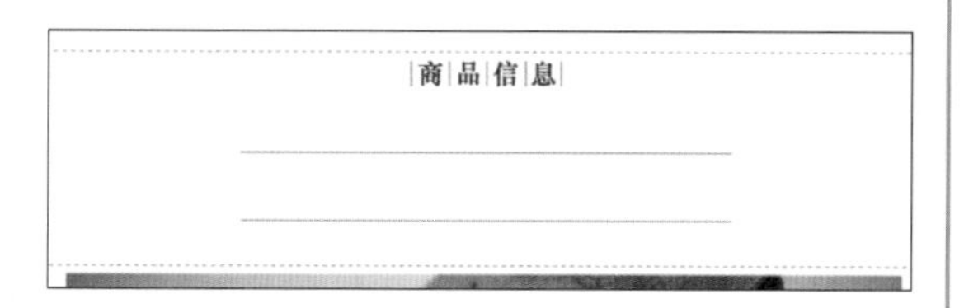

步骤19 新建空白图层，使用横排文字工具在横线上方单击输入商品信息的相关文字，并更改文字的字体、大小、字距等，其中颜色为深褐色（R52、G46、B42），这样便完成了第一行商品信息文字的添加，如下图所示。

步骤20 新建空白图层，继续使用横排文字工具在水平线下方单击输入描述商品尺寸的文字，如下图所示。

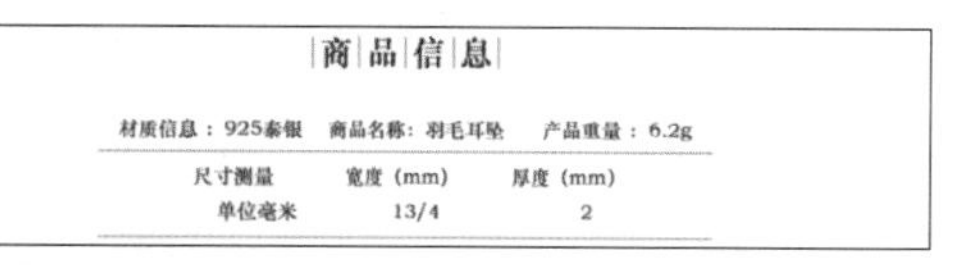

步骤21 新建空白图层，使用横排文字工具在第二条横线下方输入提示文字，并调整文字的大小和字距，其他参数如字体、颜色不变。商品信息的文字部分便制作完成了，如下图所示。

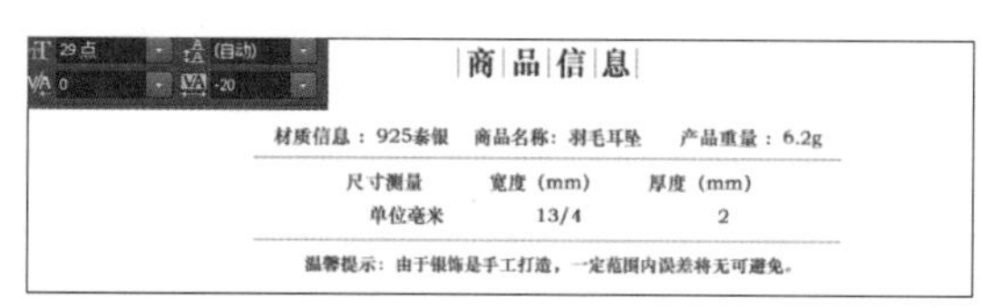

步骤22 选择“商品信息”文字图层，按快捷键 Ctrl+J 对其进行复制，将复制出的文字图层移动至两张耳饰图片的上方，然后更改文字为“商品展示”，如下图所示。

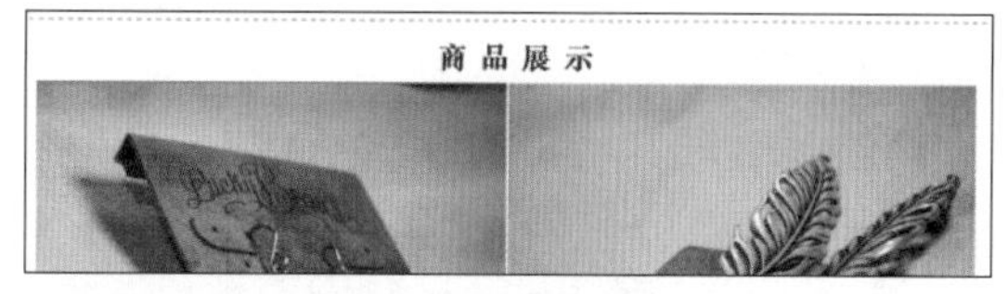

选择文字“商品信息”间的竖线所在的“图层 11”，按快捷键 Ctrl+J 复制该图层生成“图层 11 拷贝”，将其移动至文字“商品展示”的位置，使“商品展示”与“商品信息”的文字效果一致，加强画面统一感，如下图所示。

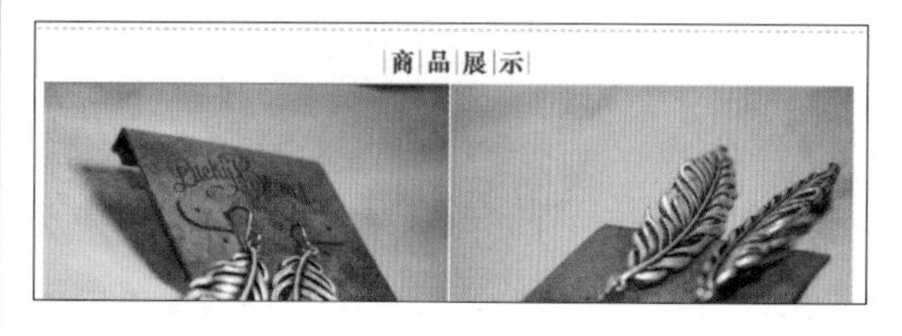

步骤23 在“组 2”上方新建“组 3”，打开素材文件“银材质.jpg”，将其拖动至“组 3”内，生成“图层 13”，放置在耳饰图片的下方，如右图所示。

在“图层”面板底部单击“创建新的填充或调整图层”按钮，创建“曲线”调整图层，按右图调整曲线，提亮图像，然后按快捷键 Ctrl+Alt+G 创建剪贴蒙版，使提亮效果只作用于银材质图像，如下图所示。

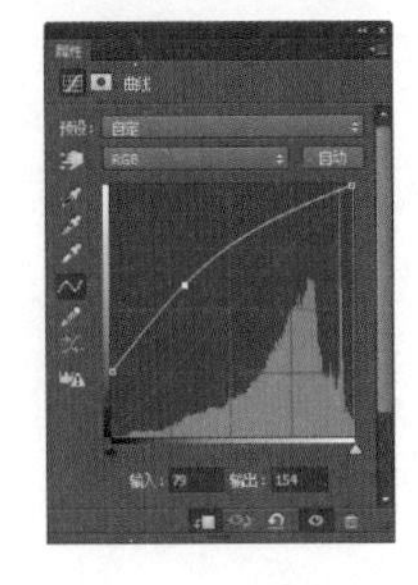

步骤24 新建“图层 14”，使用矩形选框工具在银材质图像上绘制一个矩形选区并对其填充浅灰色（R199、G199、B199），取消选区后新建“图层 15”，在灰色矩形右边绘制矩形选区并对其填充黑色，如下图所示。之后将在矩形上添加文字及相关图片。

步骤25 打开素材文件“银项链.jpg”，将其拖动至本案例的 PSD 文件中，生成“图层 16”。在“图层”面板中将“图层 16”移至“图层 14”上方，按快捷键 Ctrl+Alt+G 创建剪贴蒙版，再按快捷键 Ctrl+T，调整项链图像大小，使项链的主体部分显示在黑色矩形范围内，如下图所示。

步骤26 新建“图层 17”，使用矩形选框工具在图片之间的位置绘制一个矩形选区并对其填充黑色，如下图所示。

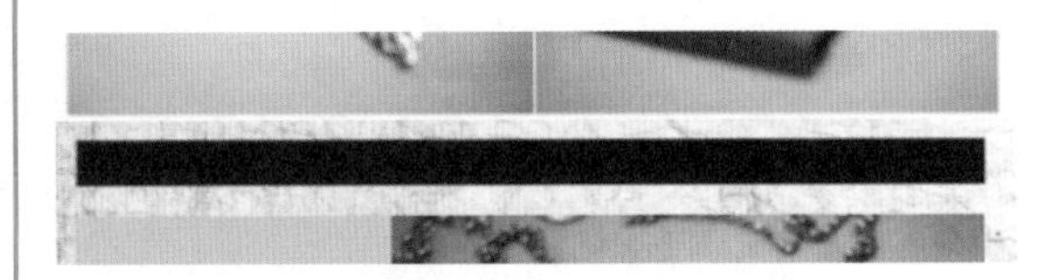

取消选区后，在“图层”面板中将该图层的“填充”更改为 0%，隐藏绘制的黑色矩形，然后单击“图层”面板底部的“添加图层样式”按钮，在弹出的快捷菜单中选择“描边”命令，在弹出的对话框中设置描边的各项参数，为矩形添加黑色描边效果。完成之后，画面中出现黑色的矩形线框，如下图所示。这种通过添加图层样式来制作线框的方法更加简单。

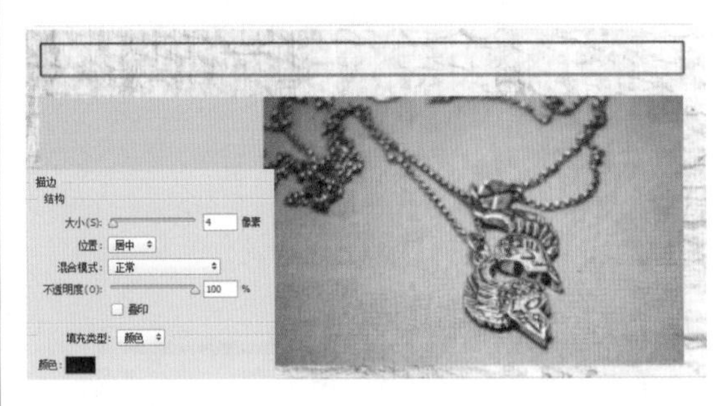

步骤27 使用横排文字工具在线框内部单击输入标题文字“银饰小知识”，并调整文字的字体、大小、间距等，其中文字颜色为黑色，使其在灰色的底色上更加醒目，同时与边框色调一致，如下图所示。

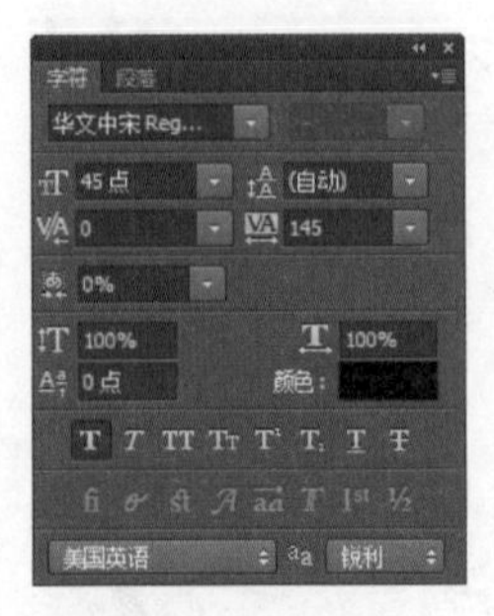

步骤28 新建两个空白图层，使用横排文字工具分别在两个图层上输入银种类的标题文字，在“字符”面板中调整文字格式，其中文字颜色为红色（R232、G0、B0），使标题文字更醒目，如下图所示。

继续创建多个空白图层，在标题下方输入知识的具体内容，在“字符”面板内调整文字格式，其中文字颜色为黑色，如下图所示。至此，商品详情页的商品信息、商品展示、银饰小知识部分便制作完成了。

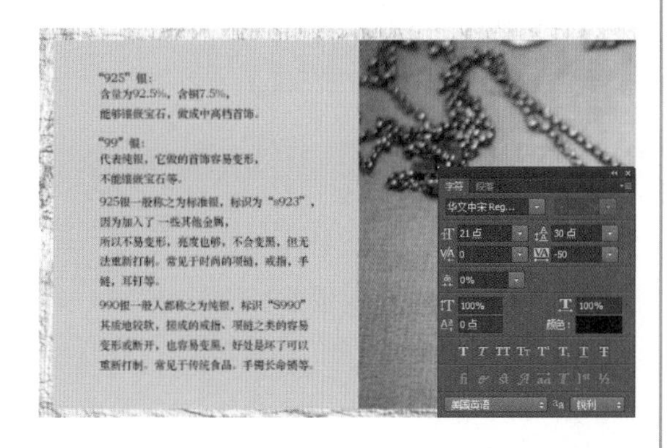

步骤29 按快捷键 Ctrl+S 保存 PSD 文件，然后执行“文件 > 存储为”命令，设置“保存类型”为 JPG 格式，单击“保存”按钮，在弹出的对话框中设置参数，单击“确定”按钮完成图片的存储，如下图所示。

步骤30 关闭 PSD 文件，打开上一步存储的商品详情页 JPG 文件，执行“图像 > 画布大小”命令，在弹出的对话框中设置“高度”为 200 厘米，对“定位”选项进行设置，如下图所示。完成后单击“确定”按钮，将画布向上扩展。接下来将在扩展出的空白画布上加入上一章制作的设计师推荐单品区图片。

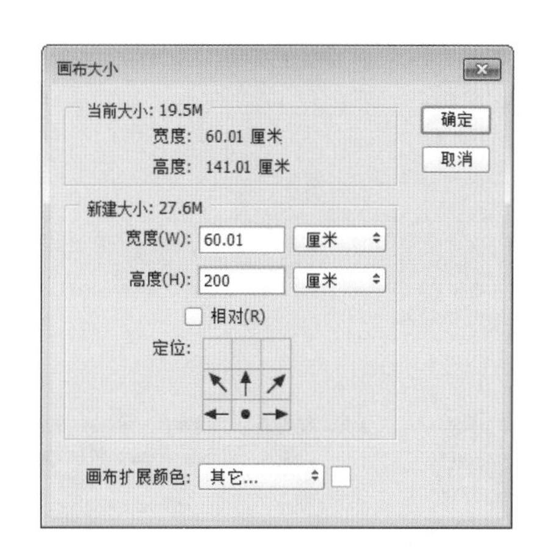

步骤31 打开文件“随书资源\源文件\05\银饰店铺商品详情页的设计师推荐单品区设计.psd”，执行“文件 > 另存为”命令，存储一张 JPG 格式的图片，完成后关闭 PSD 文件。

步骤32 打开上一步存储的 JPG 文件，将其拖动至商品详情页的 JPG 文件中，放在顶部的空白画布处，并与下方图像无缝对接，如下左图所示。使用裁剪工具将多余画布裁去，如下右图所示。确定之后，执行“文件 > 存储为”命令，存储一张 JPG 格式的图片，完成本案例的制作。

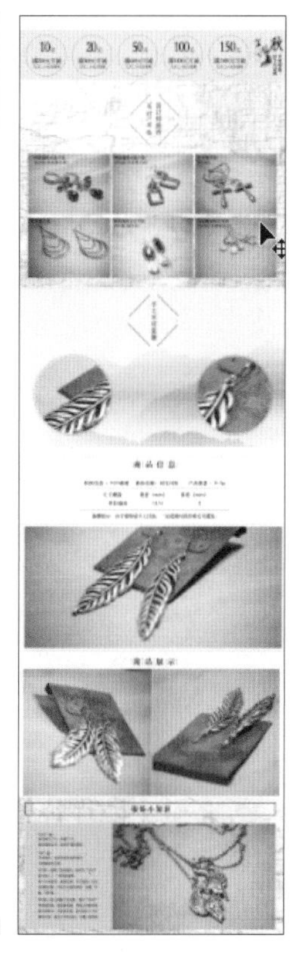

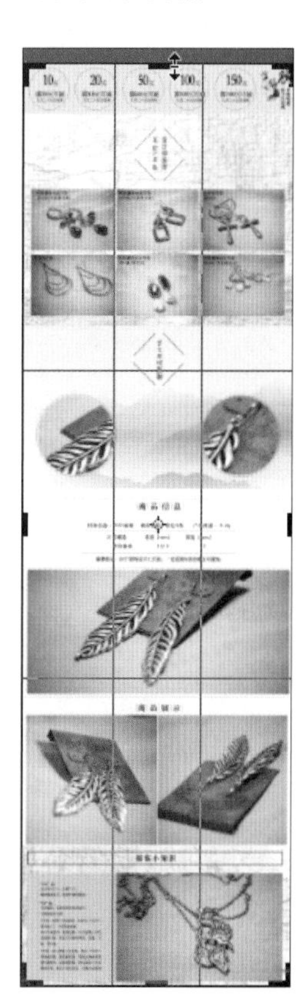

第7章

视觉营销设计中的取与舍

“最重要的事情先做，次要的事情后做。如果不做这样的选择，那将一事无成。”这一思维同样适用于电商的视觉营销，适当的牺牲能让设计更加主次分明，使消费者能够快速抓住营销重点。

现代管理学之父彼得·德鲁克曾说过："事情必须分轻重缓急，最糟糕的是什么都做，但都只做一点点，这将一事无成。"这句话所蕴含的道理同样适用于电商的视觉营销。

在电商的视觉营销中，如果信息的呈现没有主次之分，会让人眼花缭乱，而一些期望快速捕获重点信息的消费者并没有足够的时间与耐心去阅读冗杂的信息，他们会产生畏难情绪，放弃对信息的浏览。因此，商家需要对全部信息进行梳理，分清主次，将重点信息第一时间呈现，将次要信息"牺牲"掉，才能迅速绑定消费者。"牺牲"思想的核心是把握营销的重点方向，商家要明白的是，自己的商品或服务不可能满足所有人的需求，有时必要的牺牲才能换来更多的收益。

7.1 精简画面，突出重点

正如建筑大师密斯·凡德罗提出的"少即是多"，在电商的视觉营销中，有时精简的表现形式看似缺失了许多信息，实际上却更有利于消费者对重点信息的捕捉。

7.1.1 牺牲信息

有些商家为了提升转化率，认为向消费者传递的信息越多越好，然而这种想法一旦应用到商品主图的设计之中，便可能成为拉低点击率的罪魁祸首。如下图所示的商品主图展示了很多信息，然而它就像是一个过于热情的售货员，滔滔不绝地介绍了商品的诸多特性，却没有考虑到消费者是否能接收这些信息，此时的消费者可能早已听得一头雾水。

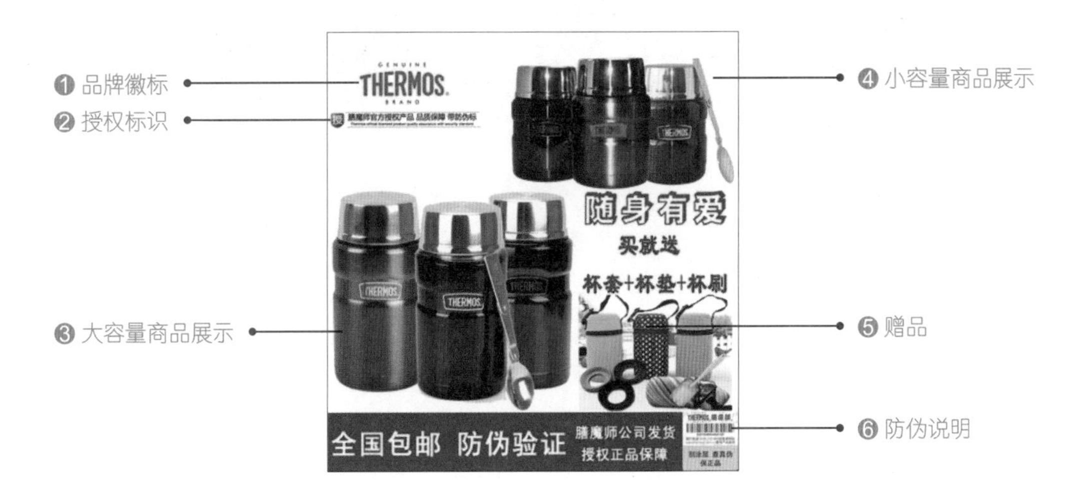

图中展示的六部分信息可以说都能从不同角度吸引消费者，但是商品主图的尺寸限制导致有些信息并不能发挥期望的作用。例如，授权标识和防伪说明能增加消费者对商品的信赖感，但无奈图片面积太小，不仔细看根本无法识别；赠品的图片展示利用了消费者"爱占便宜"的心理，但与主体商品的展示冲突，显得喧宾夺主；对不同容量商品的展示为消费者提供了更多选择，但也让画面变得拥挤、毫无重点。

商品主图的功能并不是全面地展示商品信息，而是在第一时间抓住消费者的眼球，下面就围绕这一点对主图进行改进，结合"牺牲"思想梳理信息、分清主次。首先要分析消费者的购物心理，想要购买保温杯的消费者在刚开始挑选时更看重商品是否为正品、是否具有优良的保温效果，而并不在乎商品是否有多种容量和颜色。接着就可以对图片中的信息进行删减，意义不大的信息可以去掉，有用的信息则换用更简洁的表现形式，结果如下图所示。

❶ 去掉防伪标识，保留品牌徽标，利用强大的品牌作为商品保温效果的保证

❷ 去掉小容量商品的图片，适当的留白使版面简洁，有利于消费者接收信息，快速了解商品的外观

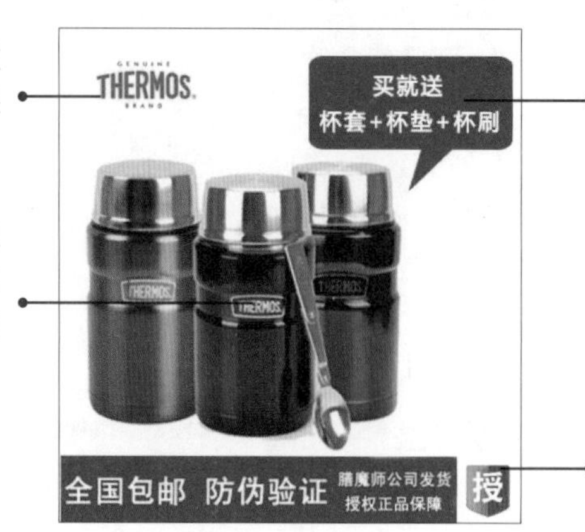

❸ 去掉赠品的图片展示，改为简洁的文字说明，以免影响主体商品的展示，并且同样能吸引消费者点击

❹ 用言简意赅的授权标志代替防伪说明，也能让消费者产生信赖感

7.1.2 牺牲卖点

除了商品主图，其他广告图片的设计也要对信息进行筛选与牺牲。如下图所示是一张轮播广告图片，突出展示了某厚底女鞋品牌的五大卖点，但消费者可能并不愿意花时间仔细阅读，多卖点的呈现反而浪费了宝贵的版面。而且这些卖点在今天已经显得缺乏特色，并不能让消费者产生足够的购买动力。

图中展示的“系出名门”“独具匠心”等卖点可以套用在几乎任何品牌、任何款式的女鞋上，它们都不是厚底女鞋最具特色的卖点，这时商家就需要做出牺牲，找到最有价值、最有辨识度的卖点进行突出表现，才能给消费者留下足够深刻的印象，如下图所示。

❶ 文案的牺牲：商家选择了“显瘦”这一突出卖点，“牺牲”掉平庸、繁复的描述，简单的文案便能牢牢抓住消费者的眼球

❷ 商品展示的牺牲：图片以“厚底”而非完整的厚底女鞋为主体，这样的展示显得别具一格，令人眼前一亮

除了文案的牺牲以外，根据商品的卖点，甚至还需要做商品展示的牺牲。上图中，商家并没有完整展示鞋子，而是突出展示鞋子的“厚底”，这种方式看似牺牲了商品的完整性，实际上却具有三点优势：

- 轮播图片通常为横幅式，横向展示鞋子“厚底”的构图刚好迎合了图片的布局方向；
- 对“厚底”的放大展示表明了商家对“厚底”品质的自信，能让消费者产生信赖感；
- 牺牲掉商品的一些组成部分，能排除完整商品对构图的干扰，专注于横向展示鞋子“厚底”的方式，极具视觉冲击力。

7.1.3 牺牲受众

下左图为某品牌床上用品四件套的广告图片，这类商品是日常生活的必备用品，受众群体广泛，该图片的设计也是四平八稳，可以应用在各种场合。然而“母亲节”临近时，商家没有继续使用这张图片，而是重新进行设计，如下右图所示。新的广告图片以“献礼母亲节”为主题，看似将商品局限于面向“母亲”这一较小的群体，但它利用节日氛围和情感因素来打动消费者，更能引发消费者的购买行为。这其实就是一种对商品受众的合理“牺牲”。

再来看一个例子：某品牌箱包为各系列商品都设计了广告图片，如以表面纹路为特色的“纹艺”系列、以印花图案为特色的“花事”系列，如下图所示。然而当临近夏季，在选择需要支付广告费用的钻展图片时，这些图片又都没有被选中，这是因为商家做出了取舍。

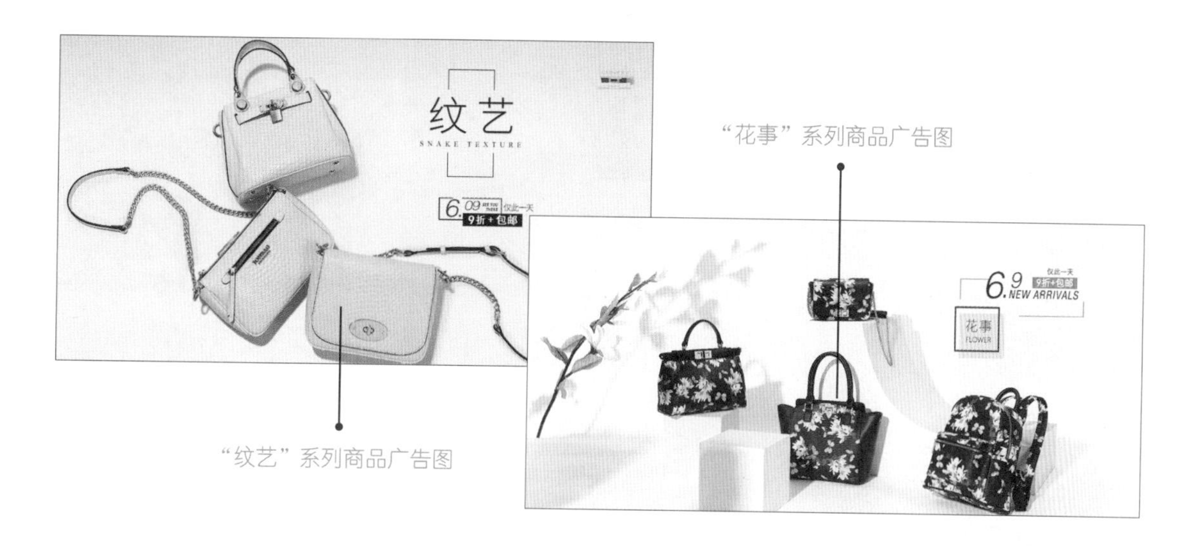

“花事”系列商品广告图

“纹艺”系列商品广告图

商家最终设计了如下图所示的钻展图片。考虑到夏季来临，图片以“闲夏”为主题，设计出充满清爽感的场景，并展示了以镂空设计为特色的“镂影”系列箱包，这是因为镂空的设计能够迎合消费者在夏季时追求清爽透气的需求。这样的取舍虽然牺牲了另外一部分商品的展示，而且还有可能有些消费者并不喜欢镂空设计的箱包，但选择符合季节特色的商品进行推广形成了一种噱头，能让图片更具广告效应。

7.2 经营上的“牺牲”的视觉表现

经营上的“牺牲”最常见的是让利和提升服务。这种“牺牲”会增加成本，但能让商家获得更多收益。价格折扣、附赠礼品、买一送一等都属于让利行为，它们是吸引消费者购买商品的有效手段，如下图所示。

提升服务的措施除了之前提到的 VIP 会员制度外，还可以针对商品的特性提供个性化的特色服务。下面来看一个例子。

假设你要购买一个玻璃杯，那么当你看到如下所示的两张商品主图后，会点击哪一张呢？相信大部分读者会点击第二张主图，抛开玻璃杯的外形、功能、价格、赠品等因素不谈，当看到“运途破碎，店家承担”的字样后，相信消费者都会有一丝心动。

玻璃杯具有易碎的特点，而网购必然要经过快递运输这一环节，在网上购买玻璃杯的消费者自然会担心商品在运输过程中损坏。商家针对这种情况推出的“运途破碎，店家承担”服务，就能打消消费者的顾虑。这项服务表面上看牺牲了商家的利益，然而实际上良好的服务能换来更多消费者的青睐与良好的口碑，长期来看结局是双赢的。

同样的道理，针对网购消费者不能身临其境地感受商品的情况，商家可以推行“试用”“试穿”等服务来吸引消费者。

从上面的例子可以看出，在表现经营上的“牺牲”时，不需要过于花哨的设计，直白、明确地说明“牺牲”的内容即可。

7.3　为创新而牺牲

18 ～ 30 岁的年轻人在网购人群中所占比例是最大的，他们通常乐于接受新鲜事物，讨厌一成不变，喜欢创新和突破。面对这一群体，变化成为了营销与视觉设计的关键点。有的商家认为变化会花费过多的时间与精力，然而在如今这个互联网时代，不牺牲时间与精力去追求创新的电商商家是无法在激烈的竞争中生存下去的。

电商商家应该如何变化？开放的网络空间使得信息的传播速度非常快，一些新兴的词汇、话题、事件很快就会在年轻一代中传开，并被他们所接受。商家要趁着词汇、话题、事件的热度还没有消退时抢搭“顺风车”，以它们作为营销与设计的主题，这种变化便很容易被年轻消费者接受，应景的表现会让年轻消费者感受到商家的亲和力，而且能让店铺看起来得到了精心的打理。

比较如下所示的两张广告图片，右边的图片中加入了网络流行语“duang”，传达出幽默、时尚与新鲜的视觉感受，能让广大喜爱网络交流、热衷网上购物的消费者在感到亲切的同时不禁会心一笑，对商家的好感度也随之增加。

除了广告图片，店铺首页的装修也可以充满变化。如下所示的两张图同为“人本鞋类旗舰店”的店铺首页的首屏截图，它们依据季节及关注热点的变化，设计出了不同的装修风格。并且，尽管设计的主题变了，但是给人的总体印象都没有背离品牌所主张的“青春”“自由”的精神，因此，这样的变化并不会影响品牌形象的建立。

春季百花齐放，首页以“花”为主题进行了视觉设计

到了6月的毕业季，首页围绕毕业主题进行了视觉设计

案例1 男士手表商品主图设计

初步构想

商品主图的设计目的是第一眼吸引消费者注意，并让消费者获取最关键的信息，进而产生点击和转化。但是商品主图尺寸很小，能容纳的信息量非常有限，所以需要运用牺牲思维对商品信息进行筛选和取舍。

❶这款手表的卖点很多，在外观设计、用料做工、促销活动等方面皆可圈可点，需要根据目标受众群体的购物心理来进行卖点的取舍。

❷前期商品摄影时从不同角度拍摄了多张商品图片，不可能全部放进主图，需要从中选出最能表现商品特点的一张图片。具体设计时还要考虑如何安排图片在画面中的位置、是完整展示还是部分展示等问题，以突显商品主体。

灵感发散

男士手表商品主图

卖点信息的牺牲：这款男士手表外观时尚、做工细致、用料考究，表盘设计精美并采用超薄设计，表身采用正宗钨钢制造，不易磨损又可防水，同时店内还在举行促销活动，这些都是筛选出来的需要传达给消费者的卖点，但是还需要进一步提炼，用简洁、精准的文案表达出来

商品图片的牺牲：如果完整展示手表的外观，就会让消费者无法感受手表的做工、材质，所以只需在画面中展示表盘和部分表带，牺牲掉其他部分

操作解析

素　材：随书资源\素材\07\手表.jpg、黄昏.jpg

源文件：随书资源\源文件\07\男士手表商品主图设计.psd

步骤01　商品主图的尺寸要求是正方形，最低310像素×310像素，最高800像素×800像素。这里同样按照之前的做法，在Photoshop中新建一个尺寸更大的文件（注意宽高比应为1∶1），如下图所示。

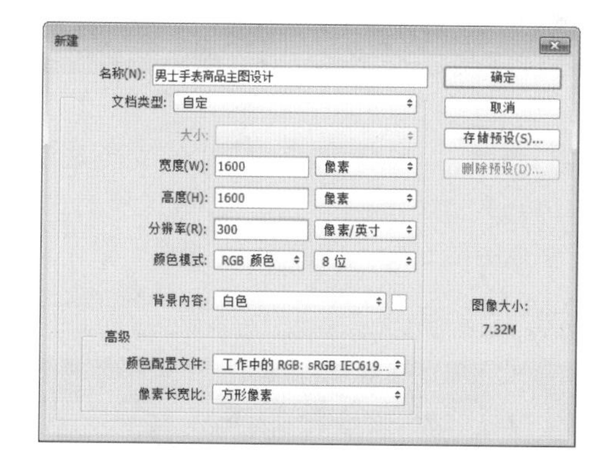

步骤02　设置前景色为黑色，按快捷键Alt+Delete填充“背景”图层为黑色，如下左图所示，因为黑色更符合男士手表的受众气质，而且能很好地烘托手表的质感。打开素材文件“手表.jpg”，如下右图所示。

步骤03　使用移动工具将手表图像拖动至本案例的PSD文件中生成“图层1”，按快捷键Ctrl+T在图像上生成自由变换框，调整图像大小并将其移至画面右侧边缘，按Enter键确定。更改“图层1”的“填充”为30%，使手表图像与黑色的背景融合，丰富画面背景效果，如下图所示。

步骤04　按快捷键Ctrl+J复制“图层1”生成“图层1拷贝”，更改该图层的“填充”为100%，使手表图像清晰地显现出来。按快捷键Ctrl+T在手表图像上生成自由变换框，在变换框内右击，在弹出的快捷菜单中选择“水平翻转”命令，将手表图像翻转，再按住Shift键同比例缩小图像，并移至画面左侧边缘，按Enter键确定操作，与背景中的手表图像形成呼应，如下图所示。

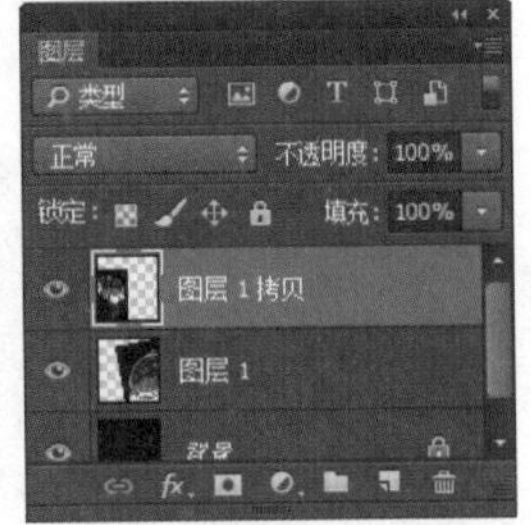

步骤05 单击“图层”面板底部的“添加图层蒙版”按钮为“图层 1 拷贝”添加图层蒙版。选择魔棒工具，在该图层的黑色背景上单击，建立背景的选区。然后使用黑色画笔在蒙版中对手表图像右上角选区内的黑色背景进行涂抹，将这部分图像隐藏起来，以免挡住接下来要添加的黄昏图像与文字，如下图所示。

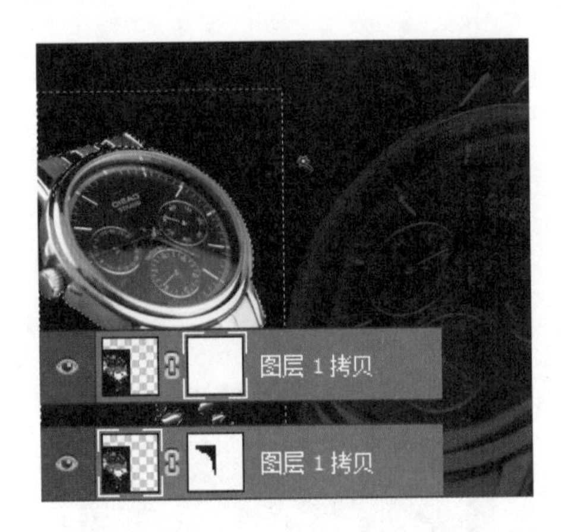

步骤06 在“图层”面板中选择“图层 1”，之后的大部分操作会在“图层 1 拷贝”下方进行。打开素材文件“黄昏.jpg”，将其拖动至本案例的 PSD 文件中生成“图层 2”，将黄昏图像移至画面上方，能看到上一步中为“图层 1 拷贝”添加的蒙版使黄昏背景显现出来，如下左图所示。接下来为“图层 2”添加图层蒙版，使用画笔工具在蒙版中对多余的部分进行涂抹，将黄昏图像融合在画面中，如下右图所示。

步骤07 新建“图层 3”，使用矩形选框工具在黄昏图像上绘制一个矩形选区，如下左图所示。在选区内右击，在弹出的快捷菜单中选择“描边”命令，在弹出的“描边”对话框中设置“宽度”为 5 像素、“颜色”为白色，如下右图所示，单击“确定”按钮为矩形描边。

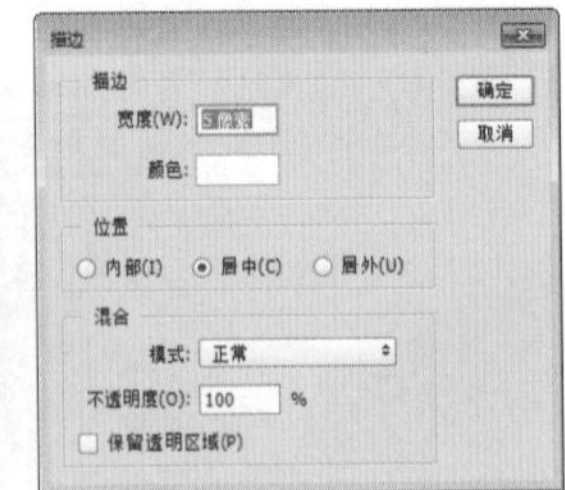

步骤08 描边之后画面中出现一个白色矩形线框，如下图所示。

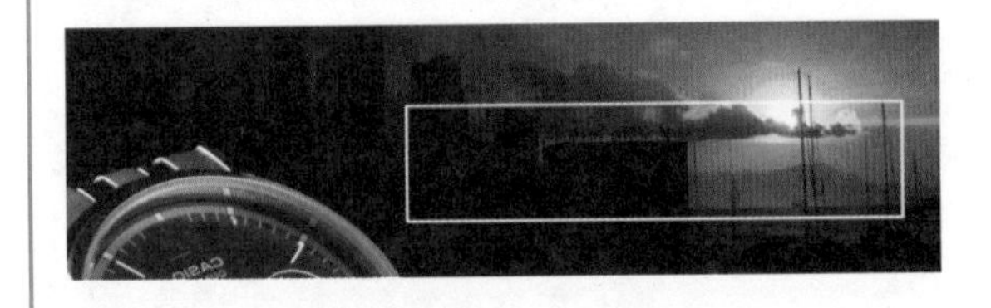

为“图层 3”添加图层蒙版，使用矩形选框工具在线框底边中间绘制一个矩形选区并填充上黑色，隐藏底边的部分线段，如下图所示。

步骤09 使用横排文字工具在线框底边空缺的部分单击输入文字“超薄”，选中文字后在“字符”面板中设置文字的字体、大小等，其中文字颜色为白色，与线框颜色一致，如下图所示。

步骤 10 继续使用横排文字工具在文字“超薄”后面单击输入文字“手表”，选中文字，在“字符”面板中设置文字的字体、大小等。利用文字将线框空缺的地方填满，使文字看起来更有设计感，如下图所示。

步骤 11 新建“图层 4”，使用矩形选框工具在文字下方绘制矩形选区，如下图所示。

为选区填充上黄色（R252、G249、B11）后取消选区。由于都是在“图层 1 拷贝”的下方进行操作，所以黄色矩形呈现被手表挡住一部分的效果，如下图所示。

步骤 12 新建“图层 5”，使用矩形选框工具在黄色矩形的后半部分绘制矩形选区，并填充黑色，如下图所示，完成后取消选区。

步骤 13 双击“图层 5”的缩览图，在弹出的“图层样式”对话框中勾选“描边”选项，按下左图设置参数，为黑色矩形描边，描边颜色设置为黄色，效果如下右图所示。黄色在画面中较为醒目，添加文字后可以起到突出文字的作用。

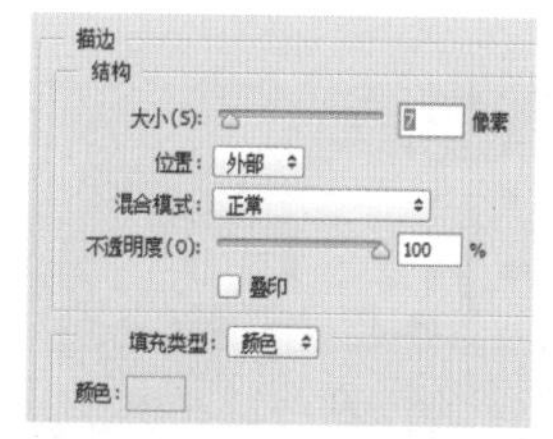

步骤 14 使用横排文字工具在黄色矩形中单击输入文字“正宗钨钢”，选中文字后在“字符”面板中设置文字的字体、大小、字距等，单击“仿粗体”按钮将文字加粗，更改文字颜色为黑色，与右边的黑色矩形相呼应，如下图所示。

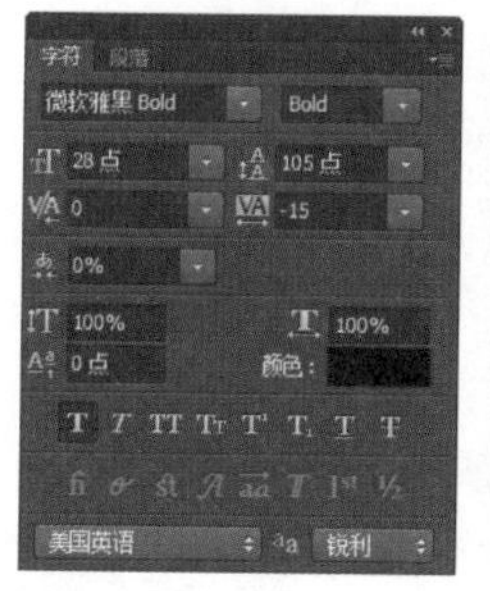

步骤 15 继续使用横排文字工具在黑色矩形中单击输入文字“限时抢购”，选中文字后在“字符”面板中设置文字的字体、大小、字距等，单击“仿粗体”按钮将文字加粗，更改文字颜色为黄色，如右图所示。黄色的文字在黑色背景中更加醒目，如下图所示。

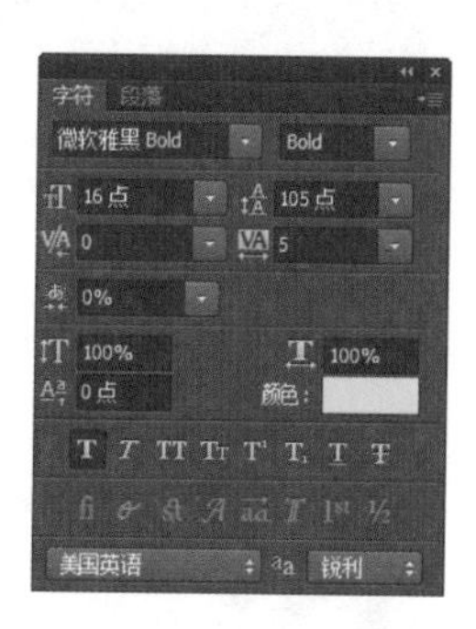

步骤 16 继续使用横排文字工具在文字“限时抢购”下方单击输入文字“1 折”，选中文字后在“字符”面板中更改文字字体、大小、字距等，单击“仿粗体”按钮加粗文字，更改文字颜色为白色，与上方白色文字形成呼应，使文字的整体色调更协调，如下图所示。

步骤 17 在“图层”面板选择“图层 1 拷贝”，之后将在其上方添加文字图层，使部分文字重叠在手表图像之上，增加画面的层次感。使用横排文字工具在文字“正宗钨钢”下方单击输入文字“永不磨损”，选中文字后在“字符”面板内设置文字大小、字体、字距等，更改文字颜色为黄色，与上方的黄色矩形相呼应，如下图所示。

步骤 18 在“图层”面板中选择“永不磨损”文字图层，选择移动工具，按住 Shift+Alt 键，在画面中将文字向下垂直拖动一定距离，松开鼠标左键之后在下方复制生成了相同的文字，如下图所示。

使用横排文字工具更改文字内容，如下图所示。

步骤 19 重复上一步的操作，复制文字图层后更改文字内容，如下图所示。至此，已完成了商品主图的制作。

案例2 钻石项链商品宣传图设计

初步构想

如前所述，利用节日对消费者形成情感触动，更能激发消费者的购买欲望。本案例需要针对即将到来的情人节，为一款钻石项链的商品详情页设计商品宣传图。

❶由于宣传图是针对情人节设计的，在撰写文案时就必然要牺牲掉一部分受众群体。

❷为美化画面，装饰性的视觉元素必不可少。可用于烘托钻石项链的视觉元素有很多，如花瓣、星光、模特、海洋背景等；能渲染情人节氛围的视觉元素也不少，如玫瑰花、礼物盒、心形图案等。为使宣传图更简洁大气，就需要牺牲掉部分视觉元素。

灵感发散

钻石项链商品宣传图

牺牲部分受众

钻石项链可以送给母亲、闺蜜，或女性自买自用，受众范围较广。这张宣传图是为情人节设计的，所以要做出一定的受众牺牲，将购买者限定为男性，礼物的接受者限定为交往中或是已经成为伴侣的女性

牺牲部分元素

将项链的吊坠作为主体放在画面中间，牺牲掉其他部分，使图片的主体明确，也更具视觉冲击力

为使画面更简洁大方，仅使用玫瑰花素材来突出渲染情人节的氛围

操作解析

素　材：随书资源 \ 素材 \ 07 \ 玫瑰.jpg、项链.jpg

源文件：随书资源 \ 源文件 \ 07 \ 钻石项链商品宣传图设计 .psd

步骤01 商品详情页内商品宣传图的尺寸要求是宽 750 像素、高不限。这里同样按照之前的做法，在 Photoshop 中新建一个尺寸更大的文件，如下图所示。

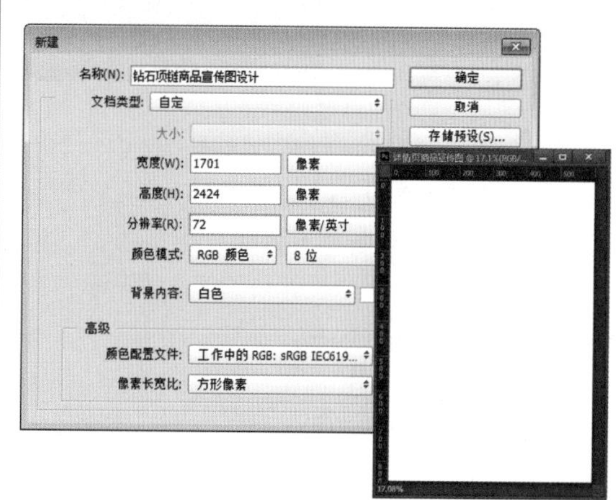

步骤02 打开素材文件“项链 .jpg”，使用移动工具将项链图像拖动至本案例的 PSD 文件中，生成“图层 1”。按快捷键 Ctrl+T 在项链图像上生成自由变换框，调整图像的大小、位置，并旋转适当角度，使其呈现从右侧延伸进画面的视觉效果，如下图所示，完成后按 Enter 键确定操作。

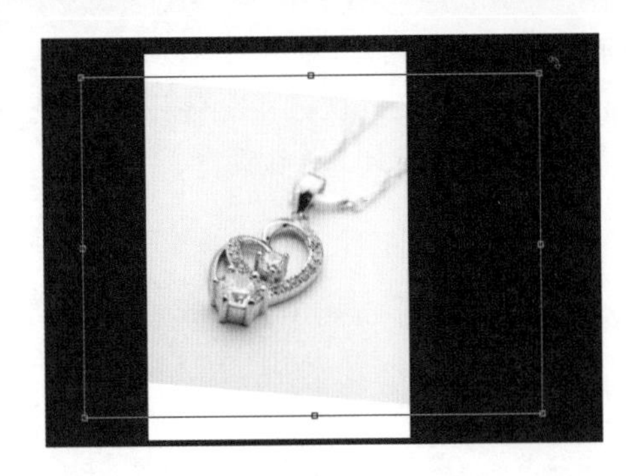

步骤03 单击“图层”面板底部的“添加图层蒙版”按钮为“图层1”添加图层蒙版。设置前景色为黑色，选择画笔工具，在选项栏设置笔尖为“柔边圆”、“不透明度”为30%、“流量”为40%，然后在蒙版中对项链边缘进行反复涂抹，使项链与背景融合，如下图所示。

步骤04 打开素材文件“玫瑰.jpg”，将其拖动至本案例的PSD文件中生成“图层2”。按快捷键Ctrl+T在图像上生成自由变换框，调整图像的大小、角度、位置，如下左图所示，完成后按Enter键确定操作。复制“图层2”生成“图层2拷贝”，同样使用自由变换框调整图像的大小、角度、位置，如下右图所示，完成后按Enter键确定操作。

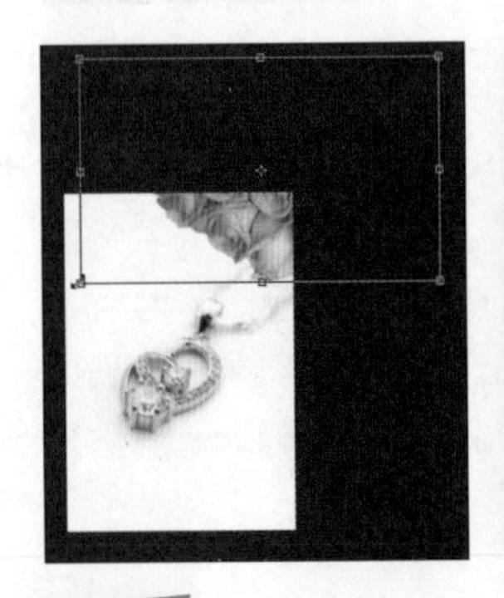

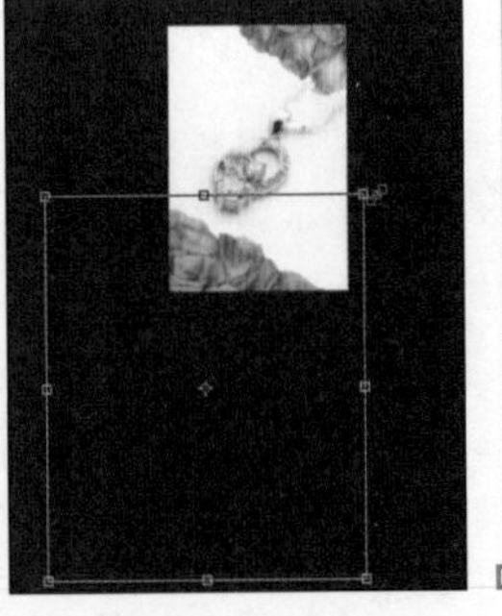

步骤05 更改“图层2拷贝”的“不透明度”为25%、混合模式为“变暗”，使其成为白色底色上的花纹效果，增强画面的美感，如下图所示。

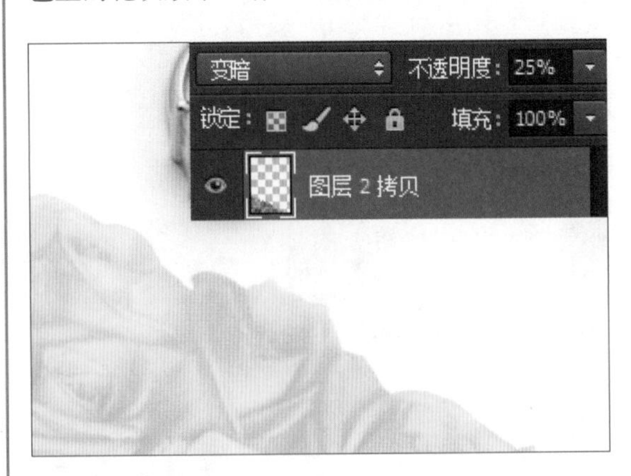

步骤06 单击“图层”面板底部的“创建新的填充或调整图层”按钮，选择创建一个“颜色填充”调整图层，在弹出的“拾色器（纯色）”对话框中选择粉色（R255、G237、B245），单击“确定”按钮，为画面整体添加粉色色调，如下左图所示。更改该调整图层的混合模式为“正片叠底”，使整体画面呈现偏粉色调，增加浪漫氛围，如下右图所示。

步骤07 选择渐变工具，设置前景色为黑色，在选项栏中选择“前景色到透明渐变”，并单击“径向渐变”按钮，在调整图层的图层蒙版中从吊坠的位置开始由内向外拖动直线，使吊坠部分的粉色色调减弱，突显画面的主体，如下图所示。

步骤08 按快捷键 Shift+Ctrl+Alt+E 盖印可见图层生成“图层 3”。在“图层”面板中右击“图层 3”，在弹出的快捷菜单中选择“转换为智能对象”命令，将图层转换为智能对象。执行“滤镜 >Camera Raw 滤镜”命令，在弹出的对话框中选择“基本”选项卡，按右图所示设置参数，提亮画面的同时增加画面的清晰度。

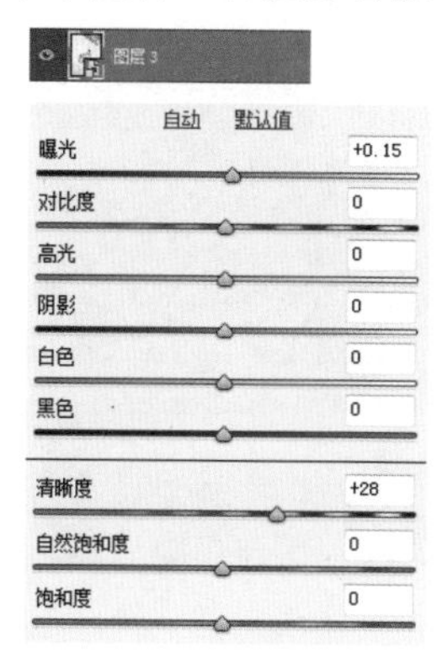

步骤09 在“镜头校正”选项卡中选择“手动”选项，在“镜头晕影”选项处按下图设置参数，加强画面四周的暗影效果，以烘托吊坠。继续在“相机校准”选项卡中按下图设置“红原色”“绿原色”“蓝原色”选项的参数，强化画面的粉红色调，单击“确定”按钮完成设置。此时可看到智能图层上保留了刚才设置的菜单命令，使用这种方法是为了方便修改对图层所做的操作。

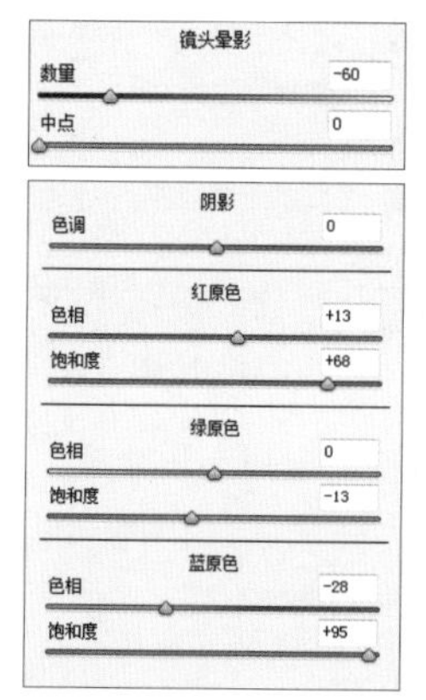

步骤10 新建“图层 4”，使用矩形选框工具在画面下方绘制矩形选区并填充白色，如下左图所示。为该图层添加图层蒙版，设置前景色为黑色，单击渐变工具，在选项栏设置渐变颜色为“前景色到透明”、“不透明度”为 27%，单击“线性渐变”按钮，在蒙版中从左向右水平拖动，使矩形左侧形成渐隐效果，更符合画面浪漫的氛围，如下右图所示。

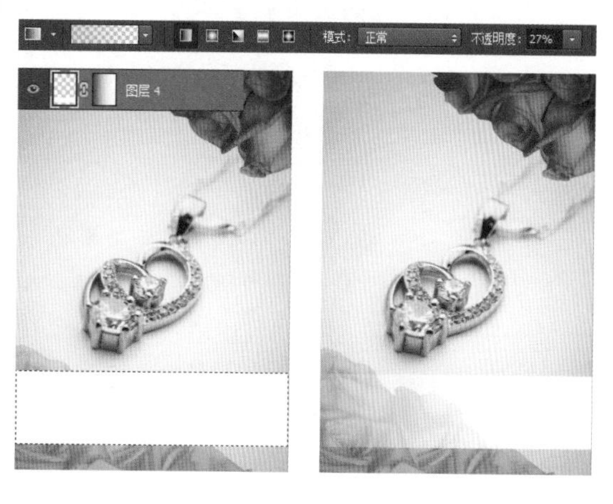

步骤11 使用横排文字工具在渐变色带上单击输入英文文字“LOVE YOU FOREVER”，选中文字后在“字符”面板中设置文字的大小、字体、字距等，更改文字颜色为与上方玫瑰花色调相同的红色（R182、G6、B41），如下图所示。

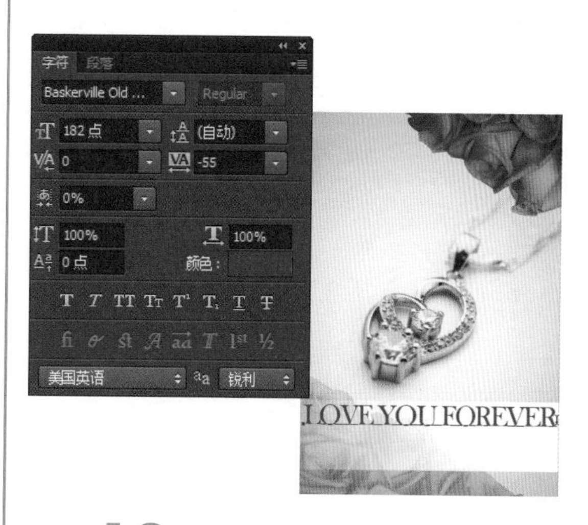

步骤12 继续使用横排文字工具在英文文字的下方单击输入文字“只给最爱的你”，选中文字后在“字符”面板中设置文字的字体、大小等，颜色保持不变，如下图所示。

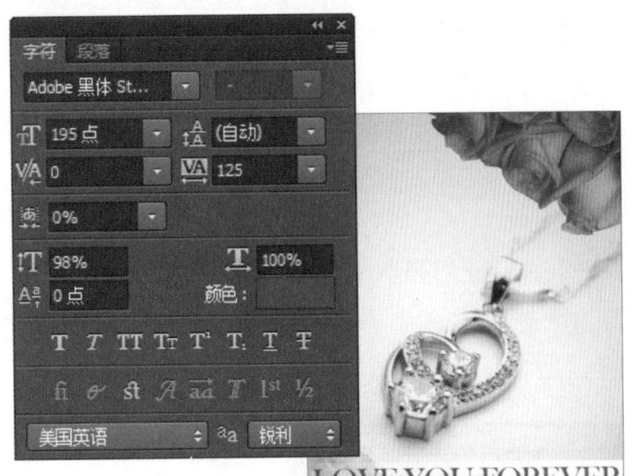

步骤 13 新建“图层 5”，设置前景色为红色（R209、G95、B122），选择画笔工具，在选项栏中设置画笔笔尖为“硬边圆”、大小为 10 像素，然后在中文文字左侧单击绘制一个点，按住 Shift 键在文字的右侧单击，这样就自动绘制了一条贯穿文字的横线，如下图所示。

为“图层 5”添加图层蒙版，设置前景色为黑色，使用画笔工具在蒙版中对直线覆盖在文字上的部分进行涂抹，将其隐藏，丰富文字的效果，如下图所示。

步骤 14 使用横排文字工具在吊坠的右上角单击输入文字“好评率”，选中文字后在“字符”面板中设置文字的字体、大小、字距等，颜色保持之前设置的红色，单击“仿斜体”按钮，如下图所示。

步骤 15 使用横排文字工具在文字“好评率”上方单击输入文字“99%”，选中文字后在“字符”面板中设置字体、大小等，完成后使用移动工具微调文字“99%”的位置，使其与下方文字排列得更紧密，如下图所示。

步骤 16 新建“图层 6”，选择椭圆选框工具，按住 Shift 键在文字周围绘制一个正圆形选区，将文字包住，如下左图所示。在选区上右击，在弹出的快捷菜单中选择“描边”命令，在弹出的“描边”对话框中设置“宽度”为 3 像素、“颜色”为红色（R182、G6、B41），如下右图所示。

设置完成后单击“确定”按钮，在画面中生成一个圆形线框，使“99%”与“好评率”在视觉上形成一个整体，按快捷键 Ctrl+D 取消选区，如下图所示。

步骤 17 新建“图层 7”，同样使用椭圆选框工具在文字的右下角绘制一个正圆形选区并填充红色，如下图所示。

取消选区后使用横排文字工具在红色圆形内部单击输入数字“30000”，选中数字后在“字符”面板中设置文字的字体、大小、字距、颜色等，单击“仿斜体”按钮使其呈倾斜状态，与上方的文字一致，如下图所示。

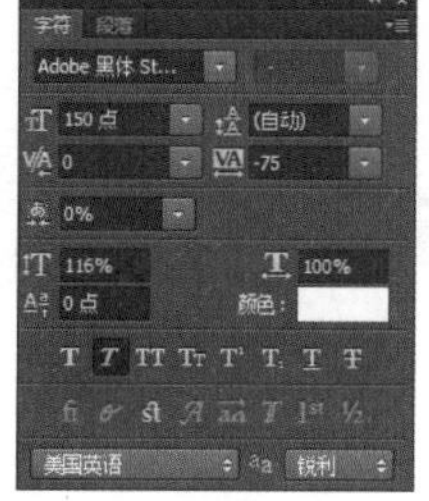

步骤 18 继续使用横排文字工具在数字上方单击输入文字“热销”，选中文字后在“字符”面板中设置参数，颜色设置为白色，与下方的数字一致，如下图所示。

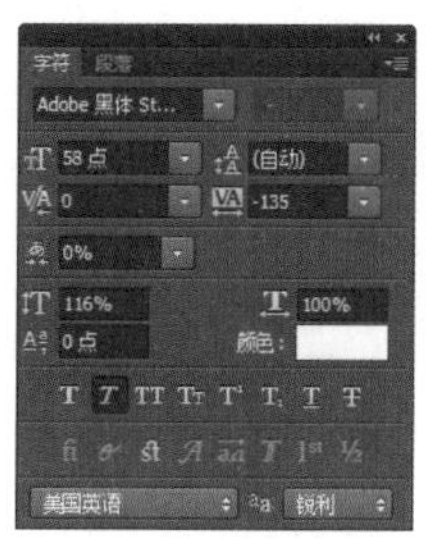

继续在数字下方单击输入文字“件”，格式设置保持不变，如下图所示。

步骤 19 新建“图层 8”，使用矩形选框工具在画面上方绘制矩形选区并填充白色，如下左图所示。按快捷键 Ctrl+D 取消选区，单击“添加图层蒙版”按钮为该图层添加图层蒙版。选择渐变工具，保持选项栏的各项参数不变，更改前景色为黑色，在蒙版中从右向左水平拖动，使白色矩形的右侧呈现渐隐效果，与下方的白色渐变色带相互呼应，如下图所示。

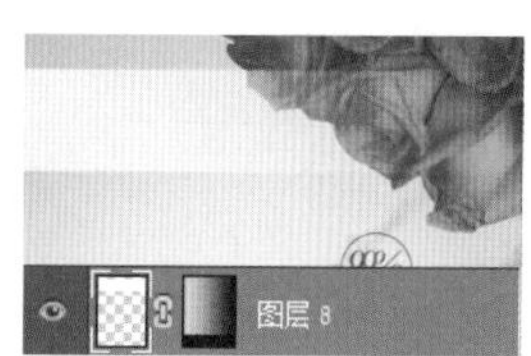

步骤 20 使用横排文字工具在上一步创建的白色渐变色带左侧单击输入文字，选中文字后在“字符”面板中调整文字格式，如下图所示。

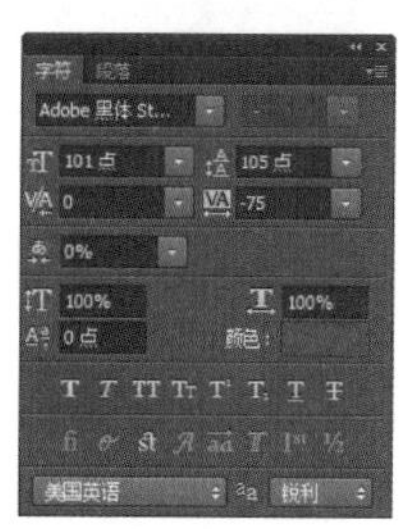

重复上述操作，继续输入文字并设置格式，其中文字颜色为暗红色（R65、G21、B21），如下图所示。至此便完成了商品宣传图的制作。

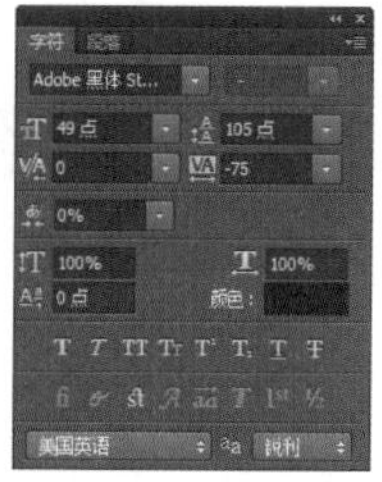

第8章

化劣势为优势的坦诚设计

在生意场上，不仅要展示优点，还要坦陈缺点，只有这样才能赢得消费者的尊重与信赖。将这样的坦诚运用到视觉设计中，能让消费者感受到商家的真诚，从而引发商机。

诚信是不可或缺的经商原则，对于电商这种依赖互联网的销售模式而言，“诚信经营”的形象更是无法估量的无形资产。如第 2 章所述，为了让消费者放心大胆地购买商品，商家可以通过多种视觉设计手段去构建消费者对自己的信任，而本章要探讨的“坦诚”则能让信任升级。

8.1 用坦诚去优化消费体验

俗话说“人无完人”，商品也是如此，任何一件商品都或多或少存在不足。在电商的交易过程中，消费者在下单前无法亲身感受商品，只能通过网页上的图片和文字等信息对商品形成初步认知，因此，商家不仅要展示优点，而且要正视缺点，让消费者更全面地了解商品，只有这样才能赢得消费者的尊重与信赖。如下图所示是一个最简单的坦陈商品不足的例子。

❶ 有些有机黄瓜外表并不光鲜，这是有机黄瓜商品自身固有的特点，商家选择将这一不足大方地展示出来

❷ 展示不足的同时解释导致不足的原因，反而能获得消费者的理解与认可

8.1.1 总结消费者的评价，坦陈不足

在网购时，很多消费者可能对商品并没有进行完全、客观的了解，而是根据商家的介绍自行想象，有时甚至会因为占有欲在脑海中美化商品，在收货后就会因为期望过高而认为自己收到的是次品，从而给出差评，甚至要求退款退货。此时商家要做的便是站在消费者的角度来展示商品。然而每个消费者对商品的感受千差万别，商家又该如何去了解商品在消费者心目中的形象呢？

以一款棉麻衬衫的商品展示为例，商家最初选择了如下左图所示的常规展示方式。为了更加真实与全面地展示商品，在销售了一段时间后，商家对商品的评价进行了研究。如下右图所示，许多消费者根据穿着后的亲身体会指出了商品的问题，不仅给后来的消费者提供了有用的参考，而且能帮助商家完善商品说明。

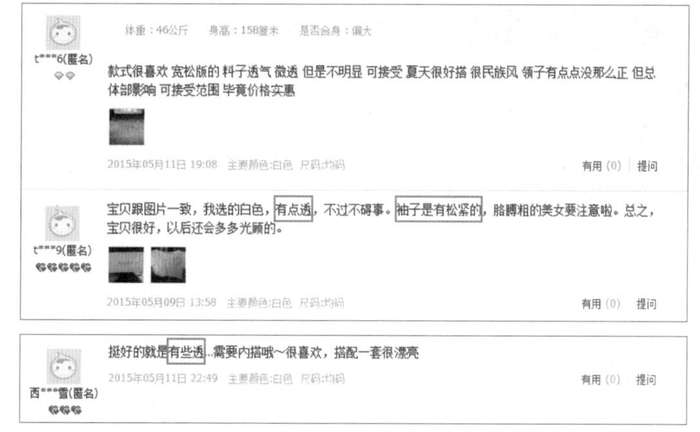

商家从商品评价中总结出了商品的两大主要问题。首先，很多消费者提到了商品质地较透，虽然这部分消费者都选择接受这个属性，但并不代表他们对衣服质地的要求不高，并且也无法确保其他消费者都能接受这一点。其次，还有消费者提出袖口松紧设计的问题。由于该商品属于宽松款式，可能会有许多体型偏胖的消费者购买，如果不对这一点进行说明，也可能会导致这部分消费者因为袖口穿着不适而产生不满。

根据上述总结，商家对商品说明的设计做了改进，主动、坦诚地对商品的质地和款式细节做了强调说明，并贴心地给出了穿着提示，如下图所示。

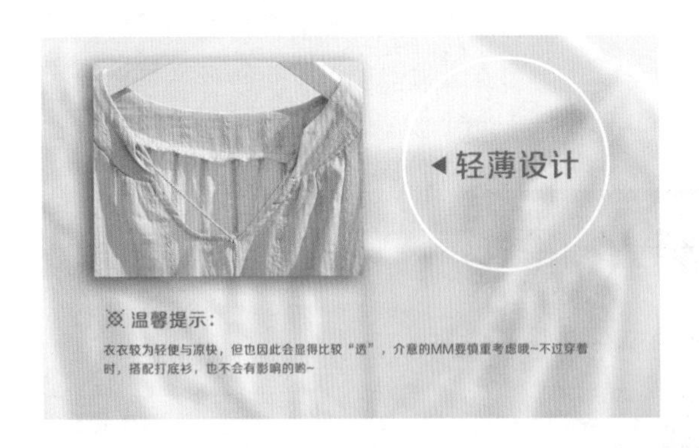

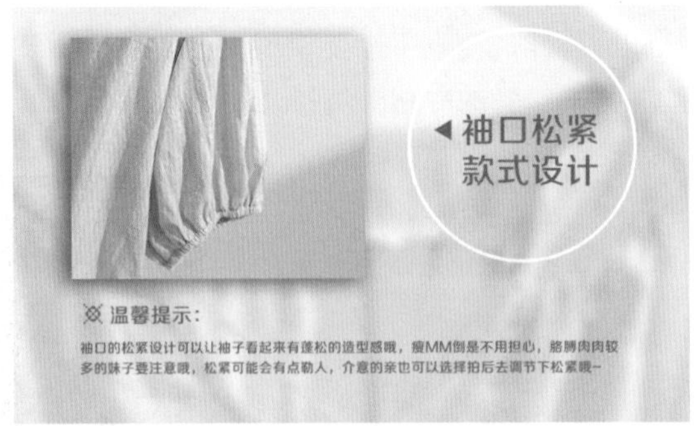

8.1.2 商家亲自试用，总结与坦陈不足

有的读者可能会提出疑问：在商品没有销量之前，无法获得消费者对商品的反馈，我又怎么知道消费者可能会对商品的哪些方面存在不满呢？要解决这一问题，商家可以亲自试用商品，站在消费者的角度，抱着一颗平常心去总结商品的优缺点。

如下图所示，商家在亲自试用后认为这款小皮包的带子是最令人头疼的地方。这是一个设计上的缺陷，商家不是商品的设计者与生产者，无法改变商品本身的属性，此时，正视缺点、坦陈不足就成为了解决问题的有效方法。因此，商家在促销广告中增加了提示，坦陈商品的不足。

商家并没有就此满足，而是继续思考将不足转化为商机的可能性。商家运用第 6 章中讲到的“在互动中增进感情”的思路，策划了一个人人参与解决问题的带子设计活动，并呈现在商品详情页中，如下图所示。该活动版块通过“活动起因”说明给消费者提供了更为真实地了解商品的

机会，而“活动规则与奖品”说明及活动口号、买家秀图片、“店家寄语”等信息，又诱惑消费者去参与活动。他们或许能体会到系带子并不是一件苦差事，再加上还有机会获得奖励，便有了将困难转化为乐趣的动力，在这一过程中消费者可能早已忘记商品的不足，反而带着兴奋与愉悦的心情参与到活动中。

商家在亲自试用商品后，正视不足并想办法将不足转化为优势，这种做法让营销形式变得更加丰富。表面上看商家牺牲了部分返现的利益，然而活动却能让消费者在互动和参与中获得更好的消费体验。

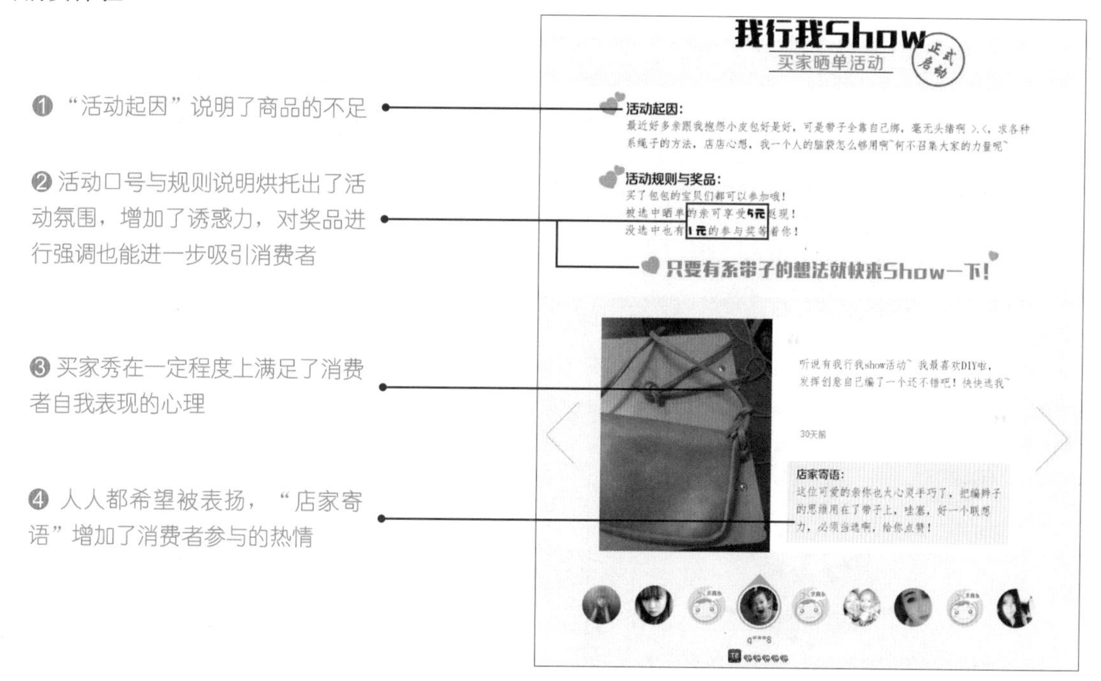

8.2　坦诚让特色升级

坦诚并不是要商家在鸡蛋里挑骨头，刻意暴露商品的不足来换取信任，这只是一种让营销更细致贴心、让消费者更放心的思路。坦诚的思想除了能赢得消费者的信任，有时还能让店铺的特色升级。

8.2.1　商品本身的不足或许也是卖点

大多数商家都会选择正面描述商品的优势与卖点。如右图所示，商家以详细的文字搭配美观的图片介绍黄瓜的功能和用途，试图让消费者感受黄瓜的好处，以激发消费者的购买欲望。

然而，有时候从“反面”去真实地表现商品并不是一件坏事。例如，天然无污染的有机黄瓜也有不足，商家没有必要去刻意掩盖这些不足，反而应该坦诚地将这些不足表现出来，因为它们事实上是只有有机黄瓜才有的特色。

如右图所示，这种“对比 PK”的商品说明方式很常见。大多数商家都是利用这种方式去突显商品的优点，然而右图中的商家却走了一条相反的路，坦言有机黄瓜在外形和保质期上存在不足，最后还提出疑问：有机黄瓜完败了？

其实商家在这里采用的是“欲扬先抑”的策略，有机黄瓜的这些不足实际上是它的优势所在，商家紧接着又进行了如下图所示的说明。

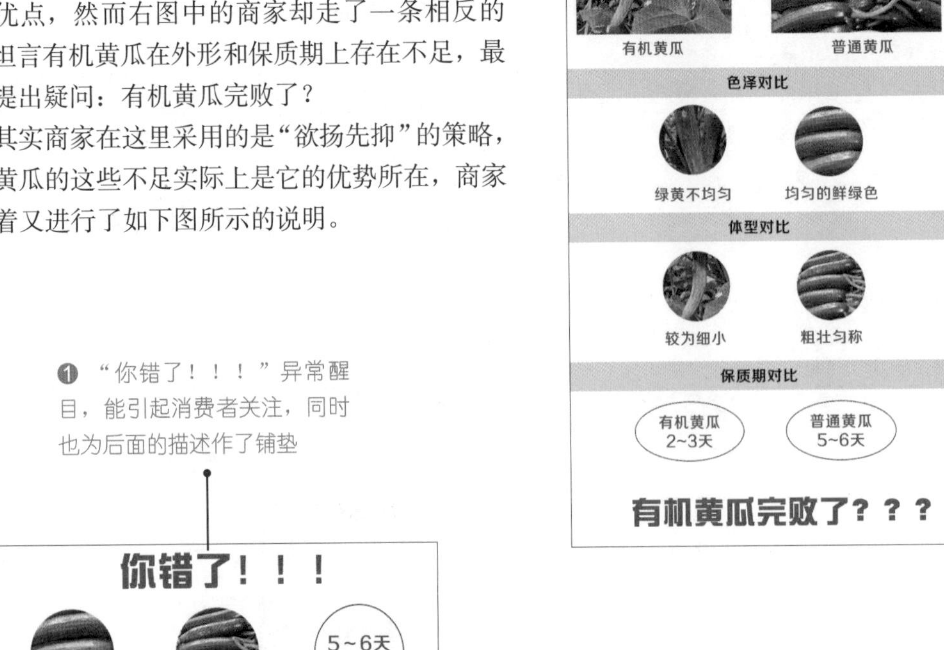

❶ “你错了！！！”异常醒目，能引起消费者关注，同时也为后面的描述作了铺垫

❷ 利用黄色与红色的搭配以及醒目的大字，起警示消费者的作用，告知消费者看起来光鲜亮丽的东西有时候并不一定是好的，然后又分两点进行了详细解释

❸ 最后得出结论是非常有必要的。前面首先坦言有机黄瓜的不足，然后又解释了为什么有些黄瓜外观好看、保质期长，此时便需要总结出有机黄瓜的优势，而有了前面的证明，此时的总结也显得更有力度

8.2.2 坦陈服务的不足

除了商品的不足以外，店铺的服务也可能存在不足。大多数中小型商家的人力和财力有限，可能满足了消费者某一方面的要求，就无力在其他方面做到尽善尽美。此时，坦诚的说明更能获得消费者的好感。

下图是一家农产品店铺中的“店家有话说”图片，商家坦言，店铺中商品的包装上没有生产日期和生产厂家，显得不够正规，然而这也突显了“地道的农村土特产”特色。这样的说明能让消费者感受到商家的朴实，并给予理解和认可。

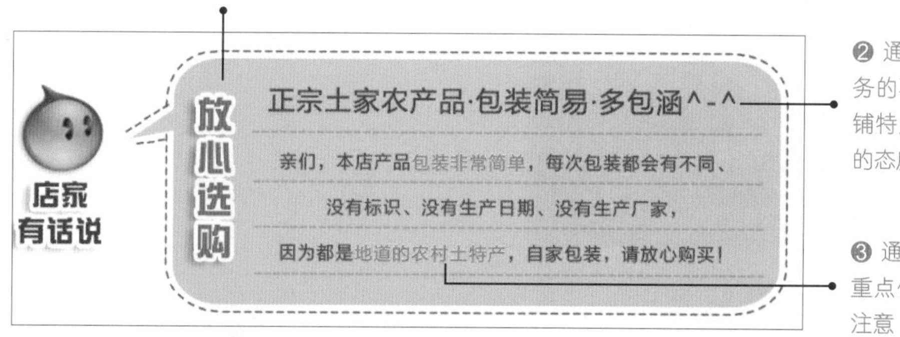

在如下图所示的店铺中，商品需要定制，会导致发货速度较慢等服务上的不足，商家诚恳的说明能够得到消费者的理解，并突出独一无二的个性化定制的特色。

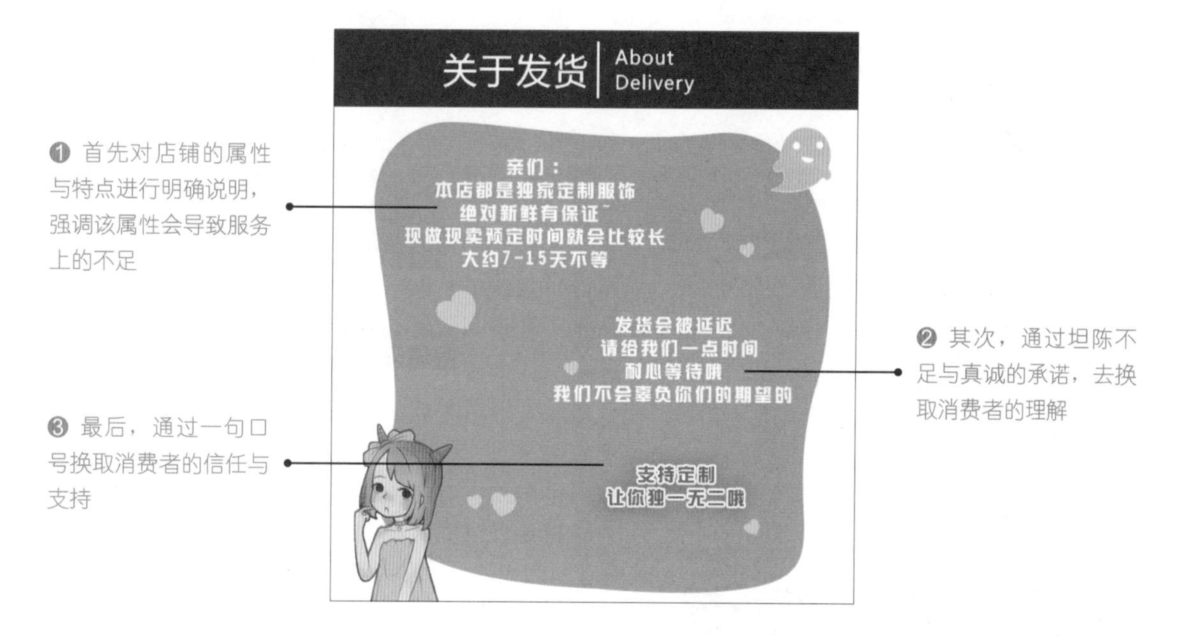

8.3 坦诚让营销更轻松

坦诚是一张感情牌，能在一定程度上减少消费者的不满情绪，为商家留下余地，让营销变得更轻松。

例如，当商家参与了电商平台组织的大型促销活动后，商品的价格便会比平时低很多，之前购买了该商品的消费者看到商品降价后，很可能会因为没有以活动价买到商品而心生不满。诚然，这并不是商家的错，只是消费者购买的时机不对。但如果商家还是坦诚地道歉，消费者就会觉得商家切实考虑了他们的感受，心中的不满也会得到缓和，如下图所示。

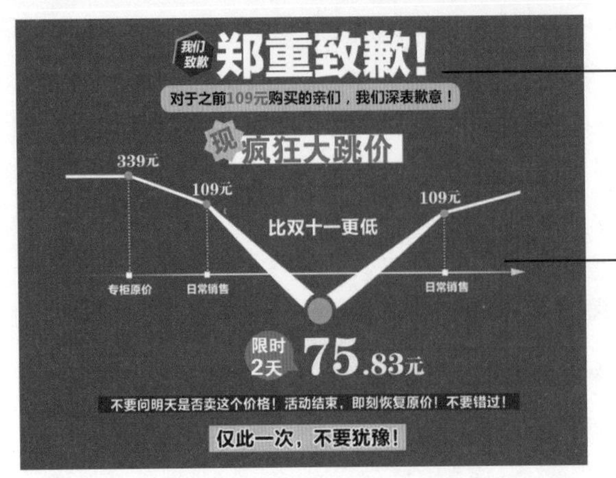

❶ 致歉安抚了之前购买商品的消费者，同时也告知正打算购买商品的消费者——如今商品的价格的确很低，请赶紧入手

❷ 以折线图表的形式直观地说明了商品价格的变化，让诱惑升级，在一定程度上促进消费

又如，消费者在网购时看到某件商品的价格低于其他店铺同类商品的价格时，由于无法亲眼看到商品，便会对这件商品的质量等产生怀疑，商家也需要对此进行坦诚的解释。下图为某店铺销售的女靴商品详情页的部分信息，该店铺给这款女靴的标价比其他店铺便宜很多，为了打消消费者的购买顾虑，商家坦诚地进行了解释与描述。

❶ 商家展示了其他店铺中同类商品的价格，承认自己的商品确实便宜

❷ 之后解释了价格较低的原因

❸ 为了进一步打消消费者对价格的顾虑，还下了“挑战书”

问：为什么淘宝网均价100多元的鞋子，在你家就只要68元？，会不是网上成本价只要20-30元的那种仿品？
答：小店为赚人气，所以前500双不赚钱成本价走量.绝不是成本价20-30的仿品，如果亲发现小店的宝贝是廉价的仿品，欢迎举报，评价晒图！
我们承诺有任何**质量问题**、色差问题、尺码问题、正品问题，我们承担来回邮费！！接受任何无理由的15天退换.

❹ 以问答的形式进一步坦陈价格较低的原因，通过反复强调获取消费者的信任

案例1　农家食品店铺的买家须知版块设计

初步构想

❶本案例要设计的是“田园居”农家食品店铺的买家须知版块。该店铺销售的农副食品都是自己栽种和加工的，自然不会像超市里的瓜果蔬菜那样外观亮丽、包装精美，因此，在买家须知版块中对消费者坦陈店铺商品的不足，以获得消费者的谅解是非常有必要的。坦陈不足的方式也要多加斟酌，尽管农产品有许多不足，但肯定有些方面是包装精良的工业化产品所无法比拟的，所以，在坦陈不足的同时，更要运用技巧来推销商品。

❷想要让买家须知版块更加出彩，可以添加合适的素材，营造农家的田园氛围，深化店铺品牌形象。例如，围绕“坦诚”进行素材的选择，添加稻田、果园的实景照片等。添加卡通图案也不失为一种新鲜的尝试，如添加描绘农民耕种、采收等场景的图案。

灵感发散

买家须知版块

- 坦陈商品或服务的不足
  - 因为是农产品的自产自销，所以商品本身、商品包装都会有不足之处，坦诚地在文案中说明，可以获得消费者的谅解和好感
  - 坦陈不足是有技巧的，要挑选那些看似不足、实为优点的方面：包装虽然简单，但是很环保；农产品无法做到毫无瑕疵，那是因为它们是天然食品，没有任何添加剂
- 根据坦诚的要点添加装饰元素
  - 在画面顶部添加稻田的实景照片，作为店铺名称和买家须知标题的背景，让消费者直观地看到粮食产地，当然也可以使用果园、仓库等的照片
  - 添加农民耕作的矢量图案，诠释“亲自栽种”这个卖点，让消费者感受到农产品的天然

操作解析

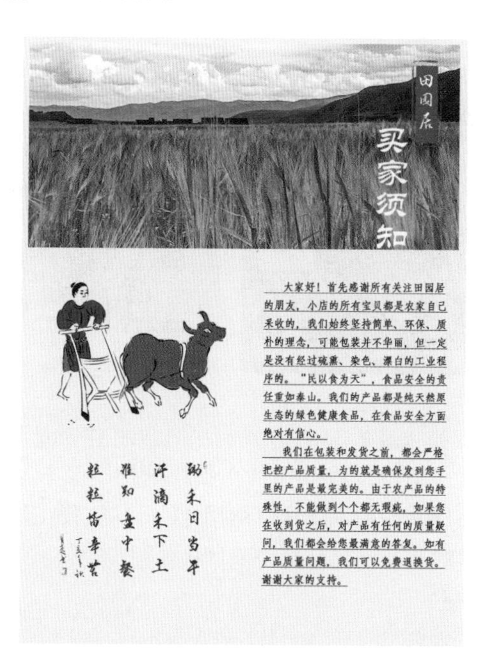

素　材：随书资源\素材\08\稻田.jpg、印章.png、耕种.png、古诗.png

源文件：随书资源\源文件\08\农家食品店铺的买家须知版块设计.psd

步骤01　买家须知版块放置于一个单独的页面内，尺寸要求是宽750像素、高不限。这里同样按照之前的做法，在Photoshop中新建一个尺寸更大的文件，然后为“背景”图层填充浅灰色（R239、G237、B233），如下图所示。

步骤02 新建“图层 1”，选择矩形选框工具在画面顶部绘制一个矩形选区并填充上黑色，然后按快捷键 Ctrl+D 取消选区，效果如右图所示。

步骤03 打开素材文件“稻田 .jpg”，将稻田图像拖动至本案例的 PSD 文件中生成“图层 2”，按快捷键 Ctrl+T 在图像上生成自由变换框，对图像进行同比例放大，如下左图所示，按 Enter 键确定操作。确保“图层 2”位于“图层 1”上方，按快捷键 Ctrl+Alt+G 创建剪贴蒙版，使图像只显示在黑色矩形的范围内，效果如下右图所示。

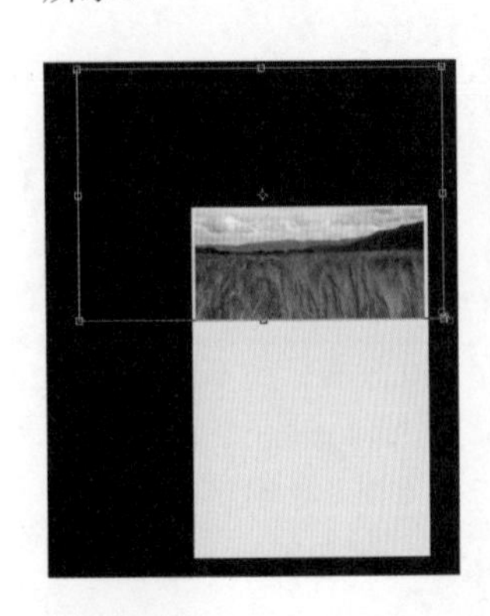

步骤04 打开素材文件“印章 .png”，使用移动工具将印章图案拖动至本案例的 PSD 文件中，放在稻田图像的右上角，如下图所示。

步骤05 使用直排文字工具在印章中单击输入店名文字“田园居”，选中文字后在“字符”面板中设置文字的字体、大小、字距等，使文字合理地分布在印章图案内部，并更改文字颜色为白色，如下图所示。

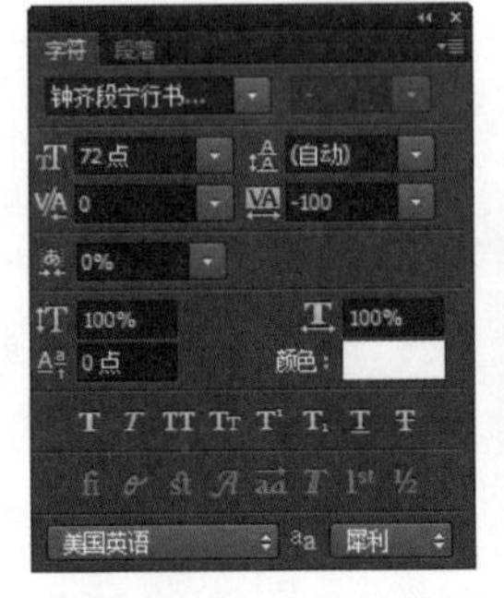

步骤06 继续使用直排文字工具在印章左下方输入文字“买家须知”，选中文字后在“字符”面板中设置文字的字体、大小、字距等，如下图所示。这里为“田园居”和“买家须知”设置的都是中国风的字体，与印章的风格一致。

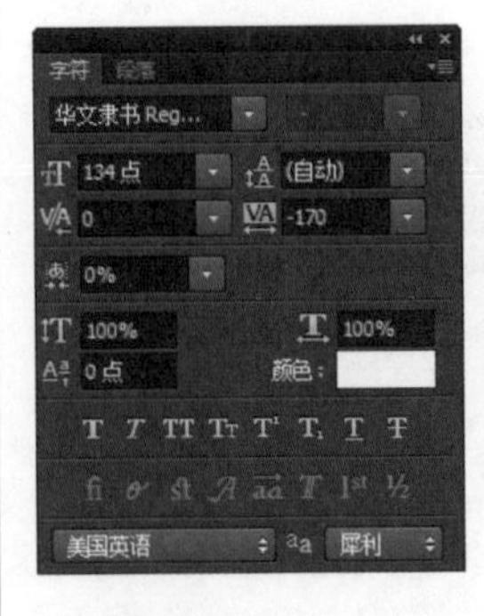

步骤07 打开素材文件“耕种 .png”，使用移动工具将其中的水墨线稿拖动至本案例的 PSD 文件中，生成“图层 4”，并放置在稻田图像的左下方，突显“亲自栽种”的卖点，如下图所示。

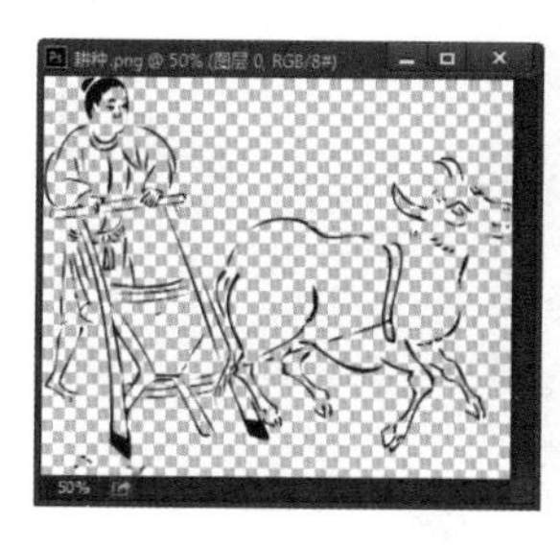

步骤08 接下来对水墨线稿进行上色。新建“图层 5”，更改图层的混合模式为“正片叠底”，使颜色中透出下方的线稿。设置前景色为蓝色（R37、G84、B142），选择画笔工具，设置笔尖为“硬边圆”，然后在人物的衣服位置涂抹，为衣服添加蓝色，如下图所示。

步骤09 新建“图层 6”，更改图层的混合模式为“正片叠底”。设置前景色为绿色（R84、G142、B37），使用画笔工具在人物的腰带和裤子的位置涂抹，如下左图所示。继续新建“图层 7”，更改图层混合模式为“正片叠底”，然后设置前景色为土黄色（R134、G96、B46），使用画笔工具在牛的身上涂抹，如下右图所示。至此便完成了水墨线稿的添色，增加其在画面中的视觉比重。

步骤10 打开素材文件“古诗 .png”，使用移动工具将古诗图像移动至本案例的 PSD 文件中，放在耕种水墨画的下方，如下图所示。古诗的内容可以按照画面的主题选择，只要涉及耕作、播种、收获等元素都可以。如果找不到合适的素材图片，可以自己输入文字，然后为文字设置中国传统书法风格的字体即可。

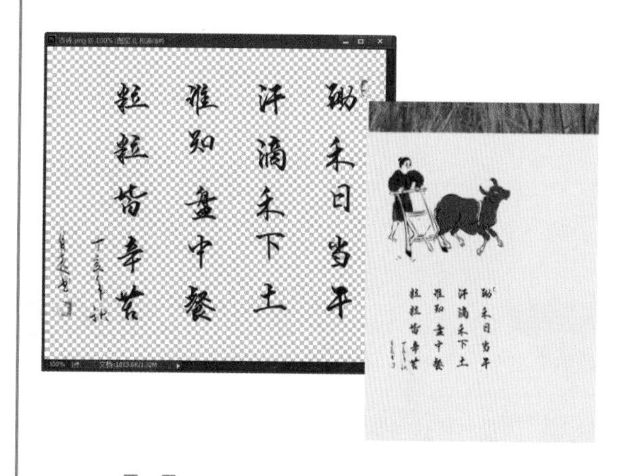

步骤11 使用横排文字工具在水墨画与古诗图像的右边按住鼠标左键拖动绘制出一个文本框，如下图所示。

步骤 12 在“字符”面板内设置文字的字体、大小等，设置字体颜色为黑色，使文字在浅色背景上更清晰，单击“仿粗体”和“下画线”按钮，然后在文本框内输入买家须知的具体内容，文字的篇幅要适当，与左侧的古诗、水墨画的比例要均衡，如右图所示。至此便完成了买家须知版块的设计。

案例2 商品降价促销直通车图片设计

初步构想

这是一张电视机降价促销的宣传图片，用于天猫商城搜索页面右侧和下方的直通车展示位。

❶对商品进行降价促销，会让之前购买的消费者有“吃亏”的感觉，他们也许就会不再光顾店铺，因此，在文案的设计上要首先考虑到这个细节，以坦诚的态度请求之前购买商品的消费者谅解，同时告知其他消费者低价促销是有时限的，请抓紧时间购买。

❷如果整张图片只有文案，视觉上的吸引力自然不高，所以还要添加合适的素材来表现低价促销的主题。其中促销对象电视机的图像不需要很醒目，才能突出低价促销的主题，抓住消费者追求低价的购物心理。

灵感发散

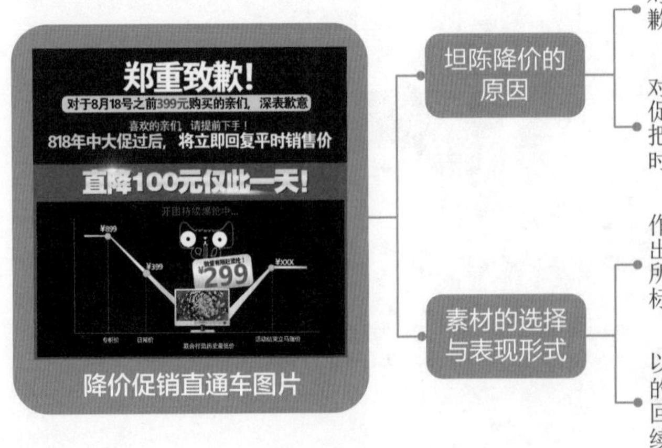

降价促销直通车图片

对于之前以高价购买商品的消费者，要坦诚地道歉，以获得他们的谅解，使接下来的营销变得轻松

对于新客户，坦诚地表明低价促销是因为年中大促，而且只有一天，所以想要购买的消费者一定要把握机会。坦白的告知可以获得消费者的好感，同时降价促销本来就具有吸引力，更容易提高销量

作为促销商品的电视机在画面中不必以醒目的形式出现，因为真正吸引消费者的是低价促销的噱头，所以将电视机图像安排在画面底部中间，结合天猫标志来暗示消费者销售的是商城正品，质量有保证

以折线图来展示价格走势，从最开始的899到之前的399，再到今天的促销价299，以及价格会马上回升，让消费者更直观地看到促销是短暂的，再继续观望就无法以如此低廉的价格购买了

操作解析

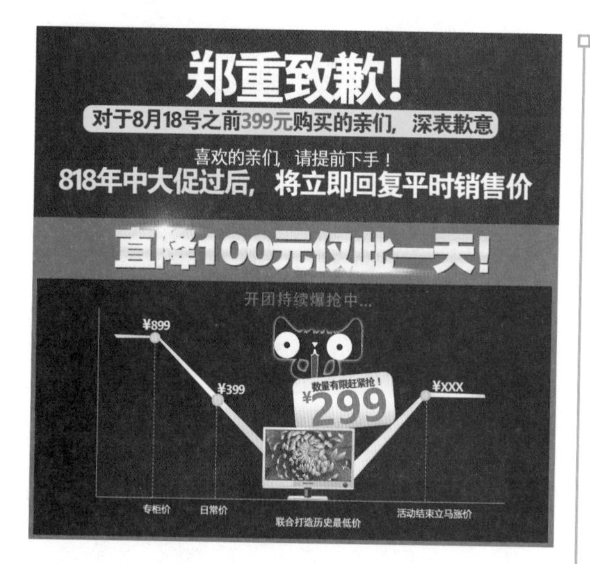

素　材：随书资源\素材\08\天猫.png、电视.png、花.jpg、光1.png、光2.png

源文件：随书资源\源文件\08\商品降价促销直通车图片设计.psd

步骤01　本案例要制作的是天猫商城搜索页面直通车展示位的图片，尺寸最好是800像素×800像素。这里同样按照之前的做法，在Photoshop中新建一个尺寸更大的文件，然后为“背景”图层填充暗红色（R47、G12、B0），如下图所示。

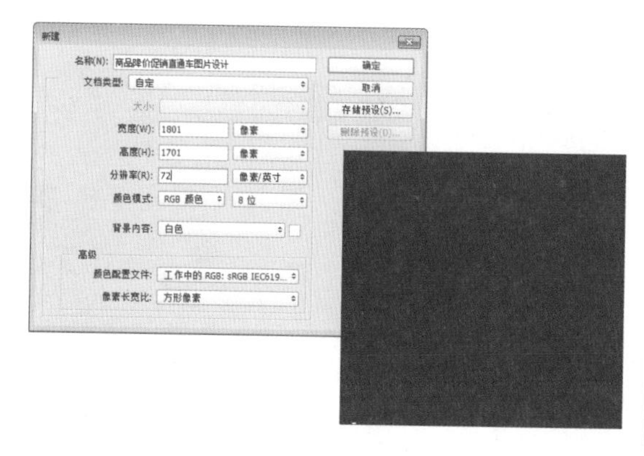

步骤02　在“背景”图层上方新建“组1”，接下来将在这个组内制作画面中的大部分图案。在该组内新建“图层1”，使用矩形选框工具在画面中绘制一个矩形选区，并填充红色（R215、G0、B7），如下左图所示。继续新建“图层2”，在红色矩形内部绘制矩形选区并填充黑色，然后取消选区，如下右图所示。

步骤03　新建“图层3”，选择圆角矩形工具，在选项栏设置“半径”为30像素，在画面上半部分绘制圆角矩形路径，按快捷键Ctrl+Enter将形状路径转化为选区，如下左图所示。对选区填充黄色（R255、G246、B0），然后取消选区，如下右图所示。之后会在圆角矩形图案上添加文字。

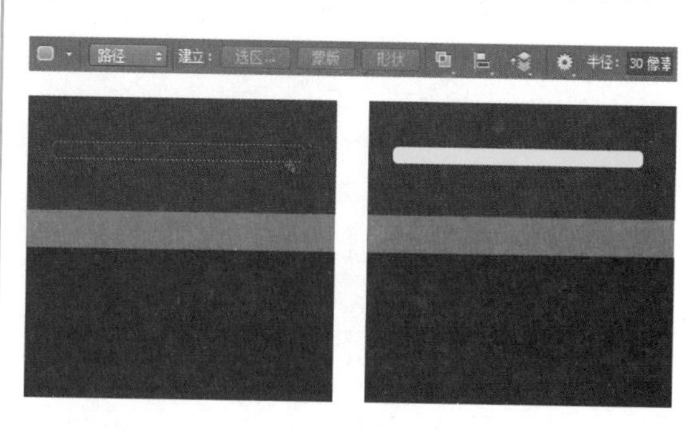

步骤04　新建“图层4”，使用矩形选框工具在黑色矩形内部绘制矩形选区并填充红色（R98、G21、B2），如下左图所示。取消选区后，按5次快捷键Ctrl+J，复制生成5个相同的红色矩形。使用移动工具按住Shift键将这5个拷贝图层依次向右水平拖移，首尾拼接成一个大矩形，如下右图所示。接下来将利用这些矩形制作价格走势图的背景。

步骤 05 选择第一个红色矩形所在的“图层 4”，按住 Alt 键单击“图层”面板底部的“添加图层蒙版”按钮，直接为该图层添加黑色的图层蒙版，此时画面中第一个红色矩形被隐藏，如下左图所示。设置前景色为白色，选择渐变工具，在选项栏设置渐变颜色为“前景色到透明渐变”，单击“对称渐变”按钮，更改“不透明度”为 20%，设置完成后，按住 Shift 键在蒙版中从下至上拖动一段距离，图像会呈现如下右图所示的渐变效果。

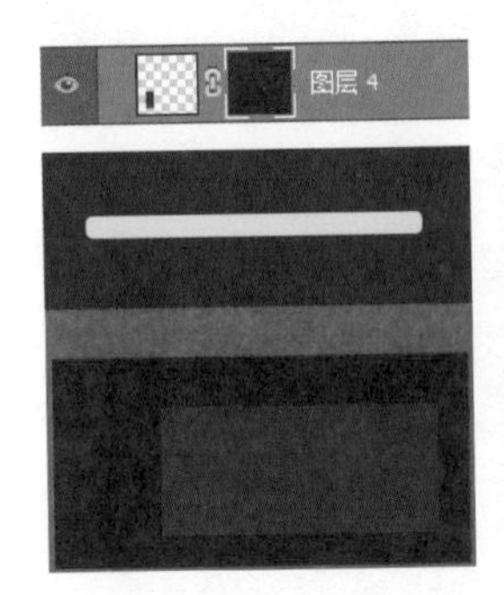

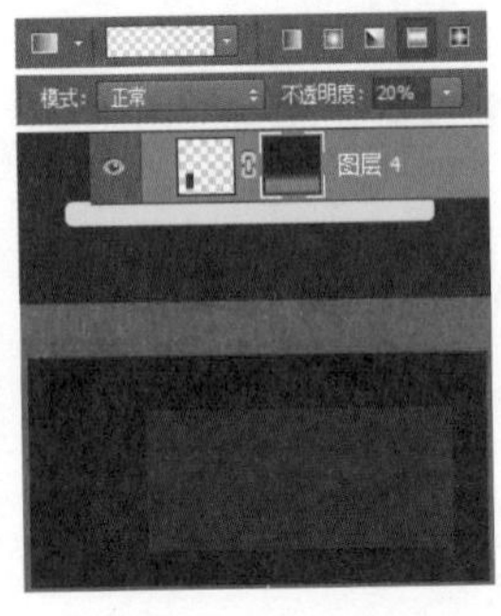

步骤 06 重复上一步的操作，对其余的红色矩形应用图层蒙版和渐变工具制作出渐变效果，完成走势图的背景制作，如下图所示。

步骤 07 新建“图层 5”，使用矩形选框工具沿着刚才制作的渐变背景绘制一个矩形选区，在选区上右击，在弹出的快捷菜单中选择“描边”命令，打开“描边”对话框，在其中设置“宽度”为 3 像素，颜色为黄色（R204、G168、B8），制作一个黄色矩形线框，如下左图所示。为该图层添加图层蒙版，然后设置前景色为黑色，使用画笔工具在上方和右边的框线上涂抹，将其隐藏，只保留左边和下方的框线作为走势图的坐标轴，如下右图所示。

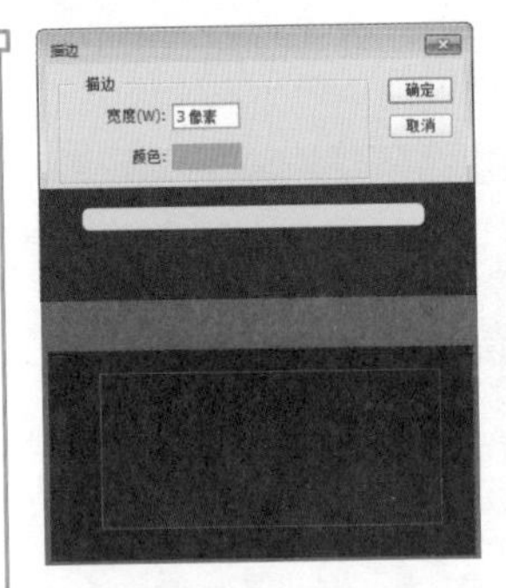

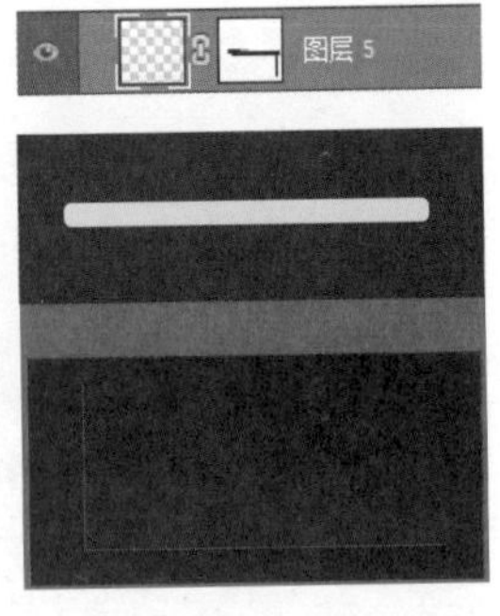

步骤 08 使用直排文字工具在左侧黄色框线的右边单击输入若干个减号“-”，直至减号连成一条虚线与下方的框线相交。选中输入的减号，在“字符”面板中设置参数，并更改减号的颜色为黄色（R255、G209、B101），增减减号的数量来调整虚线的长度，效果如下图所示。

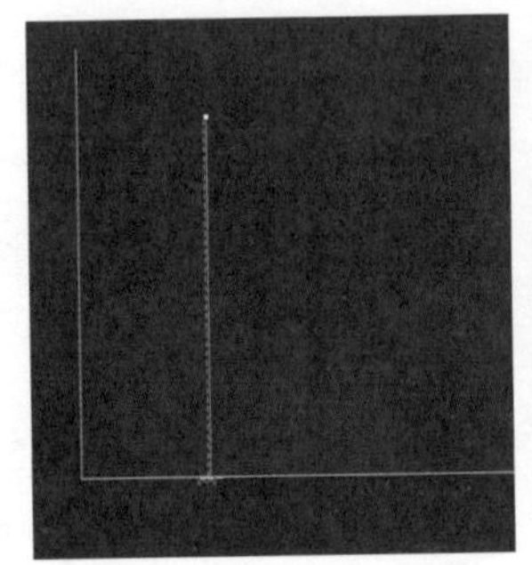

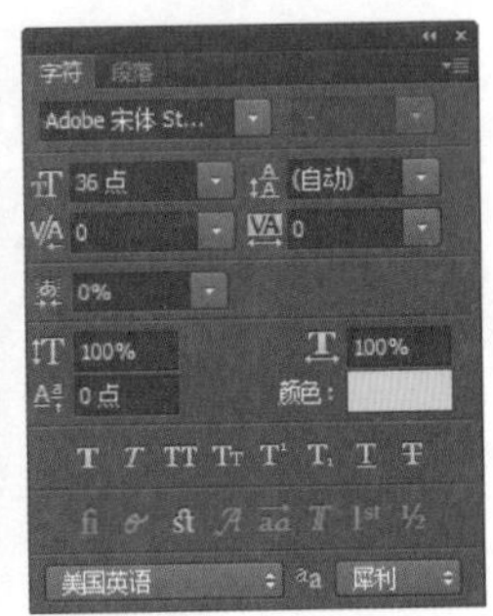

步骤 09 按快捷键 Ctrl+J 两次，复制两个文本图层，然后使用移动工具将它们分别移至合适的位置，再用直排文字工具编辑文本，删除若干减号，制作出长短不同的虚线，如下图所示。

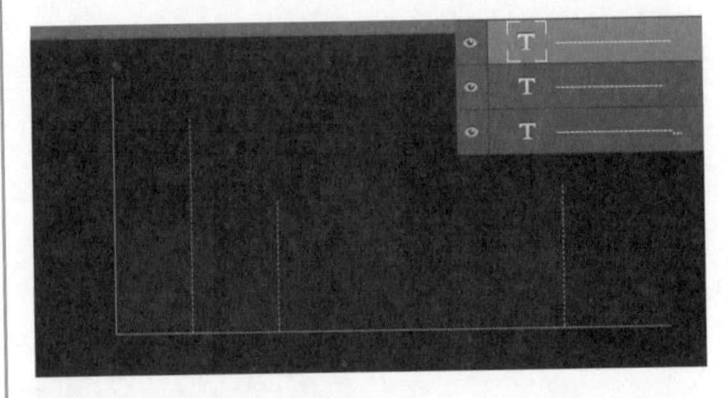

步骤 10 使用多边形套索工具沿着走势图中的虚线的走势，绘制不规则的走势折线选区，然后在“图层”面板底部单击“创建新的填充或调整图层”按钮，选择“渐变”命令，创建“渐变填充”调整图层，如下图所示。

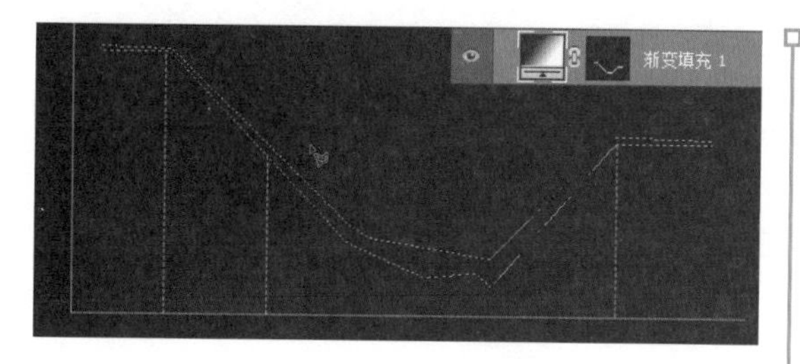

步骤 11 在打开的“渐变填充”对话框中单击“渐变”选项后的渐变颜色，在弹出的“渐变编辑器”对话框中设置黄色和白色交替变换的渐变效果，如下左图所示，完成后单击“确定”按钮，继续在“渐变填充”对话框中设置“样式”“角度”“缩放”等选项，如下右图所示。

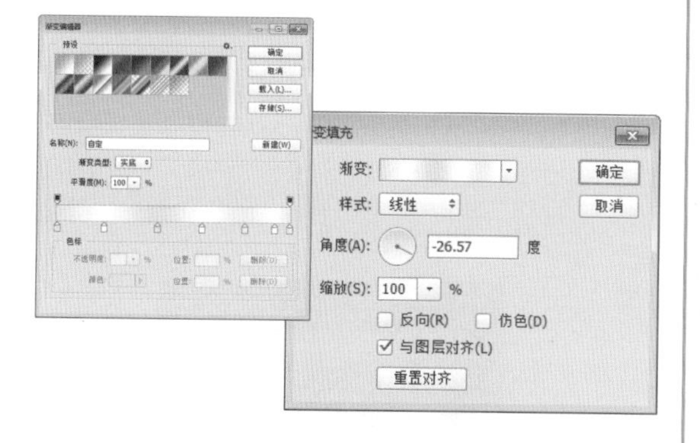

设置完成后走势折线呈现出金属质感，如下图所示。

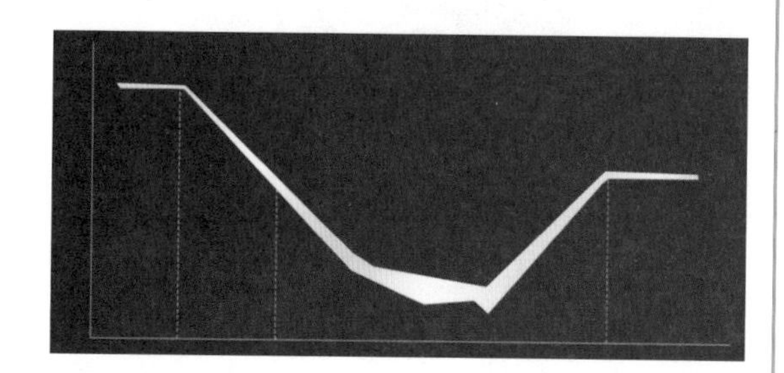

步骤 12 新建“图层6”，使用椭圆选框工具在虚线与折线图案相交处绘制一个圆形选区并填充黄色（R255、G221、B131），如下左图所示。取消选区后双击该图层的图层缩览图，在打开的“图层样式”对话框左侧勾选“描边”选项，在右侧面板中设置描边的各项参数，其中颜色为深黄色（R255、G198、B24），完成后效果如下右图所示。

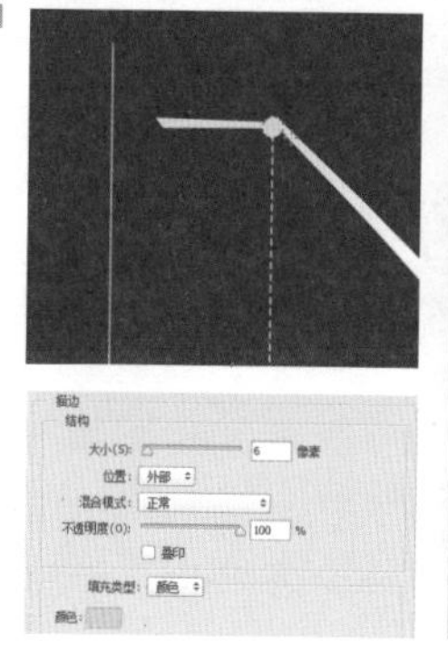

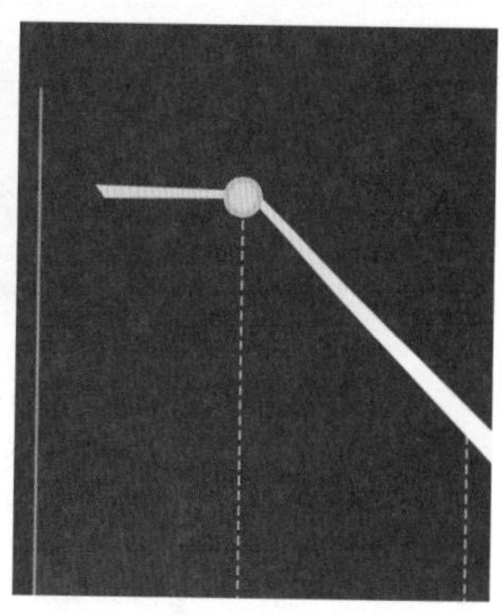

步骤 13 按两次快捷键Ctrl+J复制“图层6”生成“图层6 拷贝”和“图层6 拷贝2”图层，将它们分别移动至另外两条虚线与折线图案相交处，然后分别微调它们的大小，营造出层次感，从细节上提升画面的品质，如下图所示。

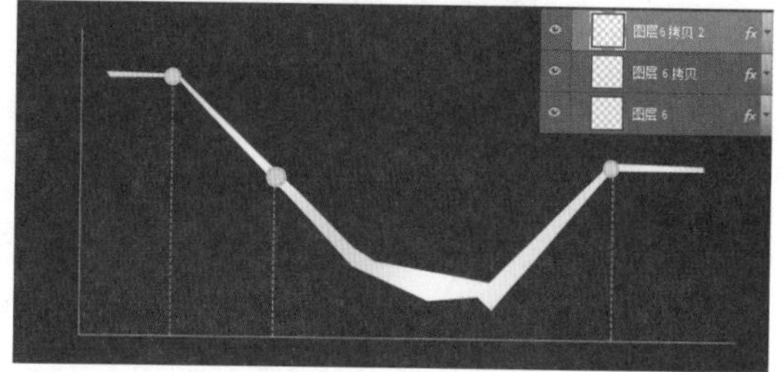

步骤 14 新建“组2”，在这个组内制作走势图上的其他图案效果。打开素材文件“天猫.png”，将其拖动至本案例的PSD文件中，在“组2”中生成“图层7”，将天猫图案放在走势图中间，效果如下图所示。

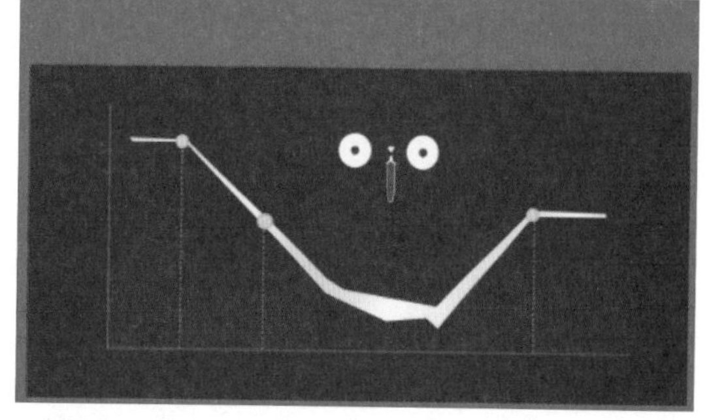

步骤 15 双击“图层7”的缩览图，在弹出的“图层样式”对话框左侧勾选“外发光”选项，在右侧的面板内更改各项参数，设置外发光的颜色为黄色（R255、G206、B56），效果如下图所示。

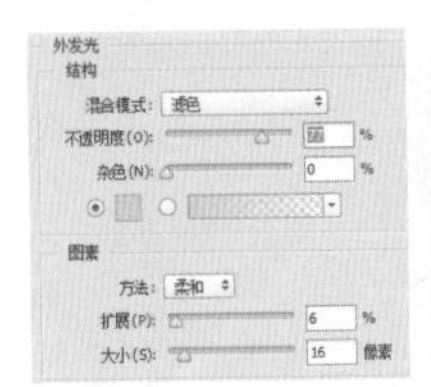

步骤 16 使用圆角矩形工具在天猫图案的下方绘制一个圆角矩形路径，按快捷键 Ctrl+T 生成自由变换框，将圆角矩形旋转一定角度，使其挡住天猫图案缺失的下半部分，如下左图所示。按 Enter 键确认变换，再按快捷键 Ctrl+Enter 将闭合路径转化为选区，如下右图所示。

步骤 17 在“图层”面板中创建“渐变填充”调整图层，按下左图在“渐变填充”对话框中设置参数，其中渐变的颜色按下右图设置。

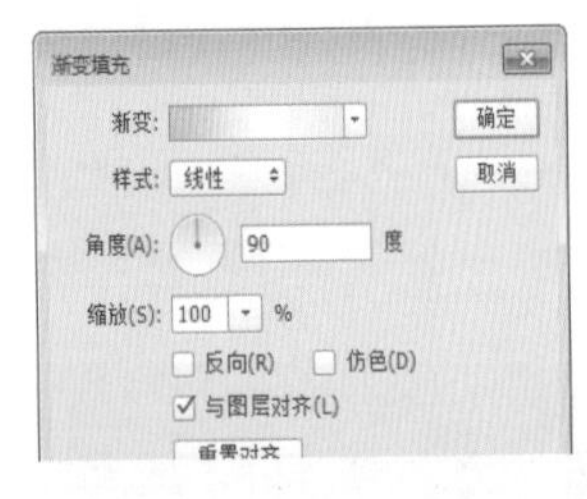

完成后在选区中生成如下图所示的渐变圆角矩形图案，作为促销文字的背景标签。

步骤 18 打开素材文件“电视 .png”，将其中的电视机图像拖动至本案例的 PSD 文件中，生成“图层 8”。将电视机图像放置在刚才绘制的圆角矩形图案下方，如下左图所示，然后使用多边形套索工具沿着电视屏幕的内侧绘制矩形选区，新建“图层 9”，对矩形选区填充黄色（R255、G246、B0），如下右图所示。这样做是为了将屏幕的形状提取出来，方便之后添加图案的操作。

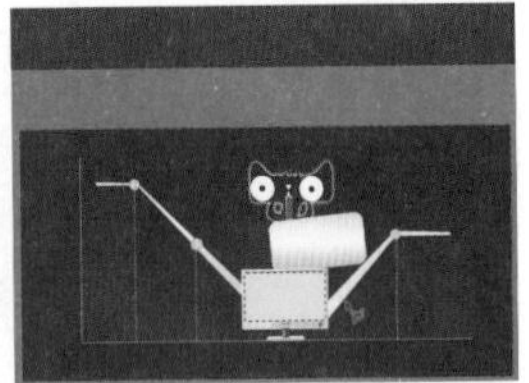

步骤 19 打开素材文件“花 .jpg”，将其拖动至本案例的 PSD 文件中，生成“图层 10”，位于“图层 9”上方。按快捷键 Ctrl+Alt+G 创建剪贴蒙版，将花图像显示在屏幕的形状内。按快捷键 Ctrl+T，适当调整花图像的大小，如下图所示。走势图上的图案部分便制作完成了。

步骤 20 在“图层”面板中新建“组 3”，在该组内添加走势图上的文字。使用横排文字工具在天猫图案上方单击输入文字，选中文字后在“字符”面板内设置文字字体、大小等，颜色设置与上方红色底色一致，如下图所示。

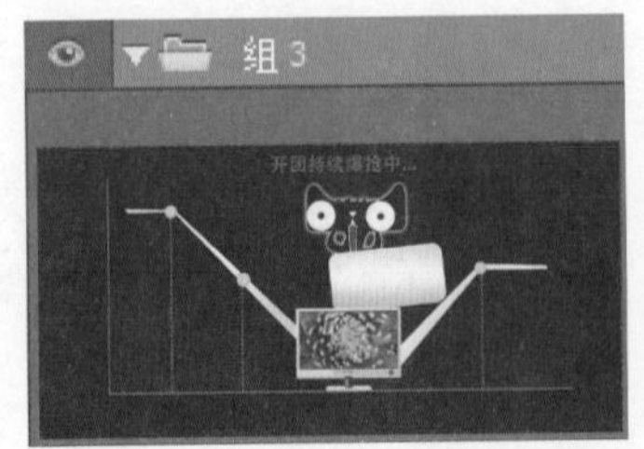

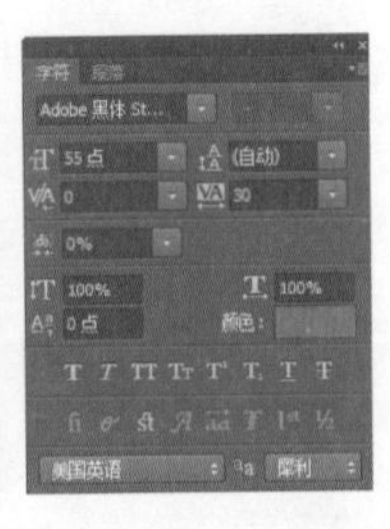

步骤 21 继续使用横排文字工具在圆角矩形图案内部单击输入文字，选中文字后在“字符”

面板内设置文字字体、大小、字距等，颜色更改为暗红色（R47、G12、B0），设置完成后，按快捷键 Ctrl+T 在文字上生成自由变换框，将文字旋转一定角度，按 Enter 键确定操作，使文字与圆角矩形保持平齐，如下图所示。

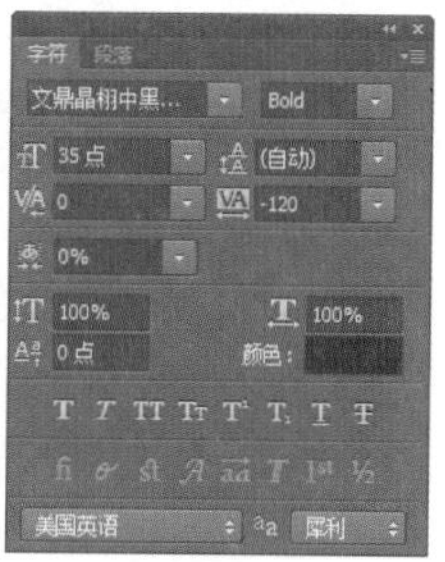

步骤22 继续使用横排文字工具在文字“数量有限赶紧抢！”的左下方输入人民币符号，更改符号的颜色为红色，并同样旋转一定角度，如下图所示。

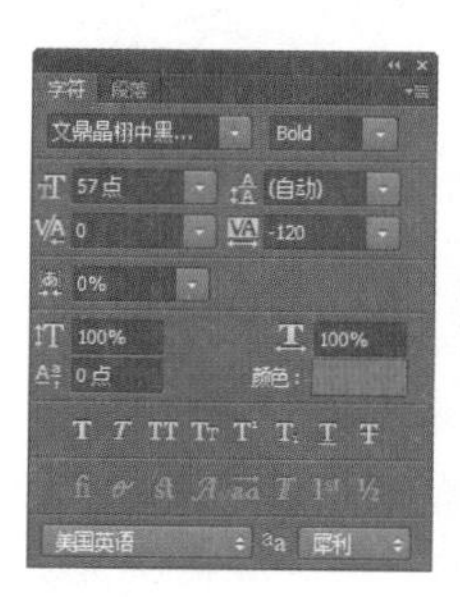

步骤23 在人民币符号的右边使用横排文字工具输入数字“299”，选中数字后在“字符”面板内更改数字的大小、字体等，并同样旋转一定角度，使数字填满圆角矩形图案，变得更加醒目，如下图所示。

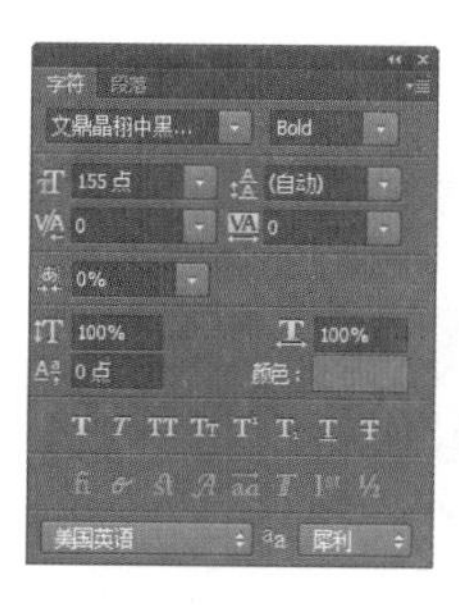

步骤24 继续在电视机图像下方使用横排文字工具单击输入文字，选中文字后在“字符”面板内设置文字字体、大小、字距等，单击“仿粗体”按钮，将文字笔画加粗，文字颜色更改为黄色（R255、G233、B30），如下图所示。

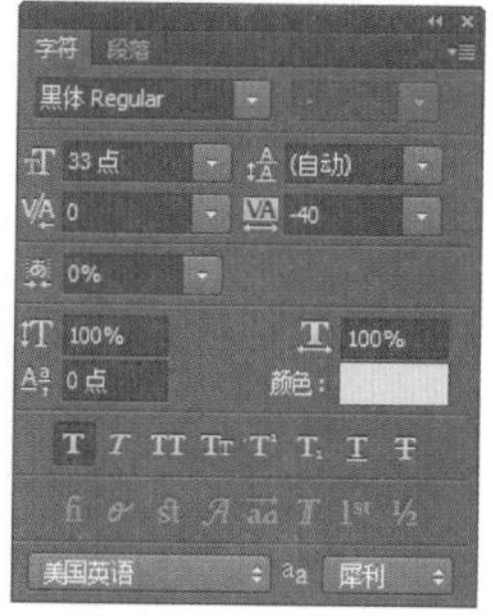

步骤25 在“图层”面板中按住 Alt 键双击该文字图层的缩览图，在弹出的“图层样式”对话框左侧勾选“外发光”选项，在右侧的面板中设置外发光的各项参数，如下左图所示，其中外发光的颜色为深红色（R186、G0、B0）。完成后单击“确定”按钮，效果如下右图所示。

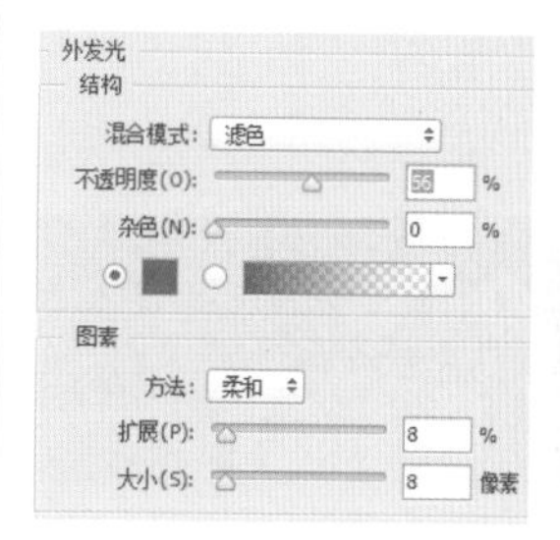

步骤26 使用横排文字工具在走势图的节点上方单击输入人民币符号，选中文字后在“字符”面板内设置文字字体、大小、字距等，文字颜色更改为浅黄色（R255、G246、B216），如下图所示。

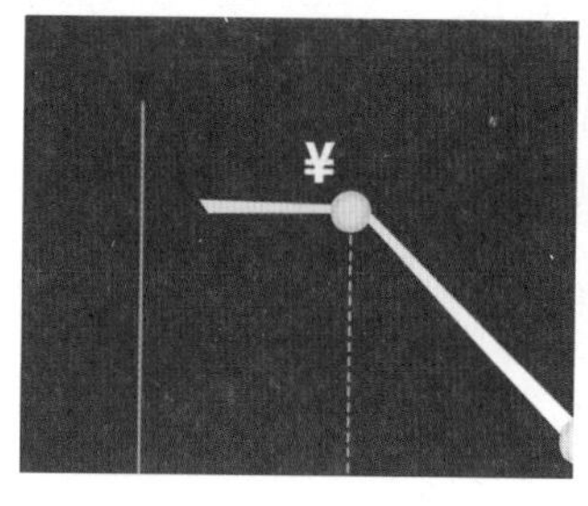

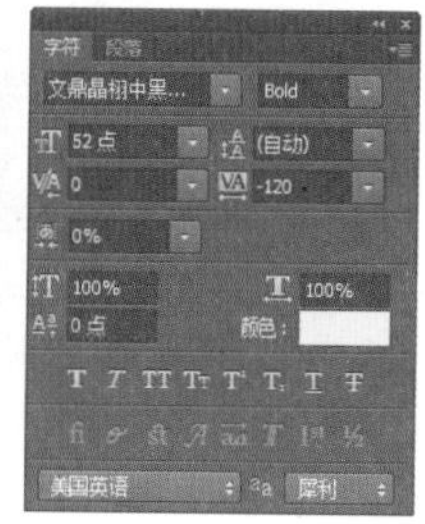

继续在后方单击输入数字“899”，选中文字后在“字符”面板内设置文字字体、大小、字距等，文字颜色与前方的符号保持一致，如下图所示。

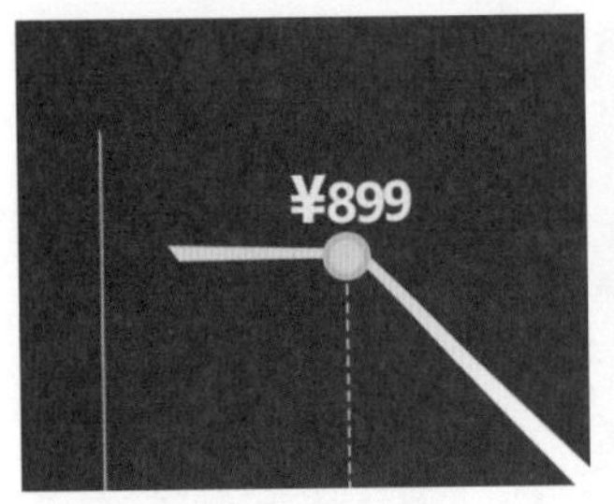
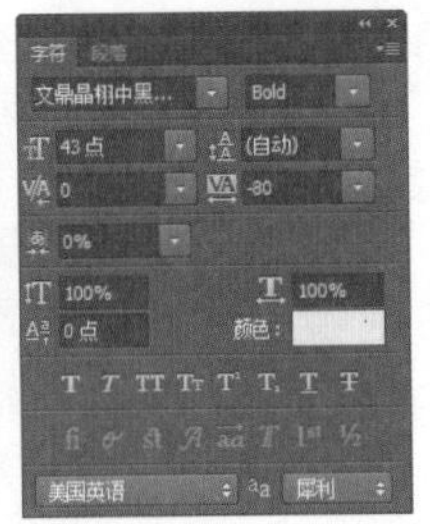

步骤27　按住 Ctrl 键在“图层”面板中选中人民币符号所在的图层和数字所在的图层，选择移动工具，按住 Alt 键，然后按住鼠标左键将符号与数字拖动至第二个节点附近，如下图所示。

在“图层”面板中自动生成了这两个文字图层的拷贝图层，选择数字所在图层，更改数字为“399”，效果如下图所示。

步骤28　重复上一步的操作，将符号与数字向右拖动复制至第三个节点附近，然后更改数字为“XXX”，如下图所示。走势图上的价格文字部分便制作完成了。

步骤29　接着制作走势图横轴下方的文字。使用横排文字工具在第一条虚线与横轴交点的下方单击输入文字“专柜价”，选中文字后在“字符”面板内设置文字字体、大小等，设置文字颜色为白色，单击“仿粗体”按钮将文字笔画加粗，如下图所示。

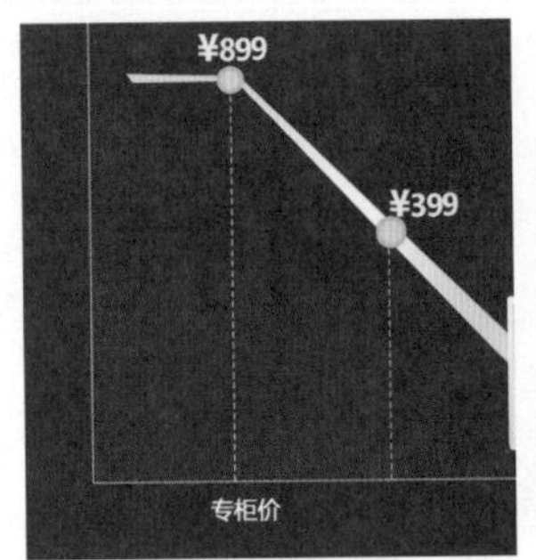
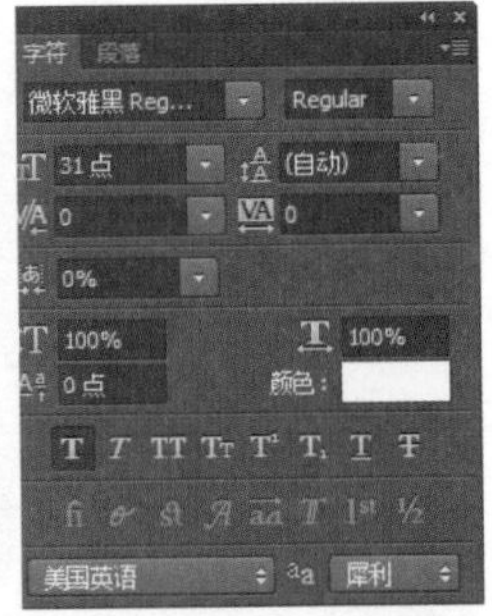

步骤30　选择移动工具，按住 Shift+Alt 键，然后按住鼠标左键将文字“专柜价”拖动复制至第二条虚线与横轴交点的下方，重复此操作，将文字拖动复制至第三条虚线与横轴交点的下方，如下图所示。

分别更改文字内容，如下图所示。走势图横轴下方的文字部分便制作完成了。

步骤31　在“图层”面板中新建“组 4”，在这个组内添加其他文字信息。使用横排文字工具在黄色圆角矩形图案上方单击输入文字“郑重致歉”，选中文字后在“字符”面板内更改文字的字体、大小、字距等，设置文字颜色为白色，使其在暗色的底色上更加醒目，如下图所示。

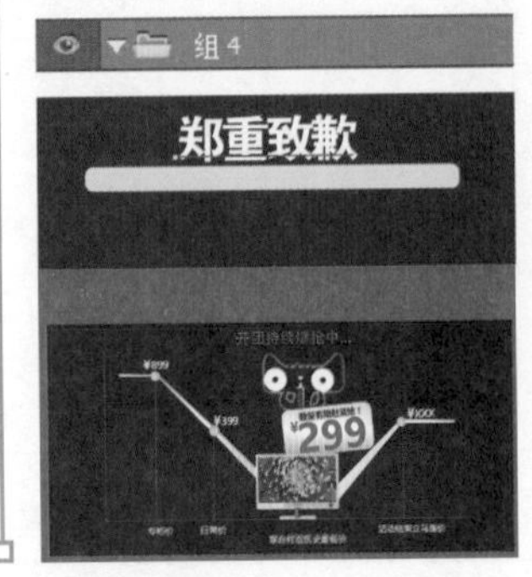
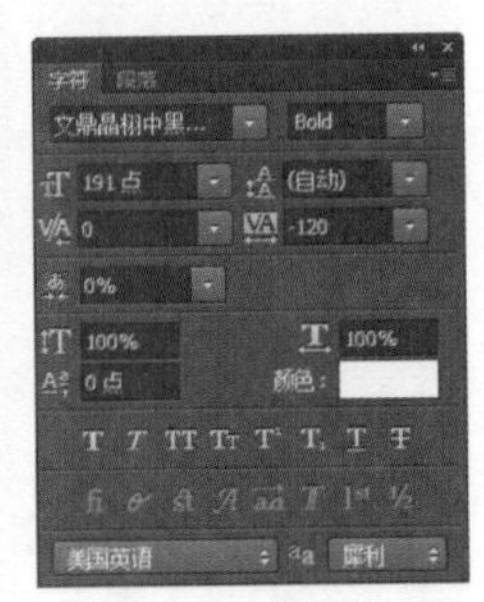

步骤32 在文字后方使用横排文字工具输入感叹号，选中感叹号后在“字符”面板中调整感叹号的大小等，使其与文字大小均衡，如下图所示。

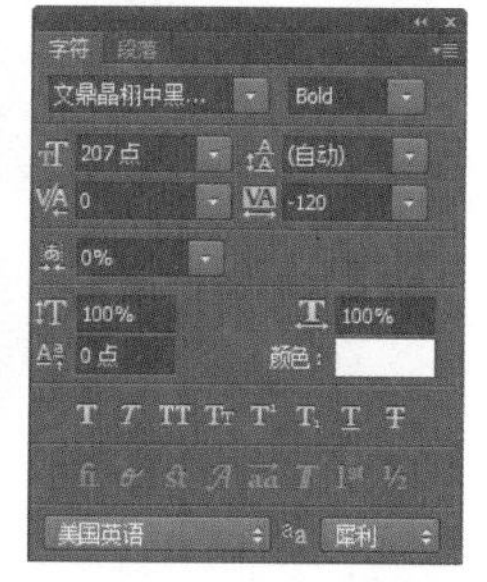

步骤33 继续使用横排文字工具在黄色圆角矩形内单击输入文字，选中文字后在“字符”面板中设置文字字体、大小等，更改文字颜色为背景的暗红色，如下图所示。

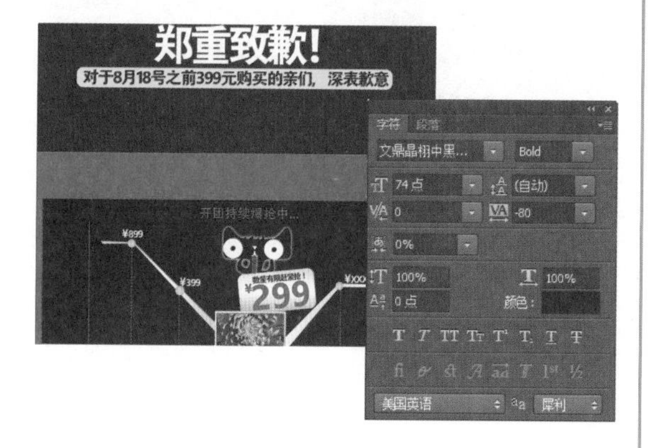

步骤34 使用横排文字工具选中文字“399元”，在“字符”面板内更改颜色为红色，使价格信息更加醒目，如下图所示。

步骤35 使用横排文字工具在黄色圆角矩形下方单击输入文字，选中文字后在“字符”面板内更改文字字体、大小、字距等，设置文字颜色为白色，与文字“郑重致歉！”的颜色一致，如下图所示。

步骤36 使用横排文字工具继续在下方输入文字，选中文字后在“字符”面板中设置文字字体、大小等，文字颜色设置为白色，如右图所示。重新选中文字“818年中大促过后，”，在“字符”面板内更改文字的颜色为黄色，使这部分文字更加醒目，如下图所示。

步骤37 在红色底色上使用横排文字工具单击输入文字，选中文字后在“字符”面板内按右图更改文字的字体、大小、字符间距等，设置文字的颜色为白色，与最上方的文字“郑重致歉！”的颜色一致，文字设置得较大，通过大与小的对比使文字更有设计感，如下图所示。

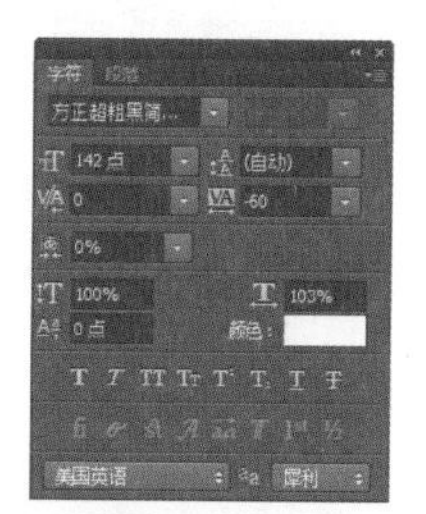

步骤38 按住Alt键双击该文字图层的缩览图，在弹出的“图层样式”对话框左侧勾选“渐变叠加”选项，在右侧面板中“渐变”选项后单击颜色渐变条，在弹出的“渐变编辑器”对话框中单击“预设”后的扩展按钮，在弹出的快捷菜单中选择“金属”选项，如下左图所示。在弹出的提示框中单击“确定”按钮，在预览框内出现金属渐变的选项，选择第一个“黄铜色”渐变颜色，单击“确定”按钮，如下右上图所示。继续在“图层样式”对话框中设置参数，如下右下图所示。

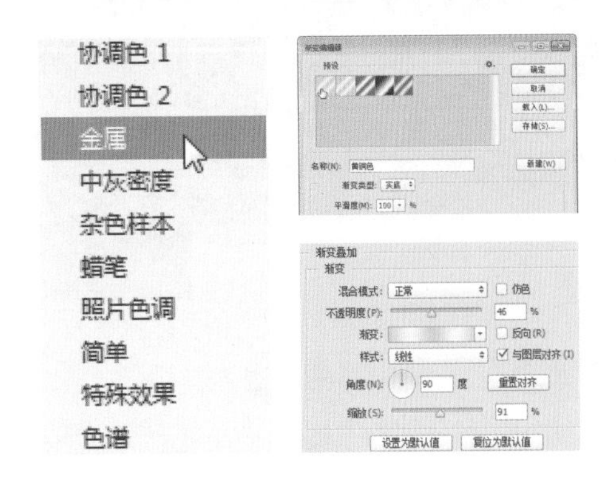

设置完毕后，单击“确定”按钮，为文字添加金属渐变效果，如下图所示。

步骤39　按住 Ctrl 键单击文字图层的图层缩览图，载入文字选区，如下图所示。

在文字图层下方新建空白图层，对选区填充背景的暗红色，再使用移动工具将这一图层向下、向右移动一点距离，使其成为文字的投影，增强文字立体感，如下图所示。

步骤40　打开素材文件“光 1.png”，将其拖动至本案例的 PSD 文件中，生成新的图层，将其移动至“降”字上方，更改图层的混合模式为“滤色”，为文字添加发光效果，如下左图所示。继续在文字图层上方新建一个空白图层，对其填充黑色，更改图层的混合模式为“滤色”，然后执行“滤镜 > 渲染 > 镜头光晕”命令，按下右图设置参数，单击“确定”按钮。

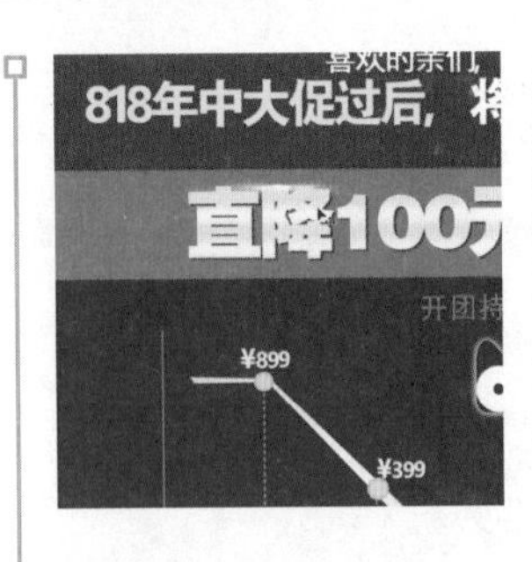

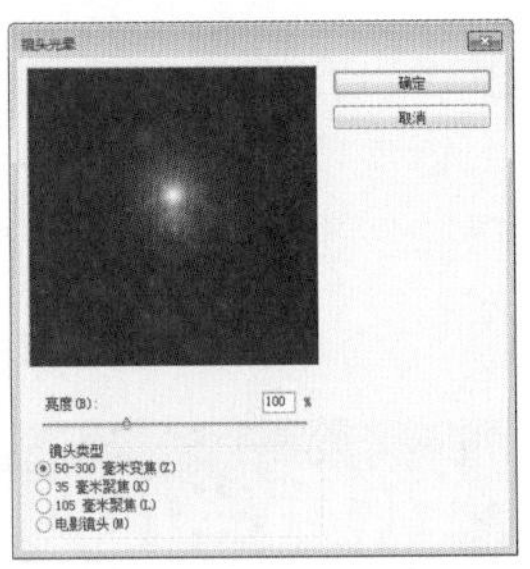

步骤41　此时画面中出现较大的光晕效果，如下左图所示。按快捷键 Ctrl+T 在光晕上生成自由变换框，按住 Shift 键拖拉节点，将光晕适当缩小，并移动至“降”字上方，制作出文字的反光效果，如下右图所示，按 Enter 键确定变换。

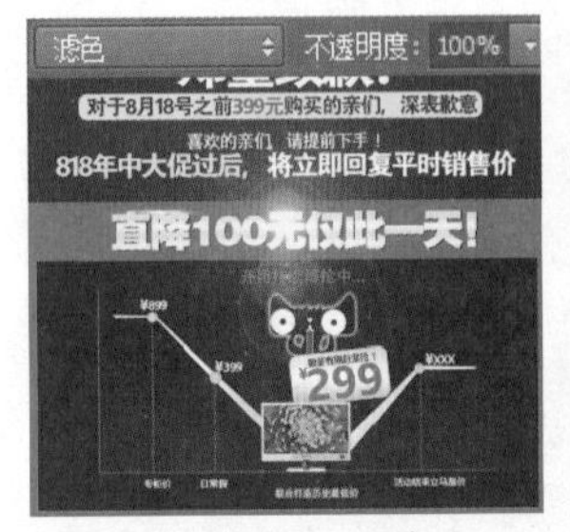

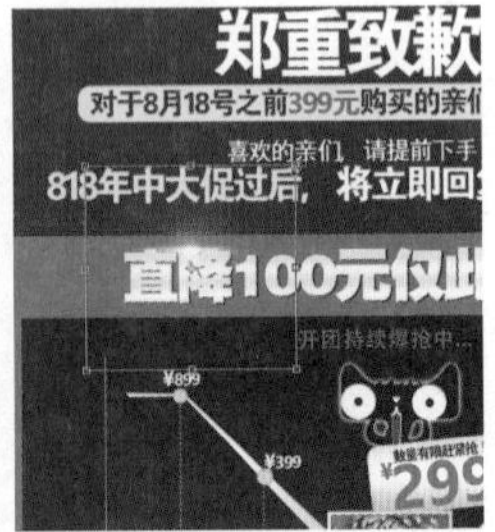

步骤42　打开素材文件“光 2.png”，将其拖动至本案例的 PSD 文件中生成新的图层，将其移动至“此”字下方，然后更改图层的混合模式为“滤色”，完成后按快捷键 Ctrl+J 复制图层，使光线的效果更加明显，如下图所示。至此便完成了直通车图片的制作。

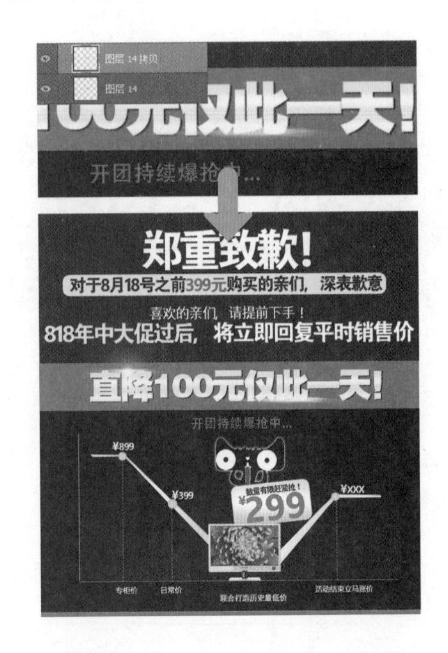

第9章

找准痛点，让设计直击人心

在电商的视觉营销中，通过视觉表达去揭示消费者的痛点，能让他们印象深刻；此外，有时商家自揭“伤疤”也能换来同情，从而促进销售。

9.1 戳中痛点，制造营销的噱头

痛点是指消费者可能遇到的各种困扰。痛点思维就是先戳中消费者的痛点，让他们感觉到“痛”，再告诉他们“痛”的原因，最后提出解决或改善“痛”的方法。这种思维早就被用在了平面广告之中。

如下所示为两则公益广告作品。左图是一则揭示“二手烟”危害的公益广告，孩子是父母的心头肉，孩子难受父母心里更难受，当他们看到儿童在烟雾笼罩下因窒息而痛苦不堪的画面后，或许就会被震撼，认识到“吸烟不仅仅是自杀，也是谋杀”。右图是一则关于交通安全的公益广告，广告并没有正面叙述“超速驾驶”的危险性，而是通过展现一位妻子在家中独自垂泪的形象来戳中驾驶者的痛处，告诫他们“速度能带来伤害，超速驾驶时请想想家人”。

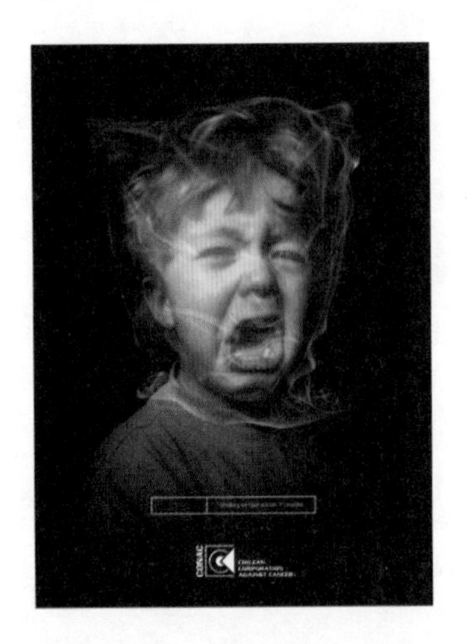

电商的目标是将商品卖出去，那么同样可以在制造痛点后消除痛点，让商品与消费者的需求达成一致，使消费者产生共鸣，最终达到销售的目的。此外，商家并不一定总是展示积极的一面，有时适当“消极”地表现自己的痛处来制造营销的噱头，也能带来意想不到的效果。下面就来分别详细讲解。

9.2 让消费者了解商家的“痛”

如下左图所示是常见的广告促销图片的表现形式——正面告知消费者促销的内容。而如右图所示的商品主图除了使用醒目的文案来传达优惠信息外，还通过嘟嘴哭泣的儿童形象来突显商家的“忍痛”感，从另一方面让消费者感受到优惠的力度——商家心痛地哭了。这种表现方式显然更加生动、有趣。

如下图所示为某商品详情页中的信息说明图片，它通过泪如泉涌的卡通人物暗示消费者：“这一次真的很便宜，掌柜都哭了，挥泪甩卖了”。

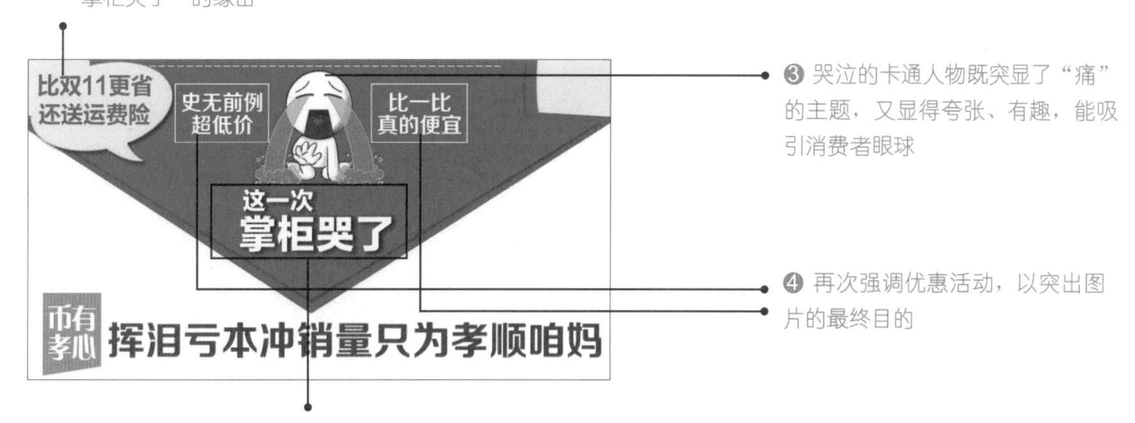

❷ 采用较大的文字突显“痛”的主题，能在一定程度上引发消费者的好奇心，促使他们追寻“掌柜哭了”的缘由

上述案例中，商家在平铺直叙的基础上，通过向消费者展示自己的“痛”，进一步强调了优惠的力度，这样的表现方式更加生动和富有趣味，更能打动和说服消费者。

向消费者展示“痛”除了用于突出优惠活动以外，还能用于有效地争取消费者的理解与支持。如下左图所示，商家在表述“薄利多销”这一事实时，语气直接、生硬，消费者看到后不仅不会同情和理解商家，反而会心生不快，从而放弃购买。下右图则为某自主设计创意店铺的信息说明图片，以漫画的形式诉说了商家的“痛”：商家自主设计与生产商品不易，确实没有议价的余地了。轻松诙谐、富有亲和力的表达不会引起消费者的反感，反而能有效唤起消费者的同情，争取到他们的理解与支持。

上帝们！别议价！

本店薄利多销，不接受各种形式的议价、砍价与还价，要谈价格的请绕道！

又如，有机蔬菜的价格通常要比普通蔬菜高出许多，为了让消费者感到“贵得有道理”，除了从正面介绍有机蔬菜的营养价值或店铺获得的有机食品认证外，还可以展示有机蔬菜的生产与

配送过程的艰辛，让消费者直观地感受和理解商家的“痛”，从而给予商家更多的信任与支持，如下图所示。

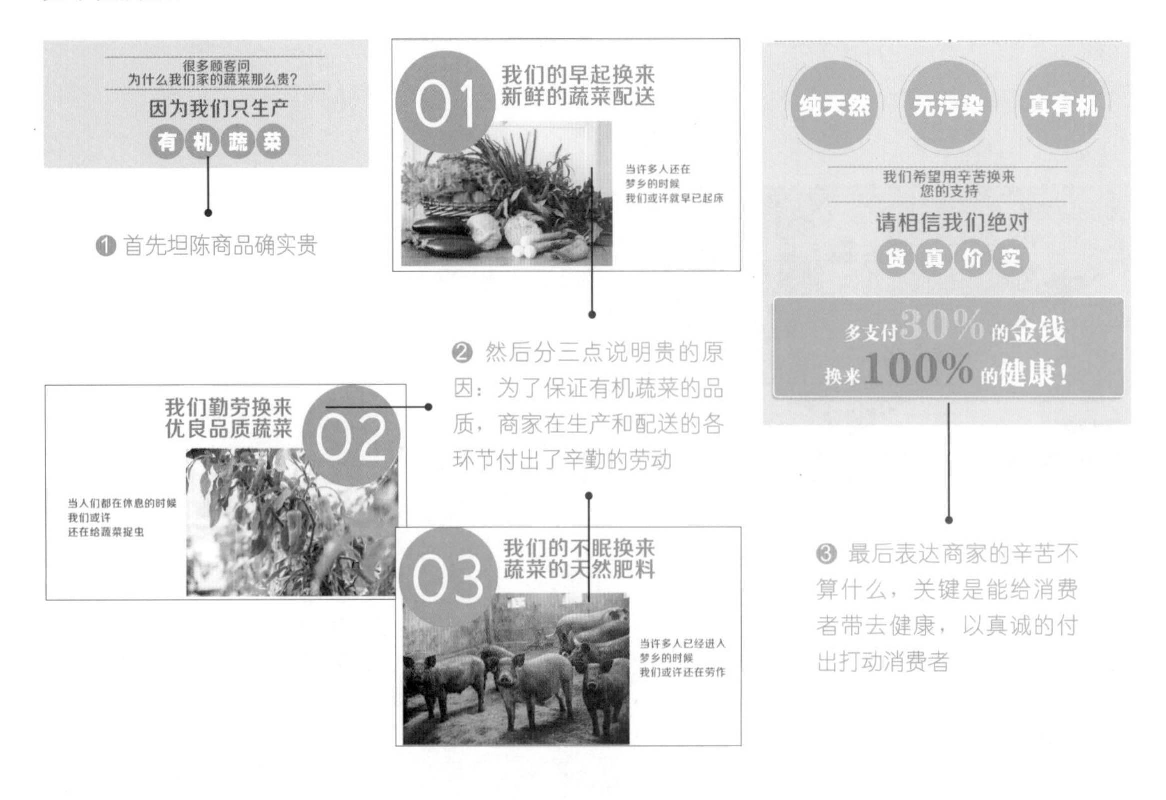

9.3 从消费者的痛点开始设计

这里所说的痛点其实就是消费者在生活中遇到的某些困扰，而商家的商品如果可以在一定程度上消除这些困扰，或者根据这些困扰做出了改进，就能比较有效地引发消费者的购买欲望。在电商视觉营销中需要注意的是，呈现痛点并不是去“揭伤疤”，而是告知消费者商品可以解决他们的困扰，让消费者更直观地捕捉到商品带给他们的利益点。

如下图所示的淘宝直通车主图表现的是一款保湿抗皱化妆品，商家并没有直接展示商品的包装和功效，而是通过展示消费者的痛点间接表明商品的功效。

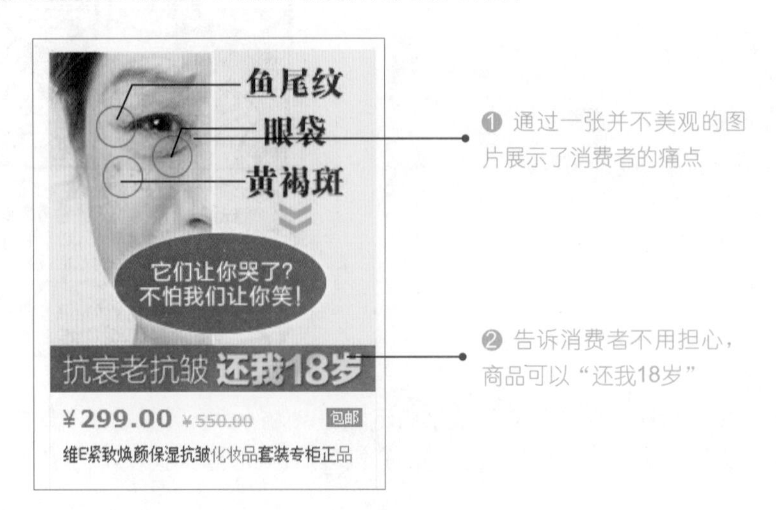

如下图所示的某化妆品的商品详情页同样是以痛点为突破口，让消费者能够直观了解商品的功效。

❶ 首先分析受众群体可能会遇到的各种问题，也就是痛点。分点陈述及图文结合的形式，让痛点的展示显得井井有条

❷ 进一步分析这些痛点的成因和解决办法，并用具有科技感的图片展示出来，提升了详情页的专业感

❸ 最后用较大的篇幅展示商品，并告知消费者这款商品可以解决上述痛点，让消费者直观了解商品的功能，并让商品的形象更加深入人心

下图这款口罩的最大功能亮点是隔离污染的空气，因此，从“担心吸入污染的空气影响身体健康”这一痛点出发，便能很好地吸引消费者关注。

❶ 首先说明当下人们的生活环境，起到提示的作用。这部分画面主要采用黑白色调，以烘托焦虑、担忧的情绪

❷ 马上引入商品，告知消费者这款口罩可以带来健康的呼吸。以蓝天白云为背景的画面清新宜人，在视觉上起到烘托和暗示作用

利用痛点介绍商品前需要分析商品的受众群体。如下图所示，根据这款口罩的设计亮点“鼻梁条”，分析出其针对的戴眼镜人群的痛点，可以让商品的特色更突出。

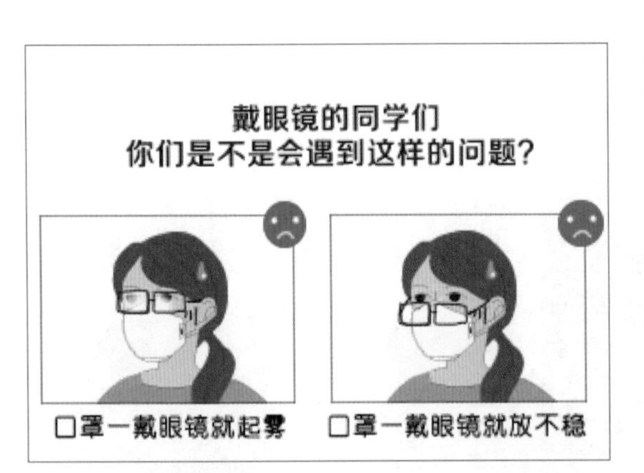

分析受众群体有时还要分清商品的使用者和购买者。如下图所示的儿童退热贴的使用者为儿童，但是儿童一般没有能力网购，该商品的购买者通常都是儿童的父母。因此，在展现痛点时就要站在父母的角度诉说他们面对孩子病痛时的担心与焦急，这样更能引起他们的共鸣，引导他们对商品产生了解的兴趣和购买的欲望。

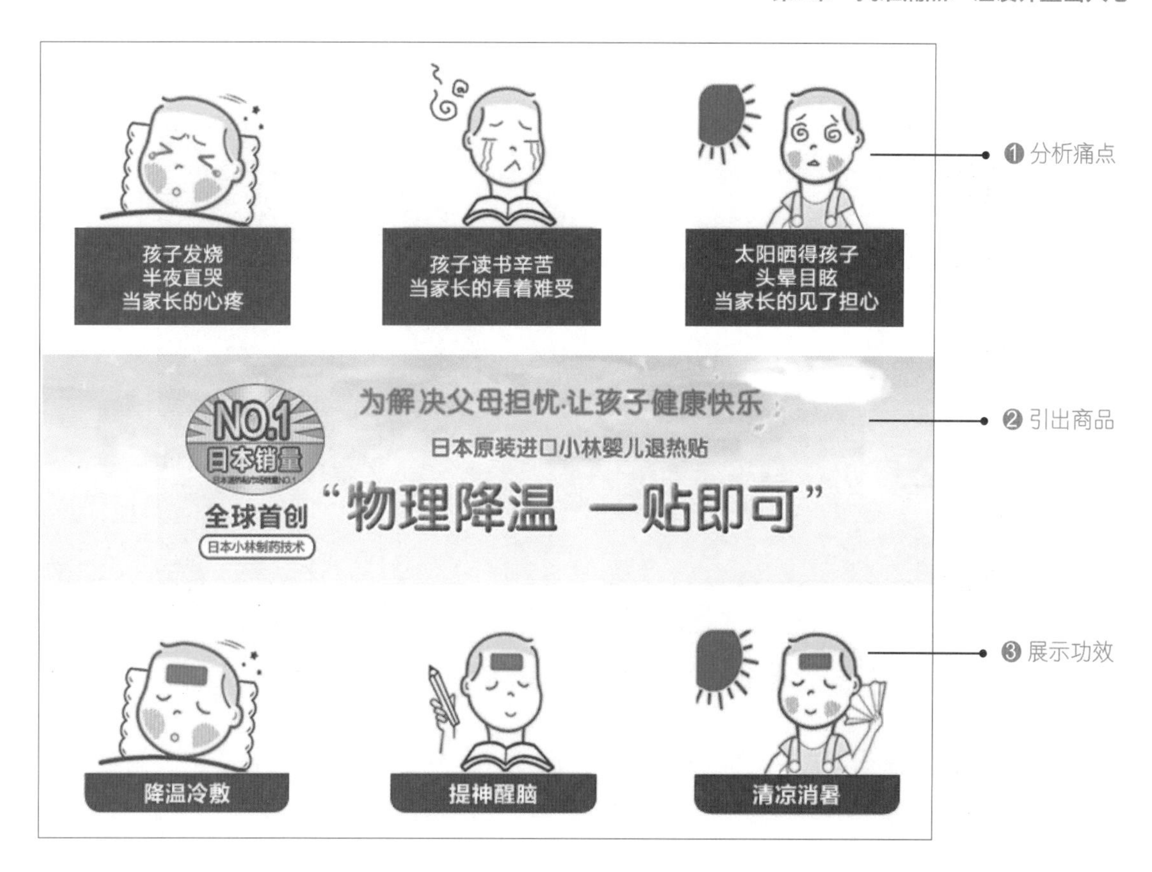

案例1　商品详情页中的痛点信息说明图片设计

初步构想

❶本案例要设计的是商品详情页中的痛点信息说明图片，图片的主题自然是强调“痛”，文案要围绕“价格超低，所以掌柜很心痛”进行设计。文案的表述方式多种多样，总之只要痛点信息传递准确，就会引发消费者进一步了解的兴趣。

❷围绕痛点挑选素材来支撑文案是接下来要考虑的问题。合适的素材可以大大增强图片的感染力。

灵感发散

痛点信息说明图片

- 向消费者展示掌柜的“痛”
  - 用醒目的文字“这一次掌柜哭了”吸引消费者的视线，引发消费者的疑惑——“为什么哭了？”，从而吸引消费者继续阅读
  - 消费者读完其余文字便会明白，原来是商品甩卖的价格低到掌柜都心疼地哭了，他们自然会认为现在购买是很划算的
- 用合适的素材突出痛点
  - 选择哭泣的女孩图像放在文案旁边，契合“掌柜哭了”的主题，使画面的视觉传达更加生动有趣

操作解析

素　材：随书资源\素材\09\背景.png、女孩.png

源文件：随书资源\源文件\09\商品详情页中的痛点信息说明图片设计.psd

步骤01 本案例要制作的是商品详情页中的痛点信息说明图片，尺寸要求是宽 950 像素、高不限。这里同样按照之前的做法，在 Photoshop 中新建一个尺寸更大的文件，如下图所示。

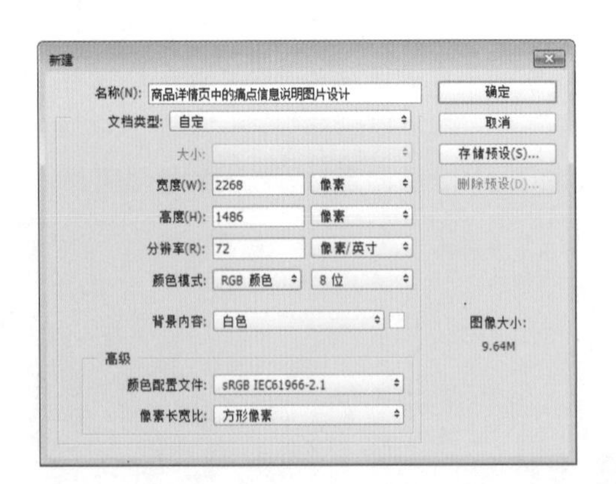

步骤02 单击“图层”面板底部的“创建新的填充或调整图层”按钮，在弹出的快捷菜单中选择“渐变”命令，打开“渐变填充”对话框，单击对话框中的渐变色条，在“渐变编辑器”中设置如下左图所示的渐变颜色，其余选项如下右图所示，完成后单击“确定”按钮。

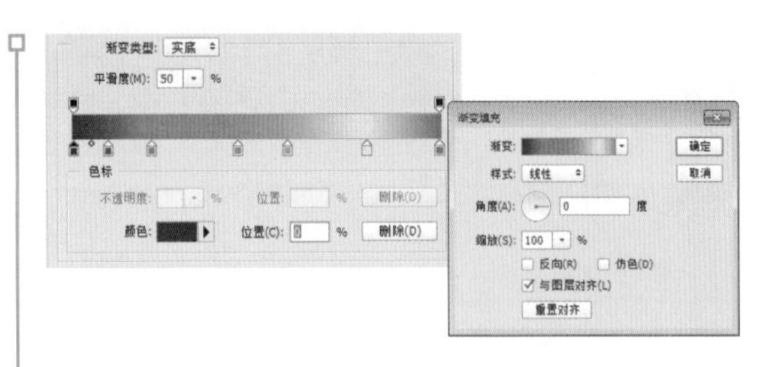

制作出如下图所示的渐变颜色作为背景。

步骤03 打开素材文件“背景 .png”，将其拖动至本案例的 PSD 文件中生成“图层 1”，更改该图层的混合模式为“滤色”，发现光影的痕迹太强了，如下图所示。

所以接着更改“图层1”的“不透明度”为30%，然后为该图层添加图层蒙版，选择画笔工具，设置前景色为黑色，在蒙版中对底部及边缘的光影进行涂抹，使光影的效果减淡，如下图所示。

步骤04 再创建一个“渐变填充”调整图层，在弹出的“渐变填充”对话框中选择“前景色到透明渐变”，设置“样式”为“径向”、“缩放”为258%，同时勾选“反向”复选框，如下左图所示。完成后单击“确定”按钮，为背景添加暗角效果，使画面中的主体更加突出，如下右图所示。

步骤05 新建“组1”，用于管理图案部分的图层。在该组内新建“图层2”，使用矩形选框工具在画面底部绘制矩形选区，并对选区填充紫色（R67、G7、B61），如下图所示，完成后取消选区。

步骤06 继续在该组内新建“图层3”，使用矩形选框工具在画面中绘制矩形选区，并对选区填充黑色，如下左图所示。取消选区后，双击该图层的缩览图，在弹出的“图层样式”对话框左侧勾选“渐变叠加”选项，然后在右侧单击“渐变”选项后的渐变色条，弹出“渐变编辑器”对话框，在这个对话框中设置紫色到红色的渐变色，如下右图所示。

完成后单击“确定”按钮，为黑色矩形添加渐变颜色效果，如下图所示。

步骤07 按快捷键Ctrl+J复制“图层3”生成“图层3拷贝”，将拷贝图层移至“图层3”下方。按快捷键Ctrl+T在矩形图案上生成自由变换框，按住Shift+Alt键向外拖动其中一个节点，

将矩形图案适当放大一些，如下图所示，然后按 Enter 键确定操作。

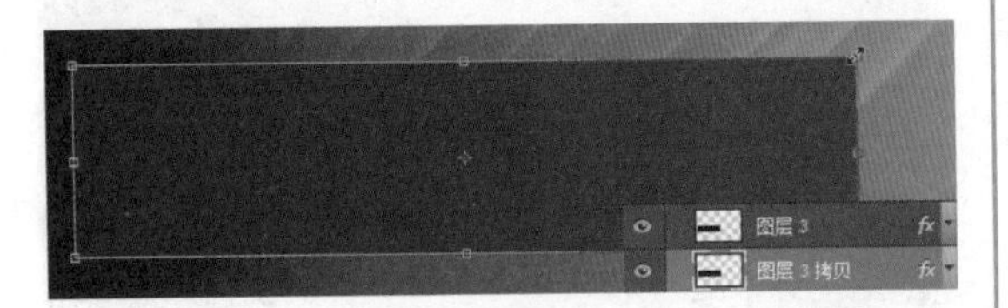

步骤08 设置前景色为黑色，然后双击“图层 3 拷贝”的缩览图，打开“图层样式”对话框，在左侧勾选“渐变叠加”选项，然后在右侧单击“渐变”选项后的渐变色条，打开“渐变编辑器”，选择“黑，白渐变”选项，返回“图层样式”对话框，更改“不透明度”为 100%、“样式”为“对称的”、“角度”为 0、“缩放”为 66%，如下图所示。

单击“确定”按钮，更改“图层 3 拷贝”中矩形图案的渐变效果，此时画面中的紫色渐变矩形看起来有了一个金属质感的边框，如下图所示。

步骤09 新建“图层 4”，在画面左下角绘制一个矩形选区，然后执行“选择 > 变换选区”命令，在选区上生成自由变换框。在变换框内右击，在弹出的快捷菜单中选择“斜切”命令，然后将右侧的边向上拖动，使矩形变成平行四边形，按 Enter 键确定操作后为选区填充黑色，如下左图所示。双击该图层的缩览图，在弹出的“图层样式”对话框中勾选“渐变叠加”选项，打开“渐变编辑器”设置渐变颜色，如下右图所示。

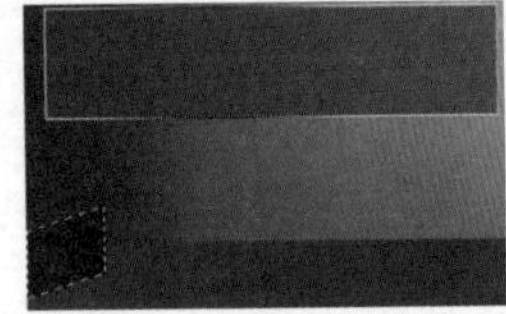
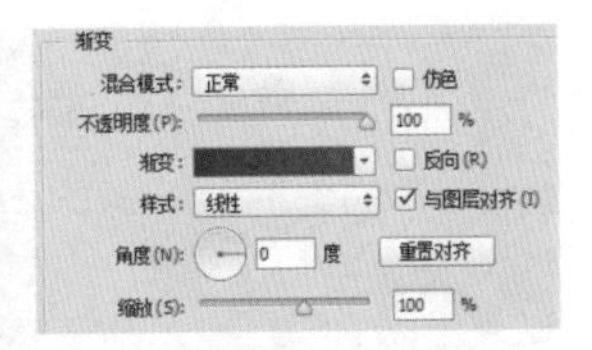

完成后单击“确定”按钮，为图案添加紫色渐变效果，如下图所示。

步骤10 新建“图层 5”，在画面底部绘制一个长条的矩形选区，选区的高度与左边的四边形一致，然后对选区填充黑色，取消选区后，双击该图层的缩览图，在弹出的“图层样式”对话框中勾选“渐变叠加”选项，更改渐变颜色，完成后单击“确定”按钮，使这一图案呈现光影渐变效果，如下图所示。

步骤11 新建“图层 6”，然后重复步骤 09 的操作，在画面右下角绘制一个平行四边形图案，如下图所示。

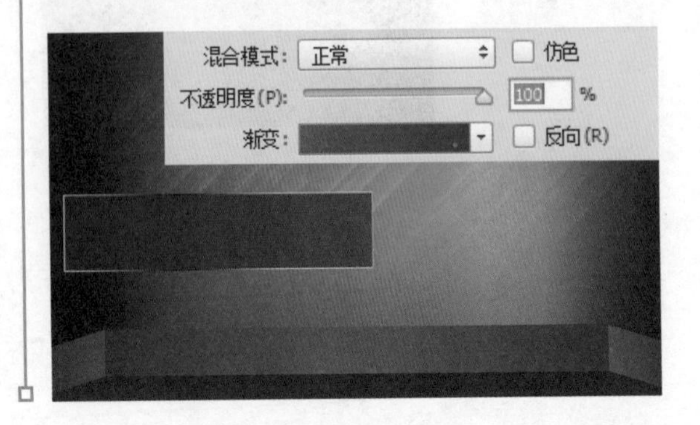

步骤 12　新建“图层 7”，使用椭圆选框工具在画面顶部绘制一个正圆选区，对其填充紫色（R96、G4、B87），取消选区后，使用钢笔工具在圆形图案的左下角绘制形状如下图所示的路径，转化为选区后对其填充相同的紫色，制作出会话气泡图案。

步骤 13　在“图层”面板中创建一个新组“组2”，用于统一管理图片中的文字图层。使用横排文字工具在会话气泡图案的左侧单击输入文字“这一次”，选中文字后在“字符”面板内调整文字字体、大小、字距等，更改文字颜色为白色，使文字变得醒目，如下图所示。

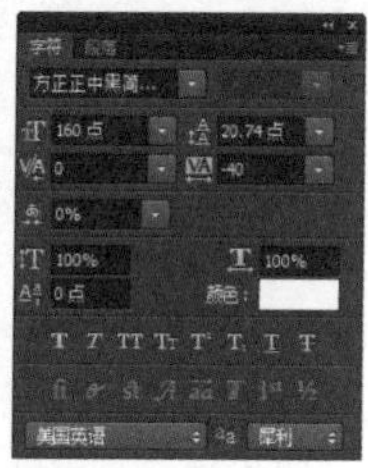

步骤 14　按快捷键 Ctrl+J 复制文字图层生成新的文字拷贝图层，在“图层”面板底部单击“添加图层样式”按钮，在弹出的菜单中选择“渐变叠加”命令，弹出“图层样式”对话框。在对话框右侧面板中更改渐变颜色为紫色到红色的渐变，如下左图所示；接着在左侧勾选“投影”选项并设置参数，如下右图所示。

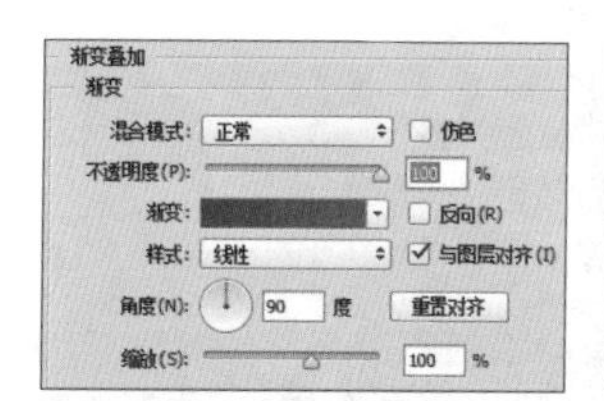

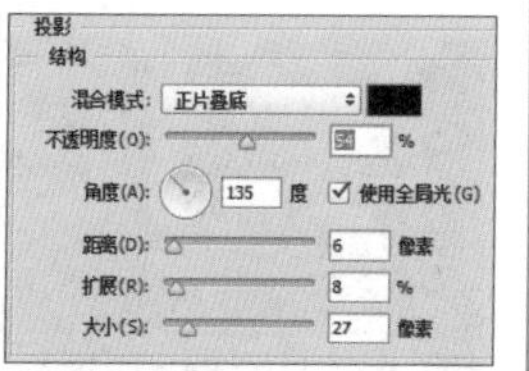

单击“确定”按钮，为文字添加渐变和投影效果，如下图所示。

步骤 15　在“图层”面板中将拷贝图层移至白色文字所在图层的下方，使用移动工具移动拷贝图层上的文字，使其成为白色文字的底色。接着选择白色文字所在图层，为其添加“渐变叠加”图层样式，在对话框右侧面板中设置一个灰色到透明的渐变颜色，并设置其他参数，使白色的文字更有立体感，如下图所示。

步骤 16　使用横排文字工具在文字“这一次”下方单击输入文字“掌柜哭了”，选中文字后在“字符”面板中设置文字的各项参数，这里把文字设置得很大，直接将痛点醒目地表达出来，如下图所示。

步骤 17　按快捷键 Ctrl+J 复制文字图层生成新的文字拷贝图层，按照之前的方法为拷贝图层添加“渐变叠加”和“投影”图层样式，如下图所示。

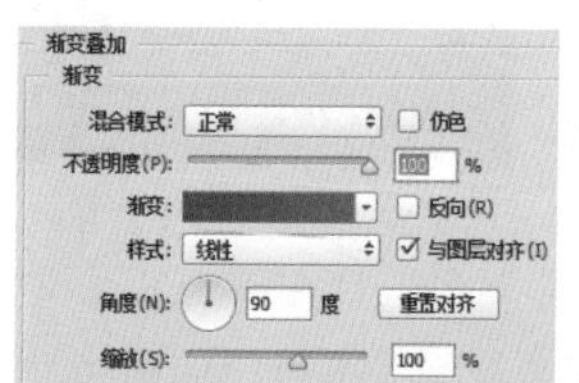

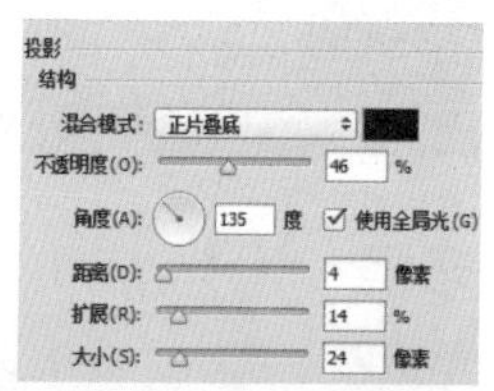

步骤 18 在“图层”面板中将拷贝图层移至白色文字所在图层的下方，使用移动工具移动拷贝图层上的文字，使其成为白色文字的底色。选择“这一次”白色文字所在图层，在图层上右击，在弹出的快捷菜单中选择“拷贝图层样式”命令，然后返回“掌柜哭了”白色文字所在图层，在图层上右击，在弹出的快捷菜单中选择“粘贴图层样式”命令，将灰色渐变的效果同样应用在这个文字图层之上，使文字更有立体感，如下图所示。

拷贝图层样式
粘贴图层样式
清除图层样式

步骤 19 使用横排文字工具在会话气泡图案内部单击输入文字“抄底价”，选中文字后在“字符”面板内设置文字的字体、大小、字距等，更改文字颜色为黄色（R253、G241、B130），如下左图所示。完成后按快捷键 Ctrl+J 复制文字图层，更改文字内容为“强势来袭”，选中文字后在“字符”面板内只调整文字大小，将文字移动至“抄底价”下方，排列在会话气泡图案内部，如下右图所示。

步骤 20 使用横排文字工具在下方矩形中单击输入文字，选中文字后在“字符”面板中调整文字字体、大小、字距等，然后为文字图层添加“投影”的图层样式，使文字更有层次感，如下图所示。

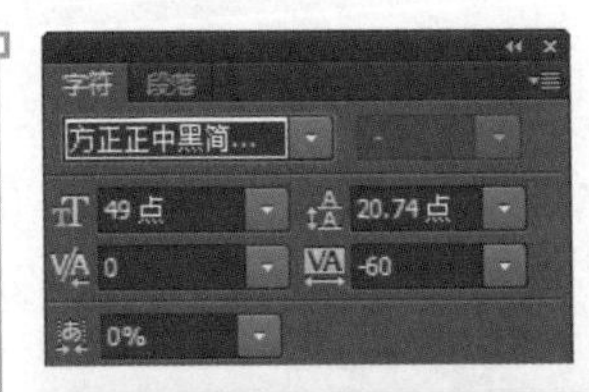

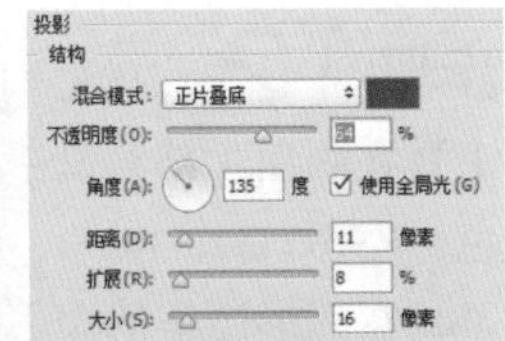

史无前例抄底价！亲，别故作淡定了！

步骤 21 继续在这一行文字下方输入文字“比一比！真的很便宜！”，选中文字后在“字符”面板中设置参数，让这一行文字比上一行文字更大，使画面的信息主次分明，如下图所示。

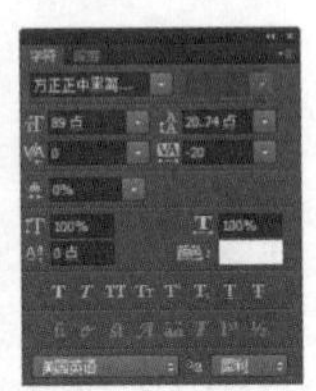

步骤 22 为上一步创建的文字图层添加图层样式：浅黄到深黄的“渐变叠加”，黑色的“描边”和“投影”。具体参数如下图所示。

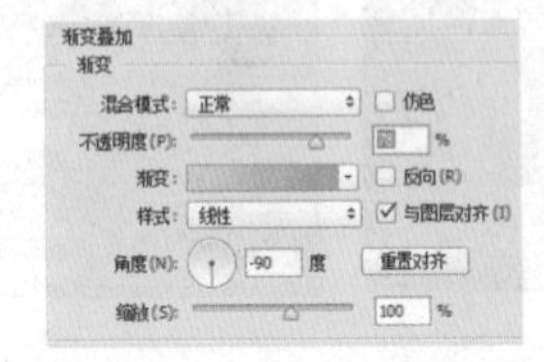

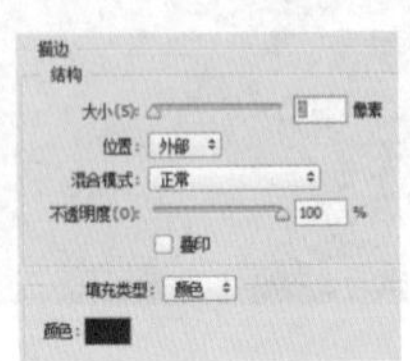

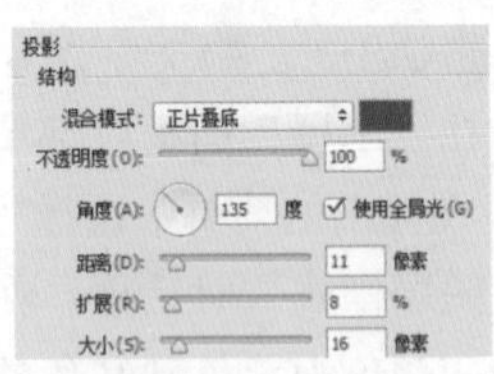

设置后的效果如下图所示，文字更具美感，同时更有视觉吸引力。

步骤23 继续使用横排文字工具在下方矩形中单击输入文字“挥泪甩卖第一波”，选中文字后在“字符”面板内更改文字字体、大小等，颜色设置为黄色（R255、G245、B103），如右图所示。因为黄色与紫色互为对比色，黄色的文字在紫色背景上更加醒目，具有视觉冲击力，能更好地吸引消费者视线。效果如下图所示。

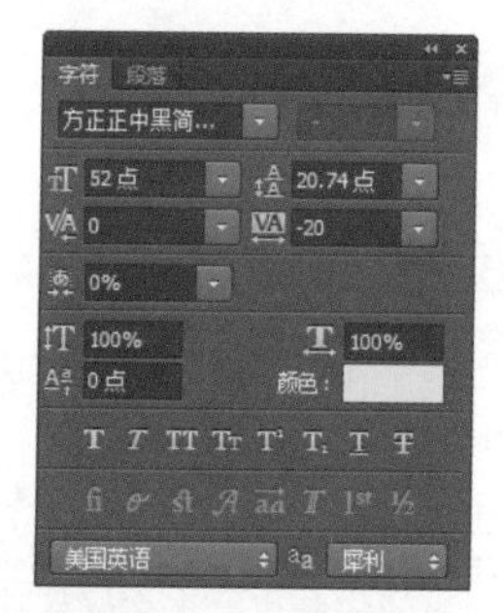

步骤24 使用横排文字工具在文字“挥泪甩卖第一波”后单击输入文字“镇店之宝　全网最低价”，选中文字后在“字符”面板内更改文字字体、大小等，颜色设置为白色，与上方的白色文字一致，如下图所示。文字的颜色不宜超过三种，否则画面会显得杂乱。

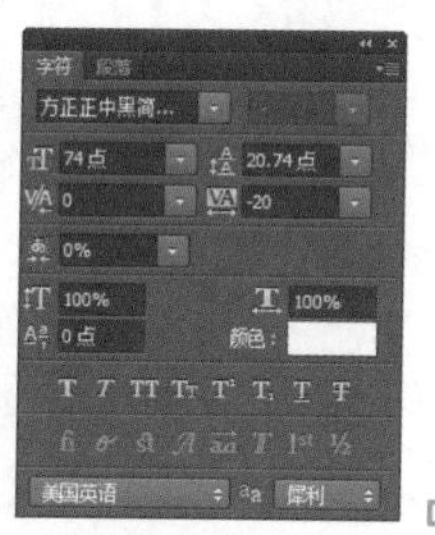

步骤25 新建一个空白图层，选择椭圆选框工具，按住Shift键在两行文字中间绘制一个正圆形选区，并对其填充红色（R244、G31、B128），如下图所示。

取消选区后，再新建一个空白图层，选择自定形状工具，在选项栏中选择“箭头9”形状，在圆形图案上绘制箭头形状后转化为选区并填充深紫色（R81、G3、B79），完善画面细节，如下图所示。

步骤26 在“图层”面板中选择“图层7”，打开素材文件“女孩.png”，将其拖动至本案例的PSD文件中，在“图层7”上方生成新的图层，再调整女孩图像至合适的大小和位置，如下图所示。至此，已完成本案例的制作。

案例2　化妆品商品详情页功效展示区设计

初步构想

上一案例是从卖家的痛点出发，本案例则从消费者的痛点出发，设计一款抗皱精华水的商品详情页功效展示区。

❶首先要分析商品受众的痛点是什么。需要使用这款商品的受众肯定是被相关的肌肤问题所困扰的，可以结合图片对问题进行放大，触动受众的痛点，使她们产生共鸣。

❷揭示了受众的痛点后还要针对这些痛点提出解决方案，让受众知晓这款商品可以解决这些肌肤问题。

❸接着就可以展示商品，并对商品的功效进行展开阐述，让受众进一步了解商品的功效，并对它产生信心，这样从痛点出发的设计方案就算成功了。

灵感发散

商品详情页功效展示区

- 以受众的痛点作为突破口
  - 以多张图片说明肌肤问题，直接触碰受众心中的痛点，让她们产生共鸣
  - 文案部分主要针对肌肤问题进行阐述，目的也是要直击受众心中的痛点，让她们意识到解决肌肤问题刻不容缓
- 对受众的痛点提出解决方案
  - 针对上一部分提到的肌肤问题，选择肌肤光滑润泽的模特图像，暗示商品的良好使用效果
  - 文案部分要对肌肤问题提出解决方案，“28天解决您的肌肤问题”让受众在“痛”中看到希望，结合循环图示，科学地展示肌肤的修复方案
- 展示解决痛点的商品功效
  - 对商品进行展示，结合水的图像暗示商品的保湿能力，再次通过肌肤状态完美的模特图像让受众产生“使用这款商品后我的皮肤也会这么好”的想法
  - 文案部分分别说明商品的几大功效，增强商品的专业感，树立受众对商品的信心

操作解析

素　材：随书资源\素材\09\人物1.jpg～人物8.jpg、水.png、箭头.png、化妆品.png

源文件：随书资源\源文件\09\化妆品商品详情页功效展示区设计.psd

步骤01 本案例要制作的是商品详情页中的功效展示区，尺寸要求是宽750像素、高不限。这里同样按照之前的做法，在Photoshop中新建一个尺寸更大的文件，如下左图所示。选择“背景”图层，设置前景色为紫色（R228、G233、B251），按快捷键Alt+Delete对“背景”图层进行填充，如下右图所示。

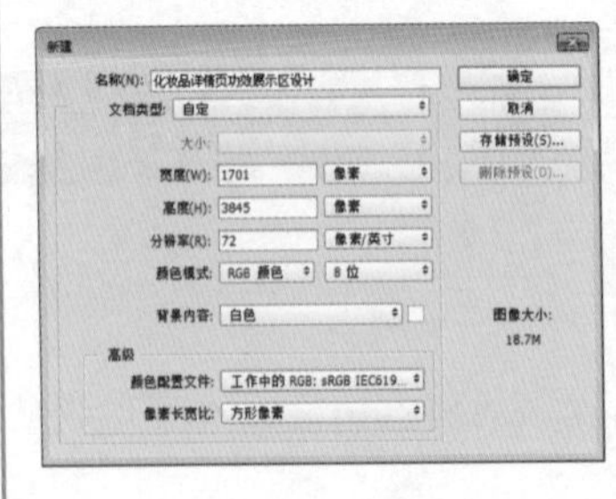

步骤02 在“图层”面板中新建“组 1”，后面将在这个组内制作画面上半部分的图案和文字。在该组内新建“图层 1”，设置前景色为紫色（R182、G197、B248），选择画笔工具，在选项栏中设置笔尖为“柔边圆”，“不透明度”和“填充”的参数设置得低一些，然后使用画笔工具在画面上半部分反复涂抹，绘制出深浅不一的紫色晕染图案，如右图所示。

步骤03 新建“图层 2”，选择多边形工具，在选项栏设置“边”为 6，然后在紫色晕染图案上绘制六边形路径，按快捷键 Ctrl+Enter 将路径转换为选区，对选区填充黑色。按 5 次快捷键 Ctrl+J，复制 5 个拷贝图层，使用移动工具分别移动这 5 个六边形至合适的位置，按快捷键 Ctrl+T 对六边形的大小进行调整，制作出如下图所示的图案效果。

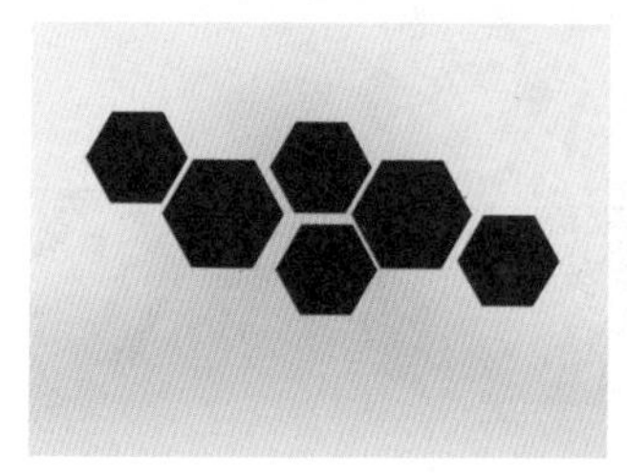

步骤04 选择“图层 2”，打开素材文件“人物 1.jpg”，将其拖动至本案例的 PSD 文件中生成“图层 3”。按快捷键 Ctrl+T 在人物图像上生成自由变换框，按住 Shift 键拖动其中一个节点，等比例调整人物图像的大小，如下左图所示。完成后按快捷键 Ctrl+Alt+G 创建剪贴蒙版，使人物脸部显示在第一个六边形图案的范围内，如下右图所示。

步骤05 选择“图层 2 拷贝”图层，打开素材文件“人物 2.jpg”，将其拖动至本案例的 PSD 文件中生成“图层 4”，如下左图所示。按快捷键 Ctrl+T 在人物图像上生成自由变换框，按住 Shift 键拖动其中一个节点，等比例调整人物图像的大小，完成后按快捷键 Ctrl+Alt+G 创建剪贴蒙版，使人物脸部显示在第二个六边形图案的范围内，如下右图所示。

步骤06 重复此操作，添加素材文件“人物 3.jpg”至“人物 6.jpg”，并创建剪贴蒙版使人物脸部显示在六边形图案范围内，从而更形象地说明肌肤问题。完成后效果如下图所示。

步骤07 按住 Ctrl 键在“图层”面板中选中所有的六边形图案及人物图像所在的图层，单击“图层”面板下方的“创建新组”按钮，将选中的所有图层合并为一个新的组“组 2”，如下左图所示。复制“组 2”生成“组 2 拷贝”组，右击“组 2 拷贝”组，在弹出的快捷菜单中选择“合并组”命令，将这个组中的图层合并为“组 2 拷贝”图层，如下右图所示。

步骤08 在“图层”面板底部单击“创建新的填充或调整图层”按钮，创建一个“曲线”调整图层，在弹出的“属性”面板内设置各个通道内的曲线，如下左图所示。调整的目标是使所有人物图像的色调统一偏向冷色，与背景色调相符，如下右图所示。

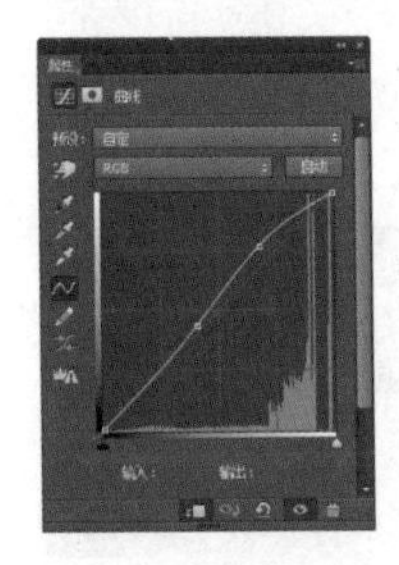

步骤09 新建一个空白图层，选择圆角矩形工具，在选项栏设置“半径”为30像素，在人物图像下方绘制一个圆角矩形路径，转换为选区之后对其填充蓝紫色（R113、G141、B251），如下图所示。

步骤10 使用横排文字工具在圆角矩形图案中单击输入文字，选中文字后在“字符”面板中按右图设置文字的字体、大小、字距等，让文字填满圆角矩形图案，完成后更改文字颜色为白色，效果如下图所示。

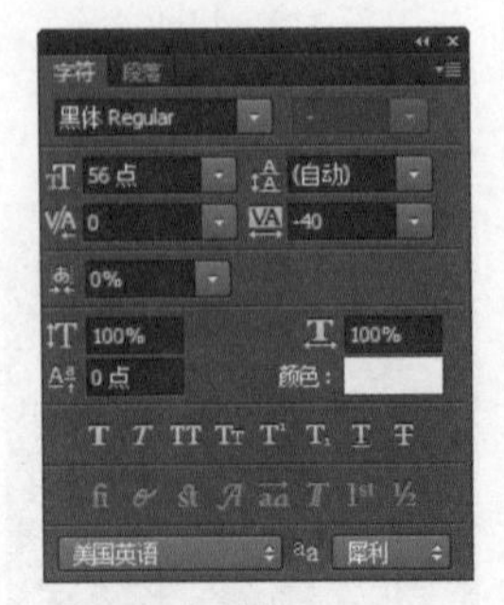

HONEYSNOW 抗皱精华一瓶满足你所有的肌肤需求！

步骤11 继续使用横排文字工具在画面左上角输入文字，选中文字后在“字符”面板中设置文字的字体、大小、字距等，更改文字颜色为黑色，如下图所示。

步骤12 继续使用横排文字工具在上一步输入的文字下方输入文字，选中文字后在“字符”面板中设置文字的字体、大小、字距等，其他参数保持之前的设置即可，如下图所示。

步骤13 继续使用横排文字工具在第一张人物图像下方单击输入文字“油光”，选中文字后在“字符”面板中设置文字的字体、大小、字距等，颜色设置为黑色。重复此操作，在其余人物图像旁边单击输入文字，注意文字要与图像反映的肌肤问题一致，如下图所示。

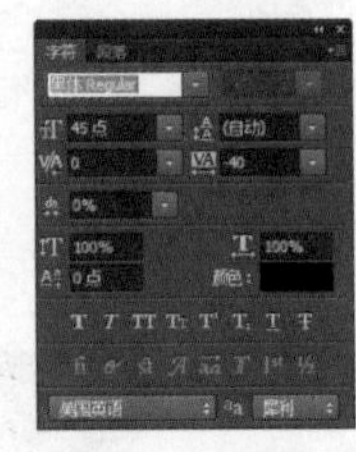

步骤 14 继续使用横排文字工具在圆角矩形图案上方单击输入文字，选中文字后在“字符”面板中设置文字的字体、大小、字距等，如下图所示。

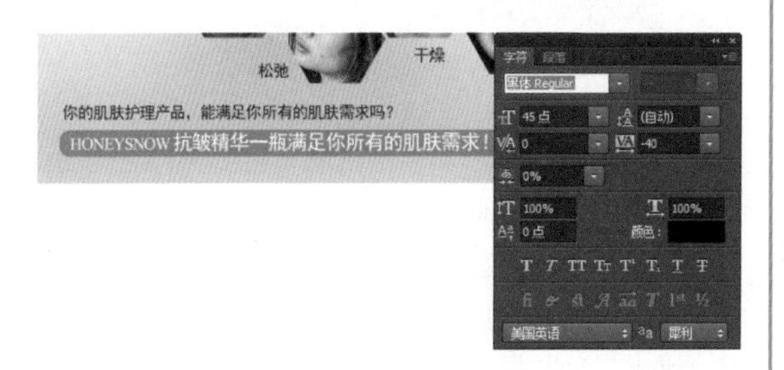

步骤 15 在“组 1”上方新建“组 3”，在该组内制作第二部分的图案和文字。新建一个空白图层，使用矩形选框工具在画面下方建立矩形选区，对其填充较暗的紫色（R215、G221、B243），如下左图所示。继续新建图层，在第一部分的下方绘制一个矩形选区，并对其填充深紫色（R56、G65、B158），作为第一部分和第二部分的分界，如下中图所示。打开素材文件“人物 7.jpg”，将其拖动至本案例的 PSD 文件中生成新的图层，将人物图像所在图层放在紫色矩形图案的下方，使人物头部被矩形图案挡住，加强画面的层次感，如下右图所示。

步骤 16 为人物所在图层添加图层蒙版，使用钢笔工具沿着人物轮廓绘制选区，绘制完成后按快捷键 Ctrl+Shift+I 反选选区，对选区填充黑色，隐藏人物图像的背景，如下左图所示。在紫色矩形图案所在图层下方新建一个空白图层，使用矩形选框工具在紫色矩形位置绘制矩形选区，并对选区填充白色，为紫色的矩形添加白色的底色，如下右图所示，完成后取消选区。

步骤 17 选择紫色矩形图案所在的图层，设置前景色为浅紫色（R181、G197、B248），在“图层”面板底部单击“创建新的填充或调整图层”按钮，选择创建“渐变填充”调整图层，在“渐变”选项的面板中选择“透明条纹渐变”选项，如下左图所示，单击“确定”按钮，在矩形内生成条纹图案，如下右图所示。

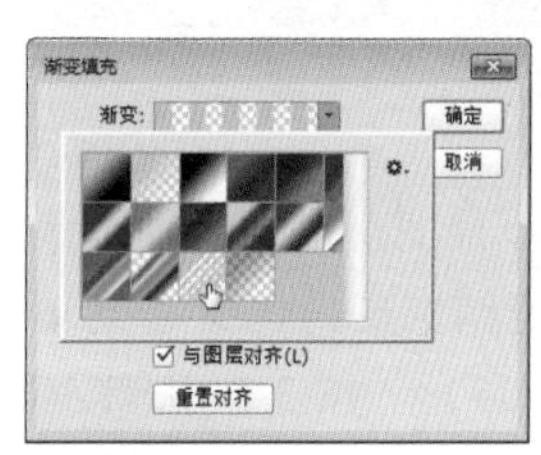

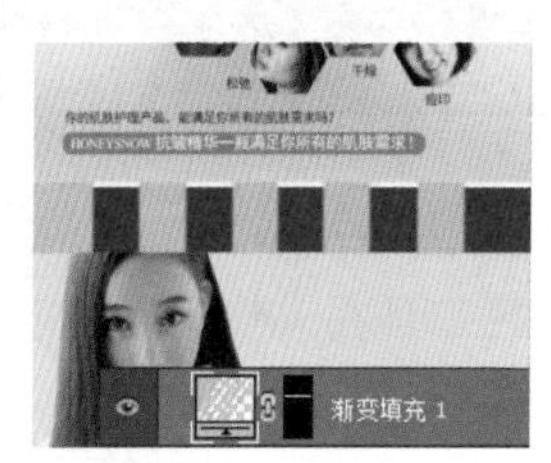

步骤 18 复制“渐变填充”调整图层生成拷贝的调整图层，单击“渐变填充”图层前的眼睛图标，将其隐藏，如下左图所示。选择拷贝的调整图层并右击，在弹出的快捷菜单中选择“栅格化图层”命令，将其变为普通图层，执行“滤镜 > 模糊 > 高斯模糊”命令，在弹出的对话框中设置“半径”参数，如下右图所示。

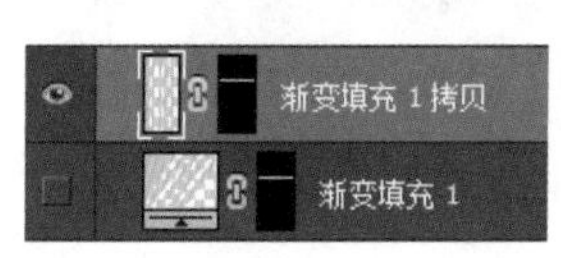

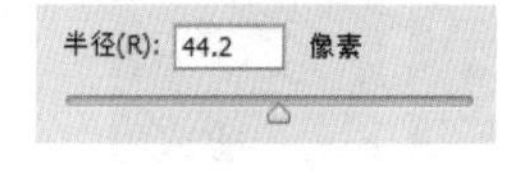

完成后更改图层的“不透明度”为 50%，使矩形上出现光斑，丰富图案效果，如下图所示。

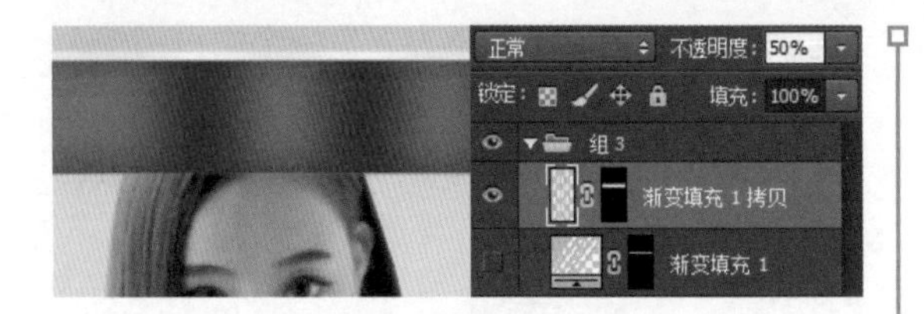

步骤 19 选择横排文字工具，在矩形图案中单击输入文字，选中文字后在“字符”面板内设置文字的字体、大小等，如下图所示。

继续在后方单击输入文字，选中文字后在“字符”面板中设置参数，使文字的视觉传达有主有次，如下图所示。

步骤 20 新建一个空白图层，使用椭圆选区工具在人物图像右边绘制圆形选区并对其填充紫色（R83、G110、B217），按 3 次快捷键 Ctrl+J，复制出 3 个圆形图案，使用移动工具将它们按下图进行排列。

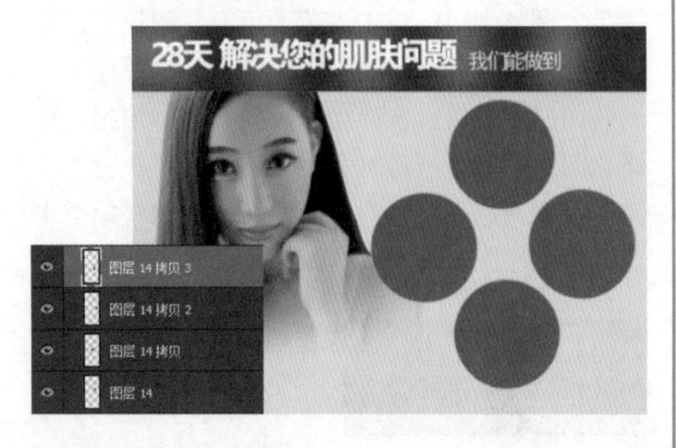

打开素材文件“箭头 .png”，将其中的箭头图案拖动至本案例的 PSD 文件中，放在圆形图案中间，形成循环图示的效果，如下图所示。

步骤 21 在“组 3”内新建组“组 4”，下面将在这个组内制作圆形图案上的文字，然后通过复制组并修改文字内容，将四个圆形图案内的文字补充完整。使用横排文字工具在圆形图案内输入文字，选中文字后在“字符”面板内调整文字的字体、大小、字距等，如下图所示。

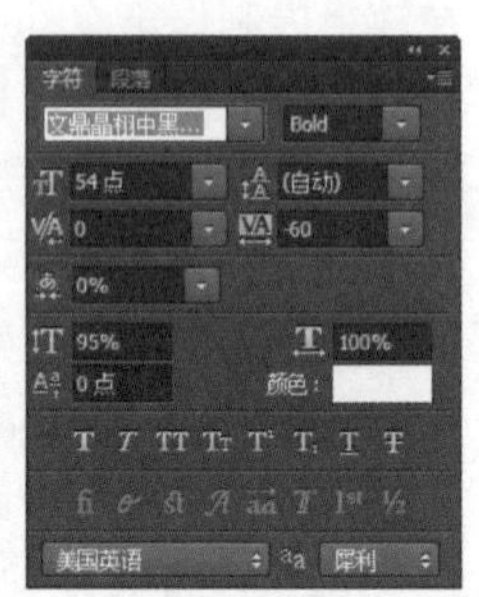

步骤 22 继续使用横排文字工具在下方输入文字，选中文字后在“字符”面板内修改文字字体、大小、字距等，如下图所示。

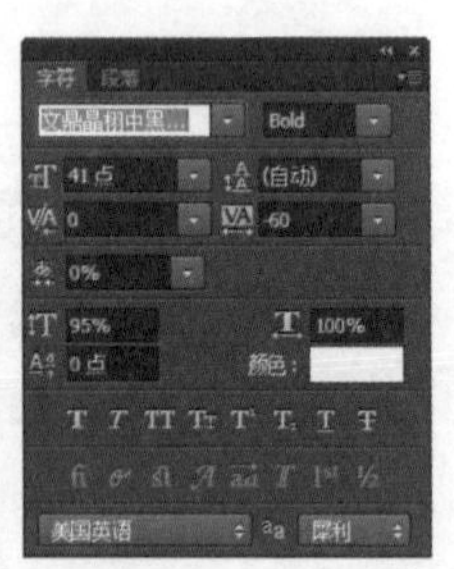

重复此操作，将圆形图案内的文字信息补充完整，完成后效果如下图所示。

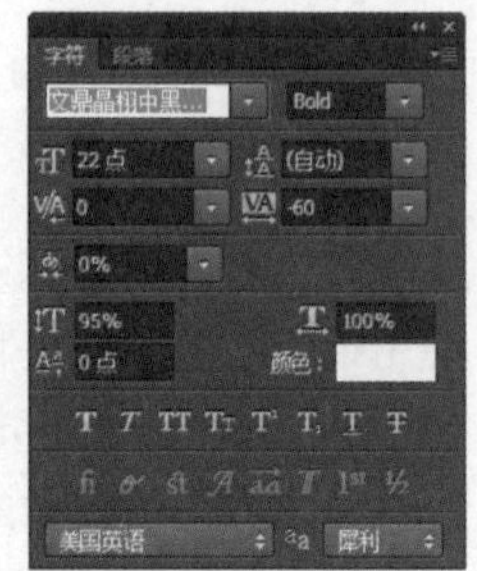

步骤23 新建一个空白图层，设置前景色为白色，选择画笔工具，在选项栏设置笔尖为“硬边圆”、画笔大小为2像素，然后在文字的右下方绘制一条斜线，更改该图层的“不透明度”为40%，如下左图所示。使用横排文字工具在斜线的右下方输入文字“01”，选中文字后在“字符”面板内设置文字的字体、大小等，更改文字图层的“不透明度”为40%，与斜线的不透明度一致，丰富画面的文字效果，如下右图所示。

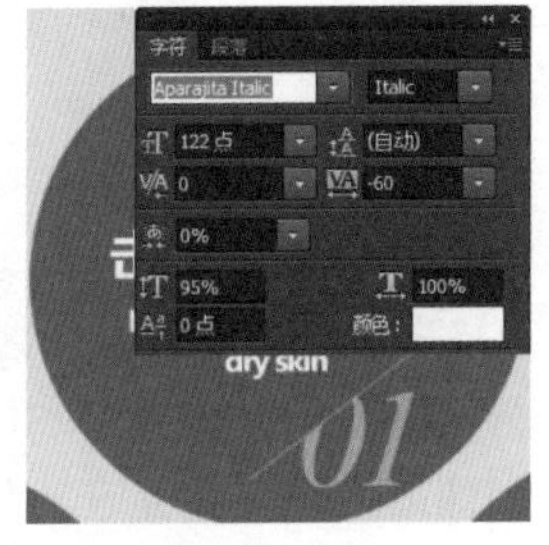

步骤24 在“图层”面板中选中“组4”，按3次快捷键Ctrl+J，复制生成3个拷贝组，使用移动工具将这3个拷贝组分别放置在其余圆形图案内部，然后更改文字内容，完成后效果如下图所示。

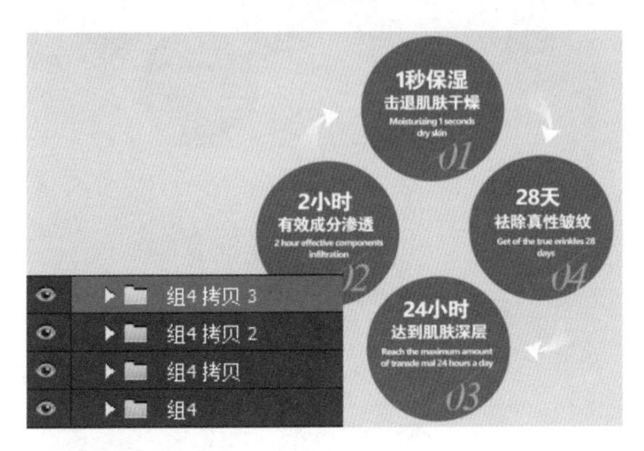

步骤25 在“图层”面板中选中“组3”，然后新建“组5”，下面将在这个组内制作第三部分的图案和文字。新建3个空白图层，更改前景色为紫色（R39、G47、B133）。首先使用画笔工具在第一个空白图层上绘制一条竖直的短直线；然后使用椭圆选框工具在第二个空白图层上绘制圆形选区，在选区内右击，在弹出的快捷菜单中选择“描边”命令，对圆形描边；最后再使用画笔工具在第三个空白图层上绘制一条竖直的长直线。最终效果如下图所示。

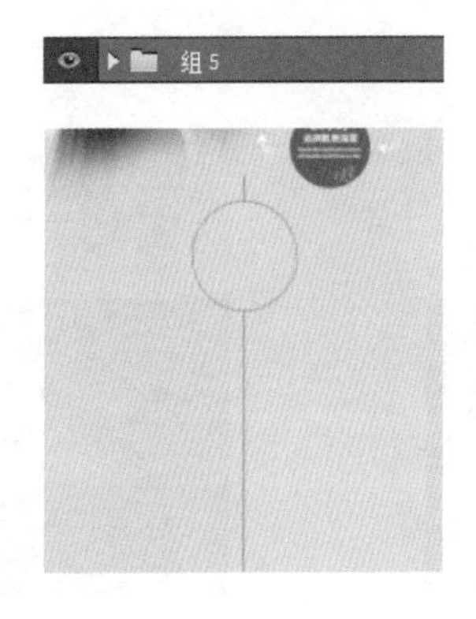

步骤26 打开素材文件“水.png”，将水的图像拖动至本案例的PSD文件中生成新的图层，使用移动工具将水的图像移至上一步绘制的圆形线框内部。使用横排文字工具在圆形线框右边单击输入文字，选中文字后在“字符”面板内更改文字的字体、大小等，颜色更改为紫色（R83、G110、B217），如下图所示。

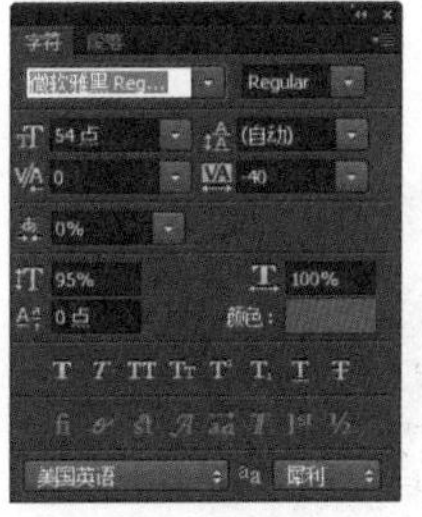

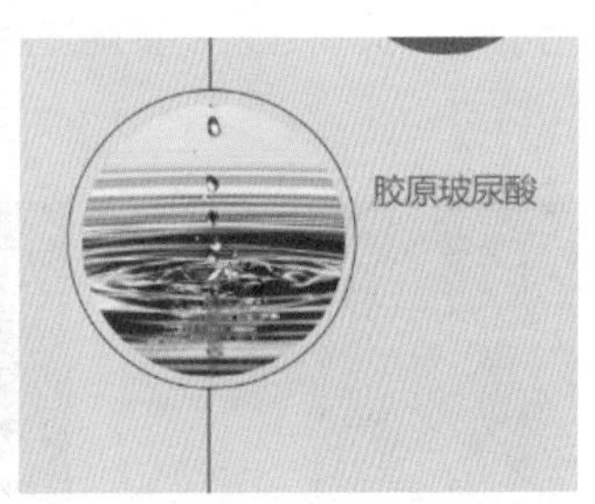

步骤27 继续在该文字下方单击输入文字，选中文字后在“字符”面板内更改文字的字体、大小等，颜色保持刚才的设置，如下图所示。文字与水的图片配合，强调商品的补水保湿效果。

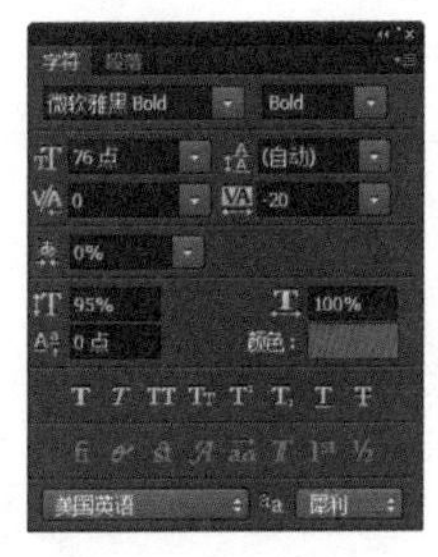

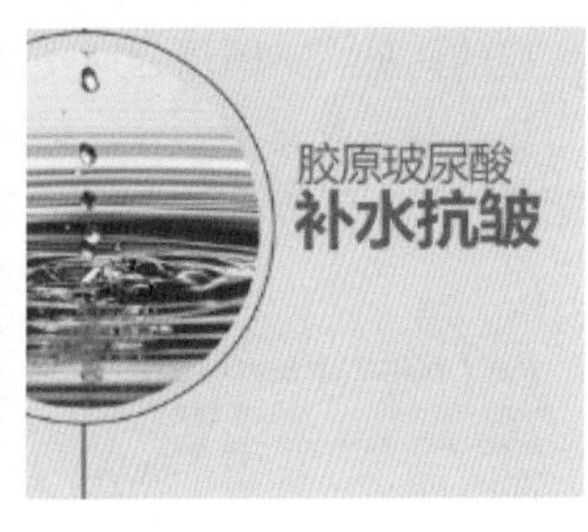

步骤28 继续在该文字下方单击输入文字，选中文字后在“字符”面板内更改文字的字体、大小等，颜色保持刚才的设置。注意要将文字大小设置得较小，起辅助说明作用，效果如下图所示。

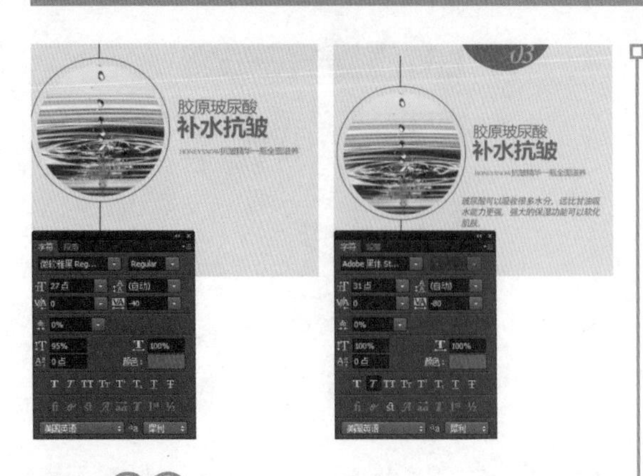

步骤 29 接着需要对商品的补水功效分三个方面进行阐述。使用横排文字工具在长直线的左边单击输入文字，选中文字后在“字符”面板内设置文字的大小、字体等，更改颜色为黑色，如下左图所示。继续在这一行文字下方输入文字，选中文字后在“字符”面板内更改文字的字体、大小，颜色设置为紫色（R39、G47、B133），对上一行文字起进一步阐述说明的作用，如下右图所示。

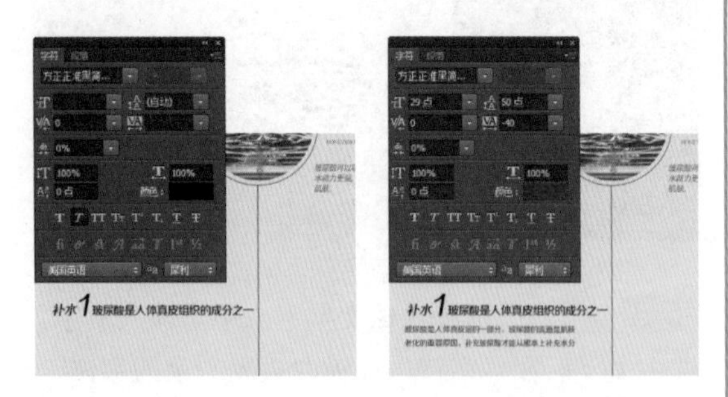

步骤 30 选择上一步制作的2个文字图层，按 2 次快捷键 Ctrl+J，对它们进行复制，将复制生成的拷贝文字图层分别放置在长直线的左边和右边，并修改文字内容，对商品的其他功效进行阐述，如下图所示。

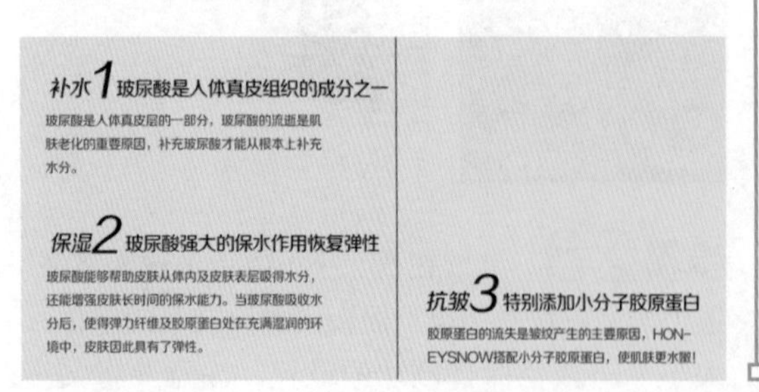

步骤 31 打开素材文件“人物 8.jpg”，将其拖动至本案例的 PSD 文件中，并调整图像的大小和位置，如下左图所示。在人物上半身周围绘制一个矩形选区，单击“图层”面板底部的“创建图层蒙版”按钮，为该图层添加图层蒙版，隐藏选区之外的多余图像，如下右图所示。

步骤 32 打开素材文件“化妆品 .png”，将其拖动至本案例的 PSD 文件中，并调整化妆品图像的大小和位置等，完成第三部分的制作，如下图所示。至此，本案例就制作完成了。

第10章

移动电商的视觉设计

随着移动互联网的不断发展壮大，电商的移动互联网平台设计显得愈发重要。移动端与PC端的视觉设计有联系也有区别，移动端的设计思维更加“移动化”。本章将在前几章的基础上分析移动电商的视觉设计，帮助读者跟上时代的步伐。

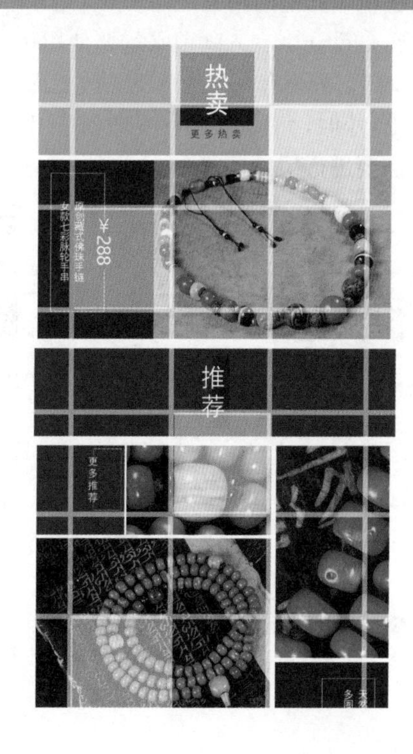

电商建立在互联网平台之上，必然要受到互联网这个大环境的影响。前几章中讲到的思维，有许多也是互联网对电商提出的特殊要求。

例如，第 7 章的取舍思维，由于互联网是一个信息飞速传播、更新换代极快的世界，如果商家不作出牺牲，随时进行更新与改变，就不能跟上信息更替的速度，最终会被信息时代抛弃。

又如，第 8 章的坦诚思维，传统的经营思维认为推销商品要“报喜不报忧”，只表现商品美好的一面更加稳妥和可靠，而展示商品的不足则会失去消费者。然而时代在变化，如今承认自己的不足反而能赢得消费者的尊重和理解。

再如，第 9 章的痛点思维也是另辟蹊径，以一种反传统、反常规的方式去展示商品的功能或店铺的特色，用创新来引人注目。

上述这些思维中体现的互联网精神可以概括为三点：敢于创新、勇于尝试、善于改变，如右图所示。移动互联网作为互联网大家族中的新生力量，自然也继承了这三点基因，因此，电商在移动端的视觉设计不能照搬 PC 端的经验和做法，而是要基于移动互联网的特殊性进行创新、尝试和改变。下面就来分析移动电商的视觉设计有哪些不同之处。

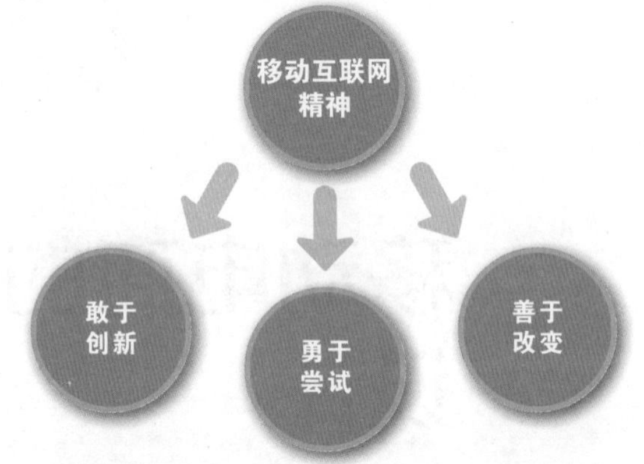

10.1 设计要注重移动端用户体验

移动互联网与移动设备的兴起，让人们的生活发生了巨大变化。移动设备给人们带来了更加便利的无障碍上网体验、随时随地娱乐的快感体验……这些便利与快感也影响了电子商务，越来越多的消费者不仅从实体店转向互联网，更从互联网走向了移动互联网。下面主要以智能手机作为移动设备的代表，分析手机端店铺的相关设计。

据某项调查显示：95% 的受访者在入睡前平均要使用手机 1 小时，并因此推迟入睡时间，也就出现了所谓的“第 25 小时”。或许有人在为这样的改变而焦虑，然而电商更应该从中看到商机：商家们不仅拥有消费者的 24 小时，消费者还自发地创造出了“第 25 小时”。因此，手机端是电商必须占领的重要阵地，需要进行精心打理。

以淘宝网为例，与 PC 端的淘宝网首页琳琅满目的界面相比，手机端的淘宝网首页进行了许多简化处理，没有了繁复的装饰图案与插画，减少了分类按钮与广告图片等，如右图所示。这

是在综合考虑智能手机的特点和消费者的使用体验后做出的设计，主要是从操控和视觉两方面入手的，下面就来分别进行分析。

10.1.1 给消费者带来良好的操控体验

友好的交互性是智能手机的重要特色之一。在使用计算机时，人们需要通过鼠标或键盘来操控软件；在触屏智能手机出现之前，人们同样必须通过手机键盘才能控制手机。触屏智能手机的出现让人们通过指尖便能与手机进行亲密接触与互动，操控变得更加直观和轻松自如，这一改变必然会影响依附于智能手机的手机端店铺的视觉设计。

下图中左边的手机端店铺首页在中间展示了若干优惠券，消费者点击优惠券按钮便可领取。然而这些优惠券按钮的尺寸过小，消费者不仅无法看清优惠券的内容，更难以用手指轻松、准确地点击领取，这样的操控体验显然会让消费者心生不满，从而放弃购物。右边的手机端店铺首页针对上述问题进行了调整，让消费者既能一目了然地捕捉优惠内容，又能轻松地进行点击与领取。

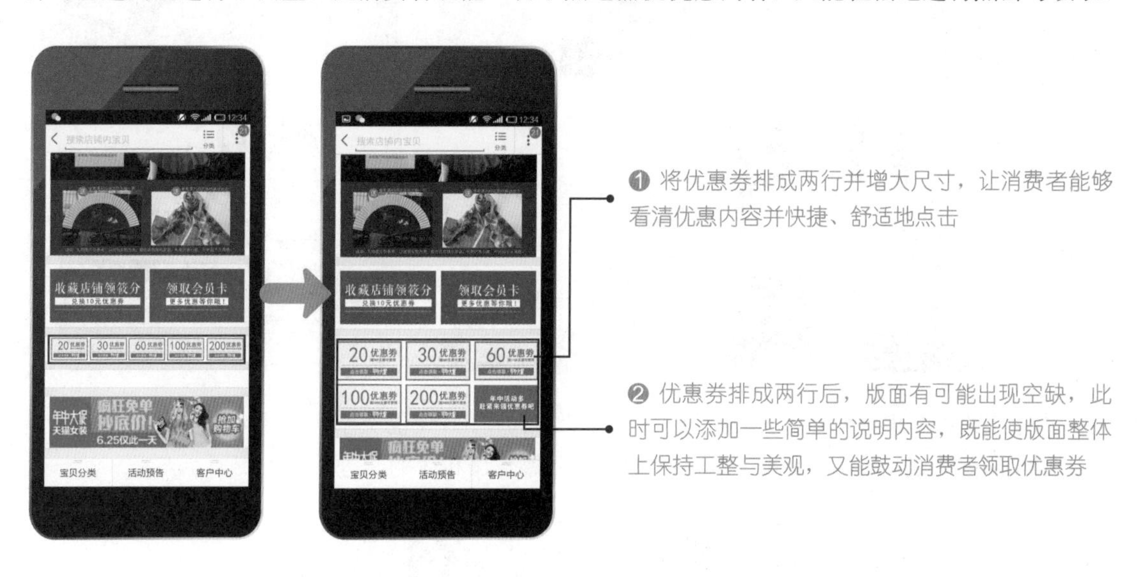

同样的道理，设计手机端店铺的分类导航按钮或其他具有交互属性的按钮时也需要考虑到消费者的操控体验，预留足够的空间，让消费者在移动端的购物更加轻松愉快，如下图所示。

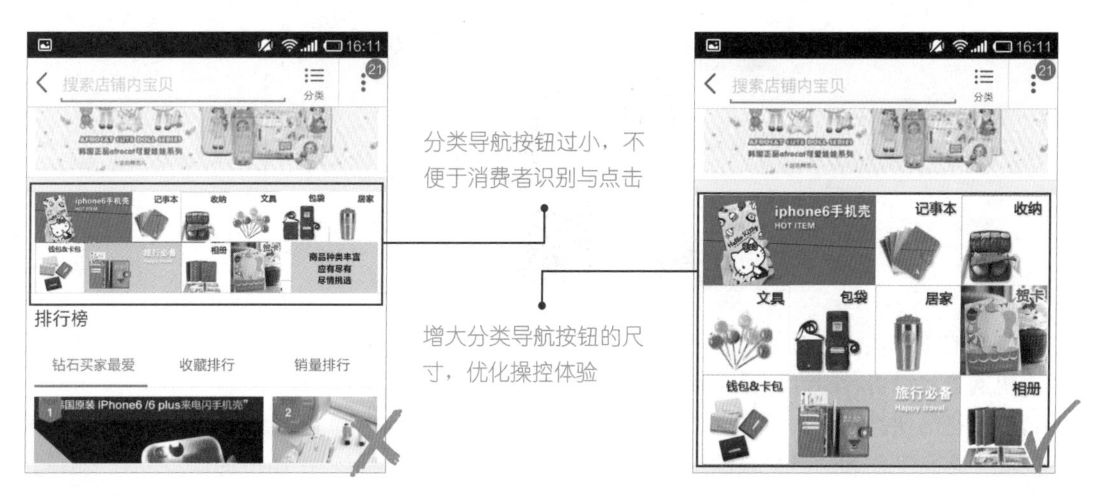

10.1.2 给消费者带来简洁的视觉体验

与计算机相比，智能手机还有一个重要的特点是小巧，可以放入口袋随身携带，然而这也使得手机屏幕的尺寸比计算机的显示器小得多，同一屏中显示的信息自然也不能过多。因此，手机端的视觉设计必须做“减法”，才有利于消费者对信息的接收。

下左图为某店铺 PC 端商品详情页中的商品推广图片，消费者在 PC 端浏览时可以轻松地阅读图片中的文字等信息，然而，当它们被同步到手机端后，便出现了问题，如下右图所示。

由于手机屏幕的显示尺寸限制，图片被相应缩小，图片中的文字信息也随之变小，给消费者的识别与阅读造成了较大的困难。需要针对这一问题作出相应的改进，如下图所示。

❶ 删除装饰信息，直接突显图片的重点

❷ 放大商品及抢购信息，引起消费者注意

❸ 删除消费者难以识别的文字，让画面更简洁

修改后的图片如下图所示。简洁的视觉设计不仅满足了手机端店铺的显示要求，而且能迎合使用手机购物的消费者的行为模式和购物心理。

智能手机的便携性使人们在睡前、吃饭、乘车等碎片化时间中都可以通过手机进行娱乐消遣，这些时间大多是工作和学习之余的闲暇时间，此时人们希望能获得轻松愉悦的体验，对于拿起手机购物的消费者而言也是如此。

这些行为模式和心理需求表明，商家在打造手机端店铺时要尽可能减少消费者的操作和阅读负担，给他们营造一个简洁、流畅、舒适的购物环境。因此，对手机端店铺来说，减少阻碍、减轻负担的简洁设计是大势所趋。下面就通过对比分析某女装店铺 PC 端和手机端的商品详情页来说明如何简化设计，顺利从 PC 端过渡到手机端。

如下图所示为该女装店铺中某商品的 PC 端详情页，由 8 个部分组成，包括“精品推荐”“买家回馈评价”“买家秀”“包装说明”等版块，能够起到获取消费者信任或促进关联销售的作用。

❶ 只保留商品介绍、价格说明等重点信息

❷ 增大重点信息的尺寸，同时突出“点击立即抢购”按钮图形，暗示和鼓动消费者下单

❶ 首先展示促销活动，并推荐关联商品

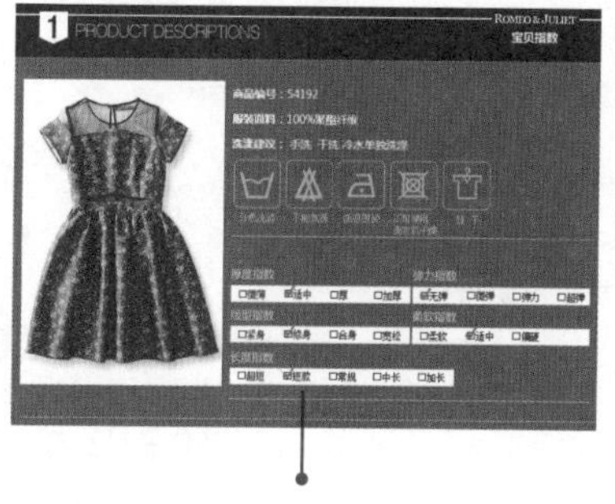

❷ 介绍商品的基本参数

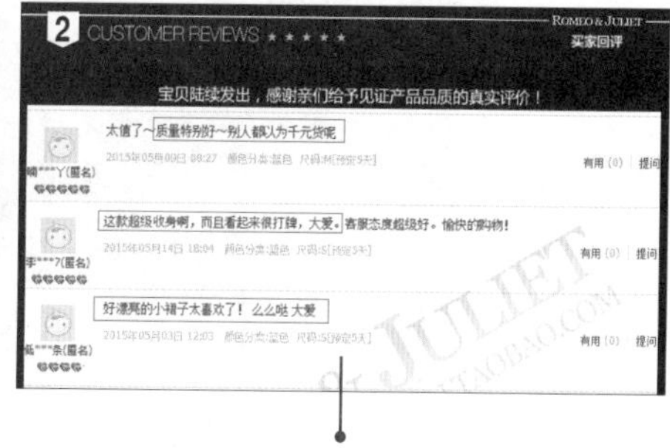

❸ 展示买家的评价

❹ 通过模特展示商品

❺ 展示商品全貌

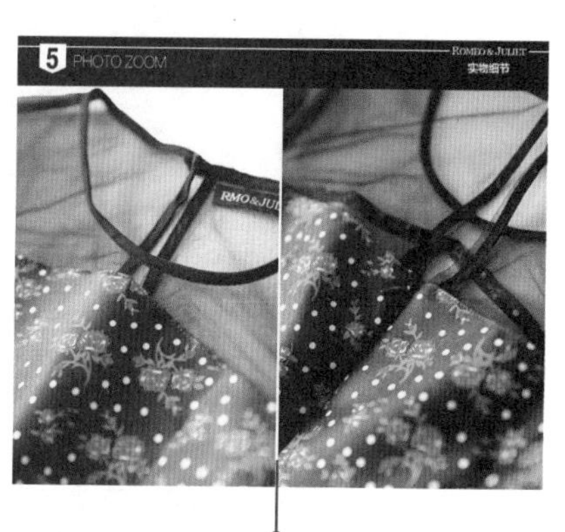

❻ 展示商品细节

❼ 买家秀与包装说明

❽ 展示品牌团队实力

到了手机端，商家根据消费者追求轻松、便捷的购物体验的消费心理，对商品详情页的内容版块进行了大刀阔斧的简化，如下图所示。对非核心信息的删减不仅不会影响消费者获取商品信息，而且能为他们节约上网流量与浏览时间，使他们更乐于在店铺中驻足选购。

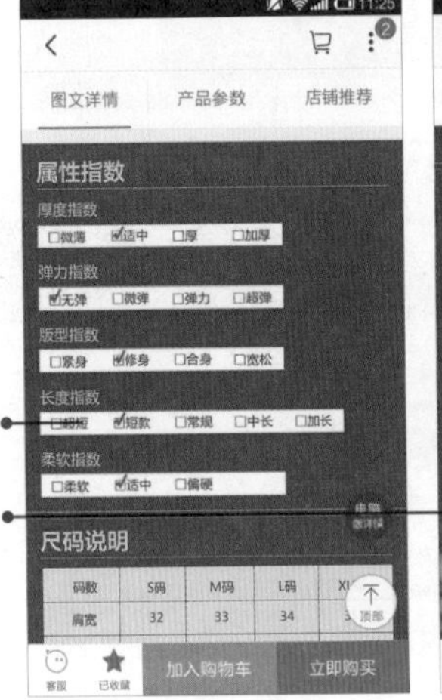

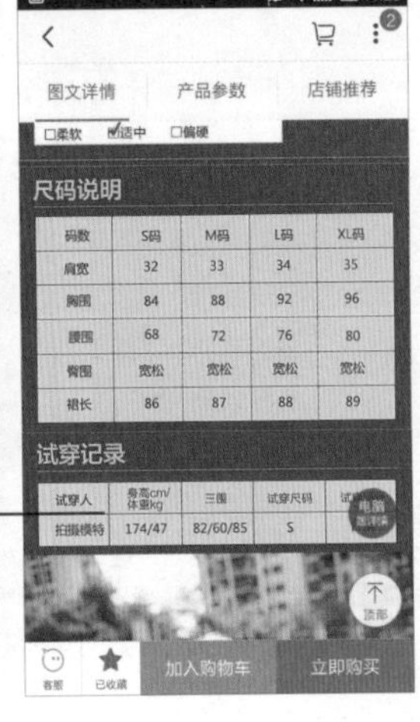

❶ 去掉促销活动和关联商品，直接介绍商品属性

❷ 模特展示

❸ 商品真实图片，进行了款式说明

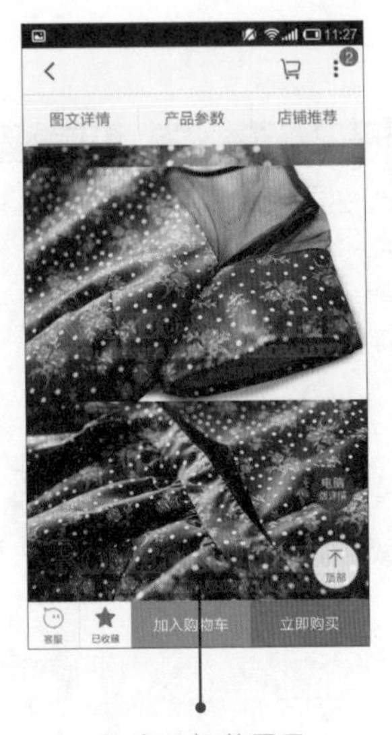

❹ 商品细节展示

除了精简版块数量，保留的版块内的信息也需要进行精简与改良，以适应手机端的特点及消费者使用手机购物的习惯，如下图所示。

❶ “属性指数”版块省去了商品展示图片，直接用参数文字说明商品

❷ “尺码说明”版块微调了表格格式，放大了文字，变得更加清晰、易读

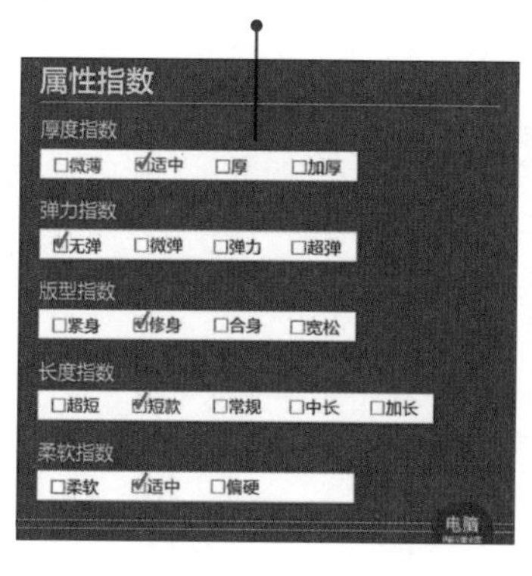

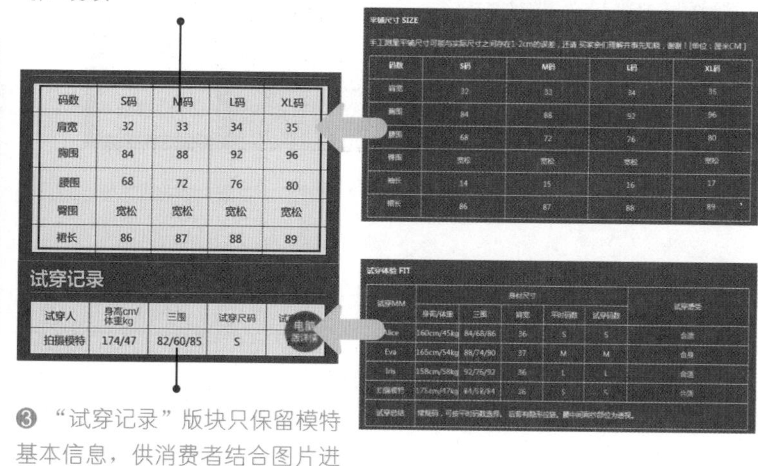

码数	S码	M码	L码	XL码
肩宽	32	33	34	35
胸围	84	88	92	96
腰围	68	72	76	80
臀围	宽松	宽松	宽松	宽松
裙长	86	87	88	89

试穿人	身高cm/体重kg	三围	试穿尺码
拍摄模特	174/47	82/60/85	S

❸ “试穿记录”版块只保留模特基本信息，供消费者结合图片进行参考

除了商品详情页，手机端店铺首页的店招设计也需做精简处理。下图为某品牌店铺 PC 端的店招，由于尺寸可以做得较大，因此店招中放置了许多信息，以充分利用展示空间。

❶ 品牌徽标与品牌口号展示

❸ 有门槛优惠券领取按钮

❺ 特惠专享二维码展示

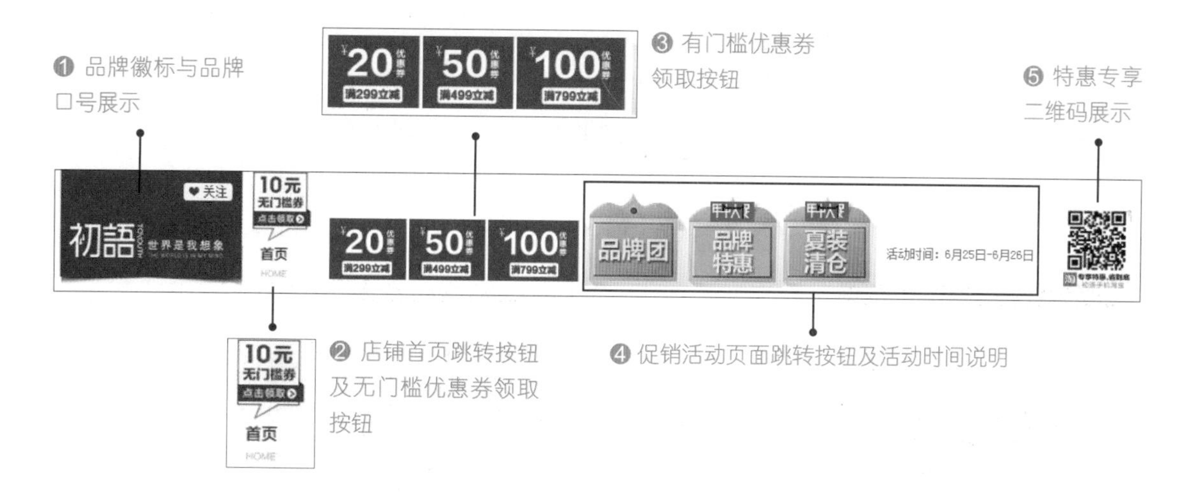

❷ 店铺首页跳转按钮及无门槛优惠券领取按钮

❹ 促销活动页面跳转按钮及活动时间说明

该品牌的手机端店招则精简了信息，只突出了店铺参加的“年中大促”活动，如右图所示。

下图的手机端店招是一个反面例子，商家企图展示的活动信息过多，反而使消费者无法很好地了解信息，店招对消费者也就失去了吸引力，因此，对手机端店招内容的取舍非常重要。

❶ “双十二”的装饰说明重复了两遍，显得多余

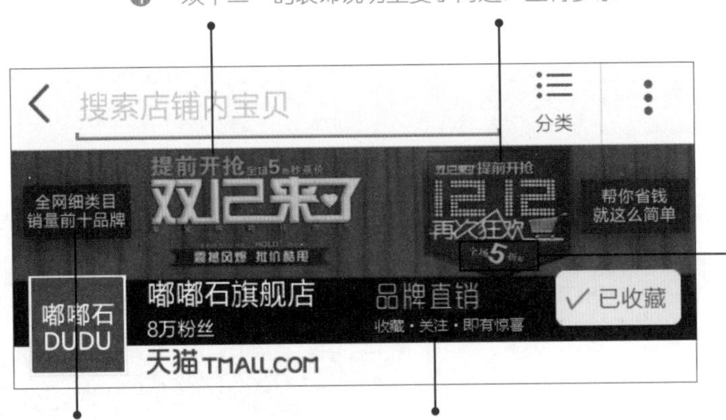

❸ “双十二”标题能引人注目，但5折折扣内容却非常不起眼，不能让消费者直观地感受到优惠，就无法引发他们的购买欲望

❷ 信息过多，“全网细类目销量前十品牌”“双十二折扣活动”“品牌直销”……显得杂乱

10.2 在创新与尝试中维系新老顾客

电商平台会专门针对手机端提供一些新的展示与营销版块，商家要勇于尝试运用这些版块。例如，淘宝平台在 2015 年年初开放了“店铺活动”版块，给商家们提供了更多的活动空间和更大的自由度去宣传和推广自己的店铺。默认的“店铺活动”版块界面，在未添加活动时会显示 2 个活动。

合理规划与设计好“店铺活动”版块，能够提升店铺促销活动的曝光率，促进成交量增长，通过对活动的参与和尝试，也能起到维系新老顾客的作用。

如下左图所示的“店铺活动”版块没有明确的主题，无法让消费者了解店铺活动的内容，不便于消费者参与。修改后的“店铺活动”版块如下右图所示，添加了活动主题文字，消费者立即就能了解到促销活动是按鞋子的款式来分类进行的，并用“青春”为主线将活动串联起来，让活动更加深入人心。这些文字的添加大大提升了图片的营销力。

“店铺活动”版块中显示了3个店铺活动，它们的活动类型都是“热门促销”。由于没有进一步的说明，尽管图片内容不同，消费者仍然无法清晰地了解活动内容的差别

❶ 添加文字明确活动主题，并通过底部装饰色块突显主题文字

❷ 根据背景图片的具体情况调整文字颜色与装饰色块，例如，此处便添加了半透明白色装饰色块来减轻背景图片对文字的干扰

上文的案例只选择了一种活动类型，有时店铺中会同时开展多种类型的活动，商家还可以自己安排活动的“名目”，以丰富店铺活动的形式，如右图所示。

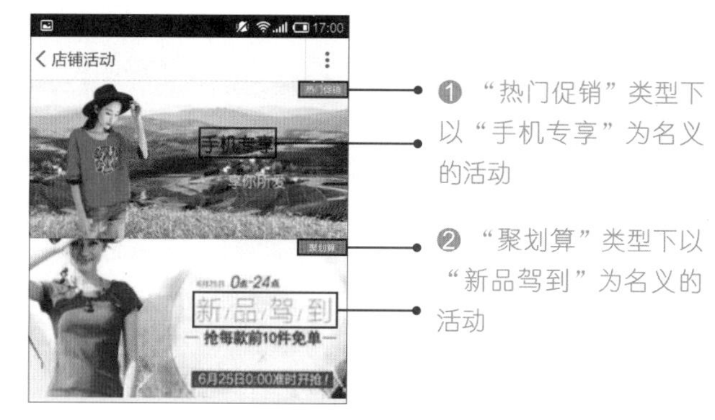

店铺经营的尝试与创新还可以体现在与消费者互动的形式上。淘宝的手机端就为商家提供了这样的平台——“微淘”版块。“微淘”是一种分享式互动，主要形式是商家主动发布店铺或商品等信息后，通过“点赞”或留言在商家与消费者之间或消费者与消费者之间形成互动。如下图所示为某旅行女装品牌的“微淘”版块，商家通过记录自己的旅程来展示商品，这种充满情境感与故事感的展示方式似乎也赋予了商品生命，让它们更具吸引力。正如第 6 章所说的，这种具有人情味的表现方式比“上新抢先看”等常规的消息广播形式更贴近消费者，也更能赢得消费者的共鸣与关注。

案例1　藏饰店铺手机端首页设计

初步构想

本案例要设计的是一家藏饰店铺的手机端首页，下面就按照本章所述从操控体验和视觉体验两方面进行构思。

❶与 PC 端使用鼠标进行操控不同，手机端的操控属于交互精度相对较差的手势形式，并且

大部分消费者习惯右手握持手机，滑动大拇指向下浏览，在设计手机端首页时就要考虑这一行为特点。例如，导航栏按钮、优惠券领取按钮等的尺寸就要设计得让消费者能够轻松、准确地用手指点击。

❷考虑到手机屏幕尺寸小的特点，简洁的设计更能带给消费者良好的视觉感受，所以，要对手机端店铺首页的布局进行优化，包括图片尺寸与文字大小等，并对内容进行取舍，使视觉体验更加简洁明快。

灵感发散

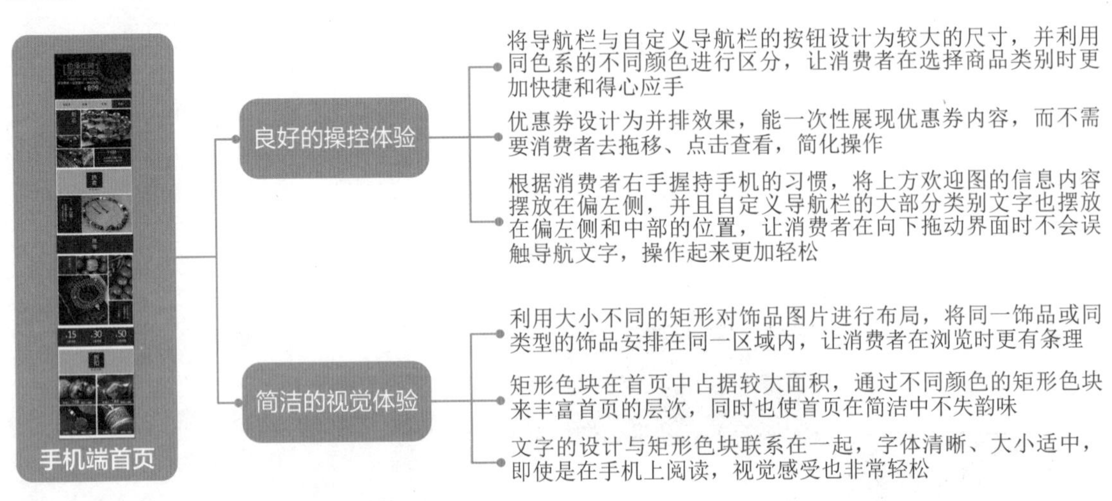

操作解析

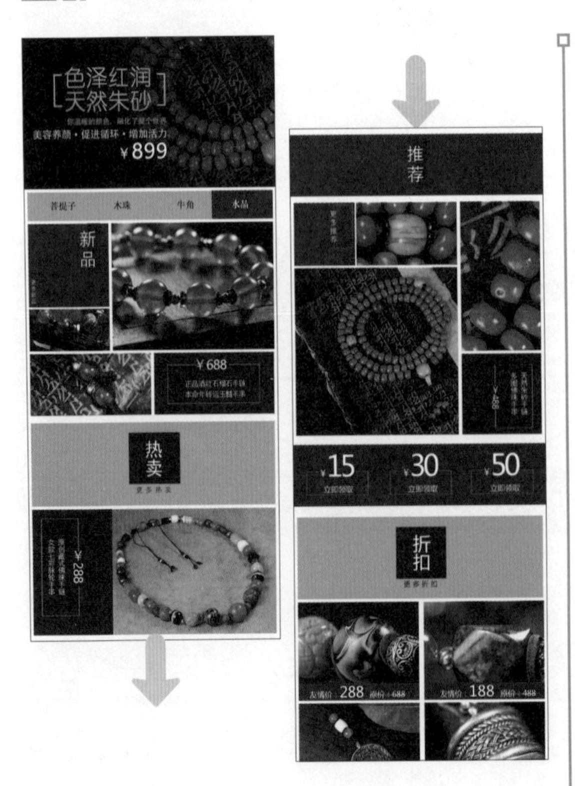

素　材：随书资源\素材\10\藏饰1.jpg~藏饰11.jpg

源文件：随书资源\源文件\10\藏饰店铺手机端首页设计.psd

步骤01 手机端店铺首页的尺寸要求是宽480～620像素、高小于或等于960像素。这里同样按照之前的做法，在Photoshop中新建一个尺寸更大的文件，如下图所示。制作完成后，再将图片修改为合适的尺寸，并裁剪为多张图片后上传到手机端。

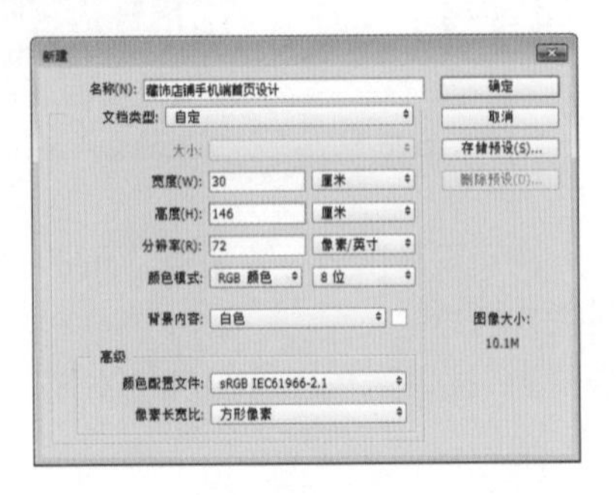

步骤02 接下来利用矩形色块划分整个首页的版块布局。新建“图层1”，使用矩形选框工具在画面顶部绘制一个矩形选区并对其填充黑色，如下左图所示。复制“图层1”生成“图层1拷贝”图层，按快捷键Ctrl+T在矩形上生成自由变换框，拖动节点改变矩形的大小，放置在第一个矩形的下方，如下中图所示。重复此操作，复制矩形并更改位置、大小，划分出整个首页的版块布局，如下右图所示。

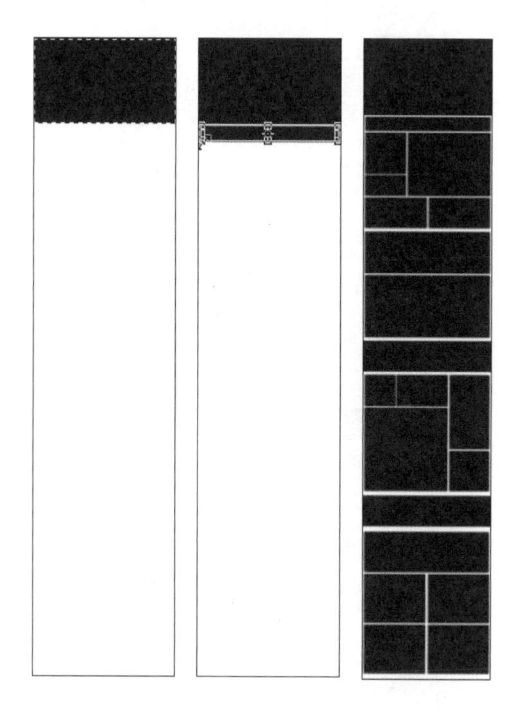

步骤03 选择“图层1”，打开素材文件“藏饰1.jpg”，将其拖动至本案例的PSD文件中生成“图层2”。按快捷键Ctrl+T在图像上生成自由变换框，拖动节点调整图像的大小，使饰品的一部分显示在画面中，突显细节美感，如下图所示。

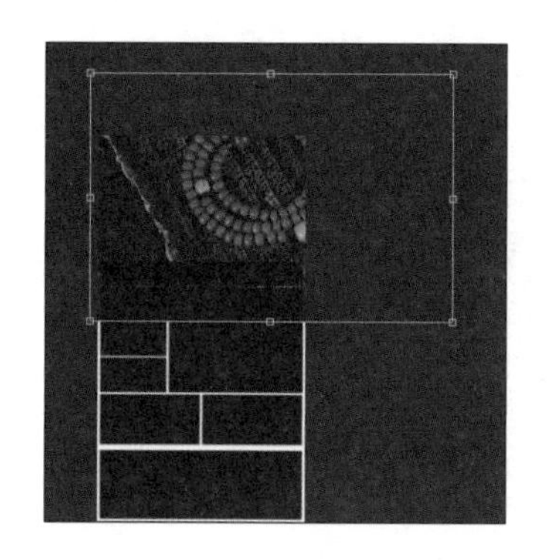

步骤04 按Enter键确定变换，按快捷键Ctrl+Alt+G创建剪贴蒙版，使图像只显示在黑色矩形范围内，如右图所示。

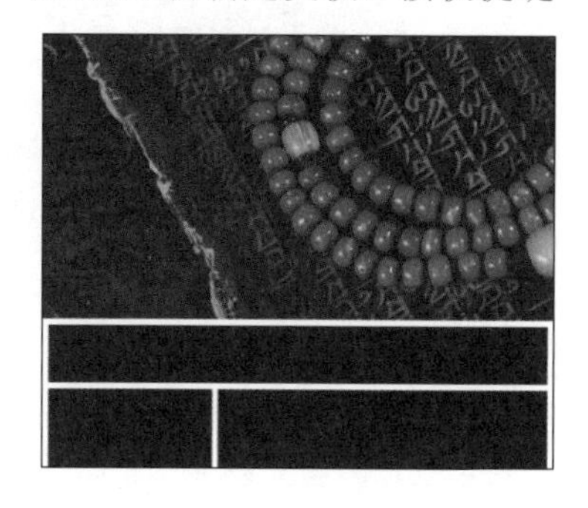

步骤05 单击“图层”面板底部的“添加图层蒙版”按钮为“图层2”添加图层蒙版。设置前景色为黑色，选择渐变工具，在选项栏中选中“前景色到透明渐变”选项，然后从左向右直线拖动，创建渐隐的图像效果，左侧出现较大范围的黑色部分，之后将在上面输入文字，效果如右图所示。

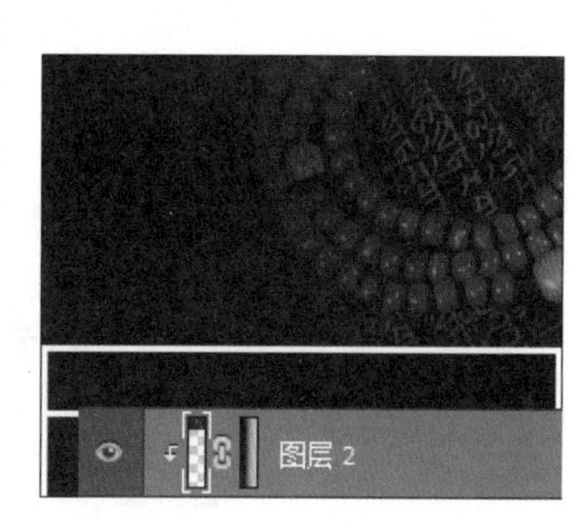

步骤06 选择下方黑色矩形所在的图层“图层1拷贝”，单击“图层”面板底部的“创建新的填充或调整图层”按钮，创建“颜色填充”调整图层，在弹出的“拾色器”对话框中设置颜色为浅褐色（R181、G162、B155），如下图所示。

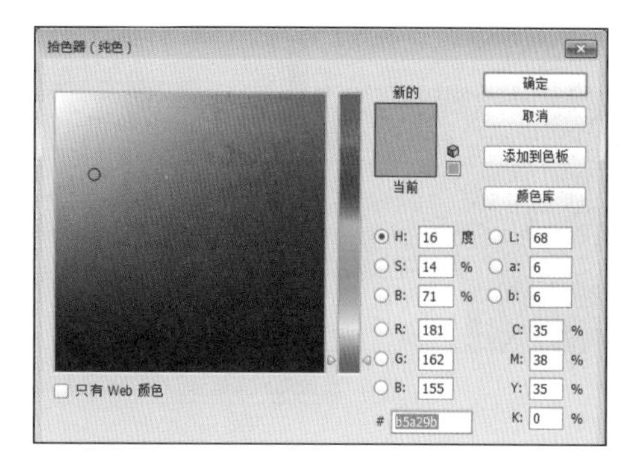

按快捷键Ctrl+Alt+G创建剪贴蒙版，使颜色显示在黑色矩形范围内，如下图所示。之后都会用这种方法对部分黑色矩形填充相同色系的不同颜色。

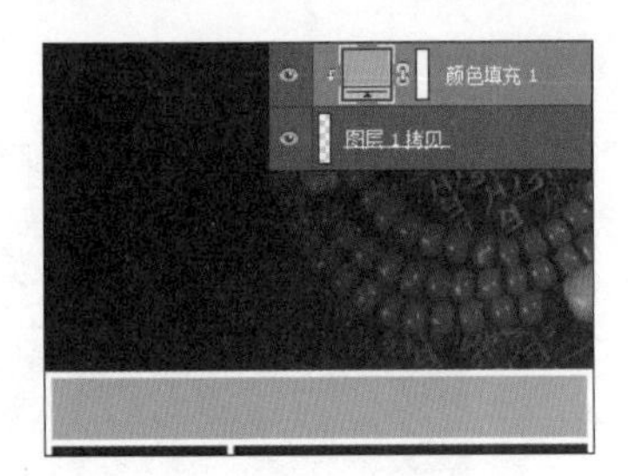

步骤07 由于建立的图层较多，在“图层”面板中选择图层又费时间又易出错，所以在画面中指定的黑色矩形上右击，在弹出的快捷菜单中直接选择该矩形所在的图层，如下左图所示。然后按照上一步的方法，新建“颜色填充”调整图层，更改颜色为红色（R83、G29、B29），再创建剪贴蒙版，使红色显示在这个矩形范围内，如下右图所示。

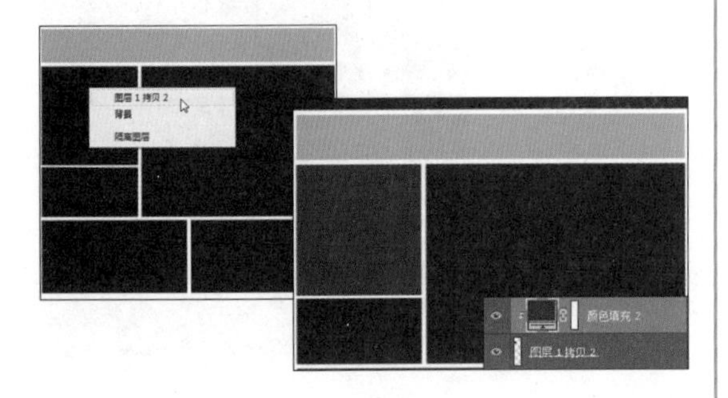

步骤08 重复以上操作，右击选择“图层1 拷贝 6”，如下左图所示。然后创建“颜色填充”调整图层，设置颜色为褐色（R49、G33、B33），按快捷键 Ctrl+Alt+G 创建剪贴蒙版，使褐色只显示在这个矩形范围内，如下右图所示。

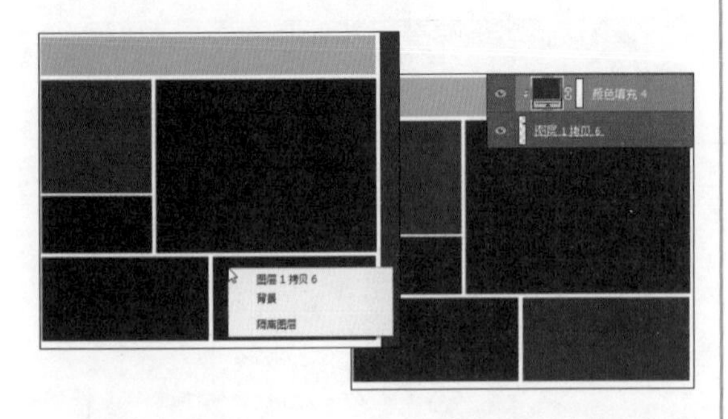

步骤09 重复以上操作，将部分黑色矩形利用“颜色填充”调整图层进行填色，色调范围为匹配藏饰商品的红色调，包括浅褐色、红色、深红色等，如下图所示。

完成矩形的填色操作之后，为剩下的黑色矩形添加合适的商品图像。在如下图所示的黑色矩形上右击，选择"图层 1 拷贝 4"选项，选定这一图层。

步骤 10 在 Windows 的文件资源管理器中打开素材文件夹，将窗口缩小之后，将素材文件"藏饰 2.jpg"拖动到本案例的 PSD 文件窗口中，如下左图所示。松开鼠标左键后在"图层"面板中"图层 1 拷贝 4"上方生成"藏饰 2"智能图层，并在图像上自动出现自由变换框，按住 Shift 键拖动其中一个节点同比例放大图像，如下右图所示。

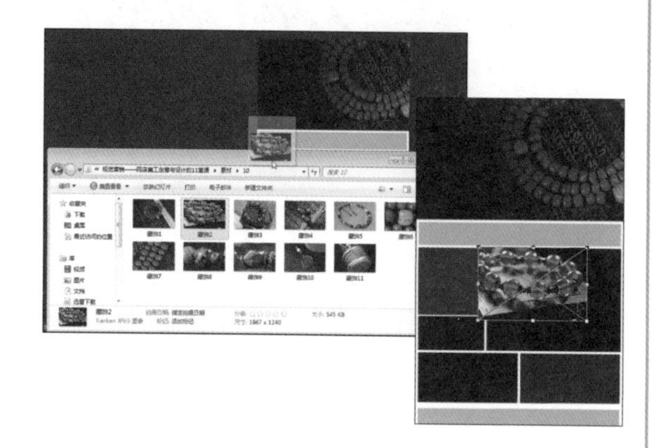

步骤 11 将图像放大至如下左图所示的大小之后，按 Enter 键确定变换，然后按快捷键 Ctrl+Alt+G 创建剪贴蒙版，使图像只显示在刚才选定的黑色矩形范围内，使用移动工具微调图像的位置，完成后效果如下右图所示。

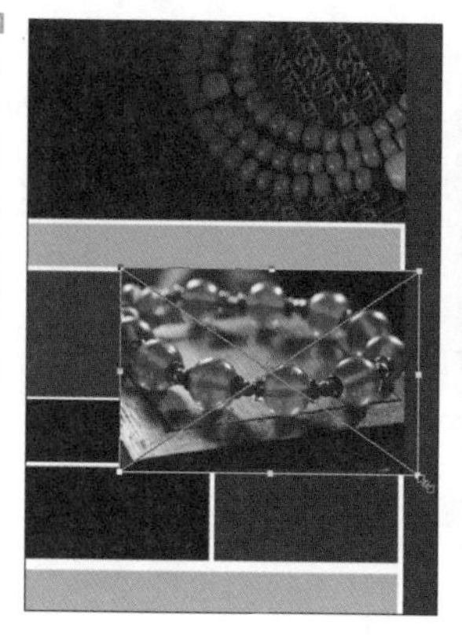

步骤 12 重复以上操作，在如下左图所示的黑色矩形上右击，选择"图层 1 拷贝 2"选项，选定这一图层。打开素材文件夹，将素材文件"藏饰 3.jpg"拖动到本案例的 PSD 文件窗口中，如下右图所示。松开鼠标左键，直接在"图层"面板中"图层 1 拷贝 2"上方生成"藏饰 3"智能图层。

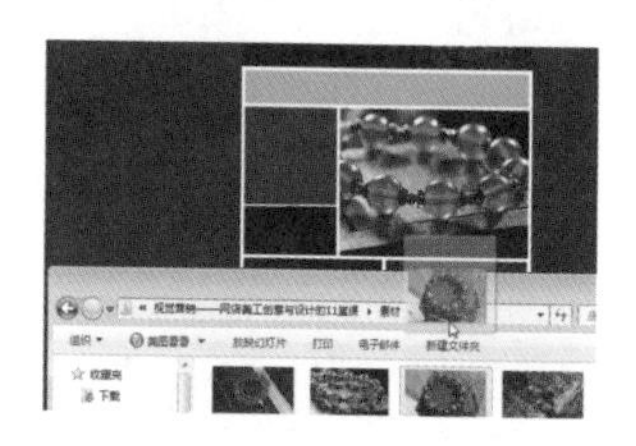

步骤 13 按住 Shift 键拖动自由变换框的节点，同比例放大图像，如下左图所示。按 Enter 键确定之后，按快捷键 Ctrl+Alt+G 创建剪贴蒙版，使图像只显示在指定矩形范围内，如下右图所示。

步骤 14 重复之前的操作，继续在下方的黑色矩形上右击，选择"图层 1 拷贝"选项，选定这一图层，如下左图所示。打开素材文件夹，将素材文件"藏饰 4.jpg"拖动到本案例的 PSD 文件窗口中，松开鼠标左键，直接在"图层"面板中"图层 1 拷贝"上方生成"藏饰 4"智能图层。按下右图调整图像的大小，并创建剪贴蒙版控制图像的显示范围。

步骤 15 重复以上的操作，将素材文件夹中的藏饰图片添加进来，注意要将同一款饰品的图片放在同一个版块中，效果如下图所示。

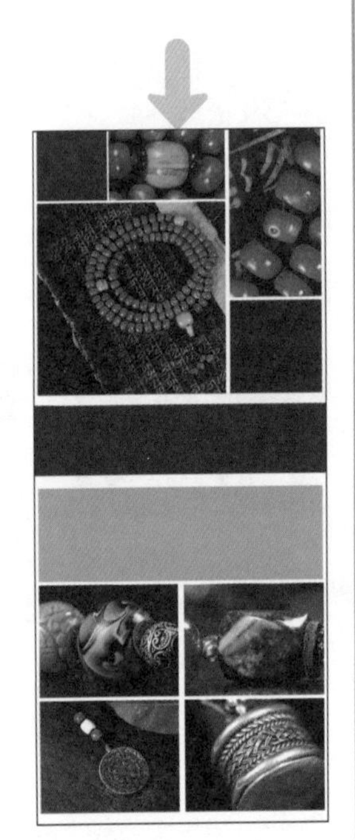

步骤 16 接下来开始制作顶部欢迎图片内的文字。使用横排文字工具在欢迎图片左边的黑色部分单击输入文字"色泽红润 天然朱砂"，选中文字后在"字符"面板内更改文字的字体、大小等，颜色更改为黄色（R234、G165、B61），与饰品上的黄色形成呼应，如下图所示。

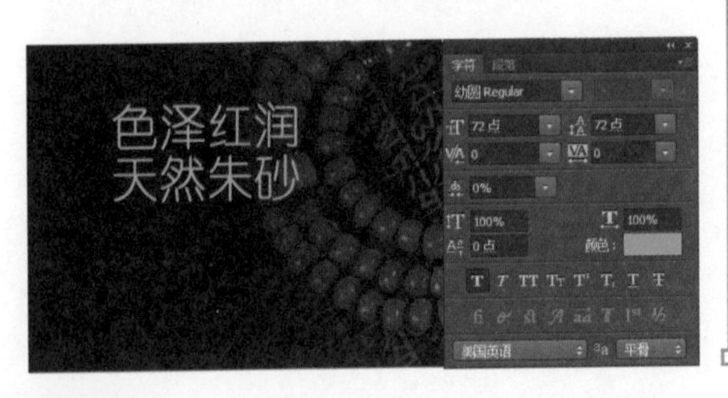

步骤 17 继续使用横排文字工具在文字旁边输入左方括号"["，中间按多个空格键，继续输入右方括号"]"，将上一步输入的文字包围起来，使其视觉效果更集中，如下图所示。

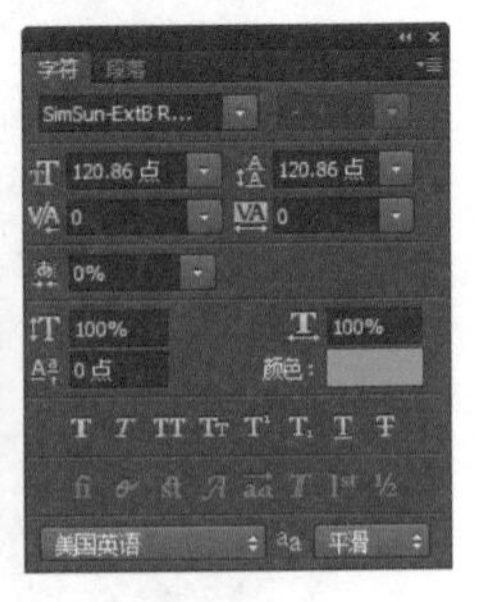

步骤 18 继续使用横排文字工具在主体文字的下方单击输入多行文字并设置文字格式，如下图所示。方法与之前相同，就不一一说明了。要注意两点：文字的颜色保持在 2 ～ 3 种即可，而且要与饰品的颜色有关联，色调上才能更加统一；文字的大小要有差异，通过大小的对比才能营造出文字的视觉冲击力。

步骤 19 接下来制作下方的浅褐色矩形上的文字。这个矩形在构想中是作为导航栏。使用横排文字工具在这个矩形上输入饰品的类别文字。将文字"水晶"的颜色更改为白色，然后在文字图层的下方新建空白图层，使用矩形选框工具在白色文字下方绘制一个矩形选区，选区高度与浅褐色矩形一致，并对选区填充红褐色（R83、G29、B29），如下图所示。这代表消费者选择这一类别时，文字颜色会变成白色，底色会变为红褐色。实际上每组类别文字的不同颜色与底色均应制作出来，限于篇幅，这里不再一一叙述，读者可以自己尝试操作一下。

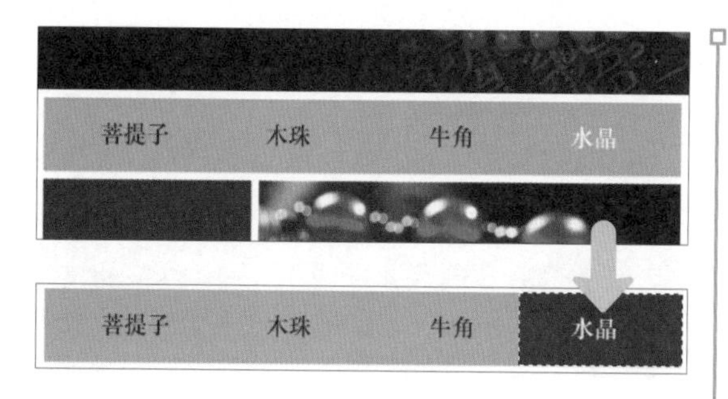

步骤20 使用直排文字工具在左下角的红褐色矩形上单击输入这一版块的标题文字并设置格式，其中“新品”的大小要比“更多新品”大得多，这同样是为了通过文字大小的对比增强文字的视觉冲击力，如下左图所示。在“新品”文字图层的下方新建空白图层，使用矩形选框工具绘制一个矩形选区并填充深褐色，丰富文字效果，如下右图所示。

步骤21 继续在下方的浅褐色矩形所在图层的上方新建一个空白图层，绘制一个矩形选区并填充深褐色，如下左图所示。使用直排文字工具在矩形中输入这一版块的标题文字“热卖”，使用横排文字工具在矩形下方输入与矩形颜色一致的文字“更多热卖”，其大小要设置得更小些，效果如下右图所示。

步骤22 在第三个版块的位置新建空白图层绘制一个矩形选区并填充深褐色，如下左图所示。使用直排文字工具在矩形中输入文字“推荐”，调整文字大小、字体等，然后在左下方的矩形中输入文字“更多推荐”并更改文字大小，效果如下右图所示。

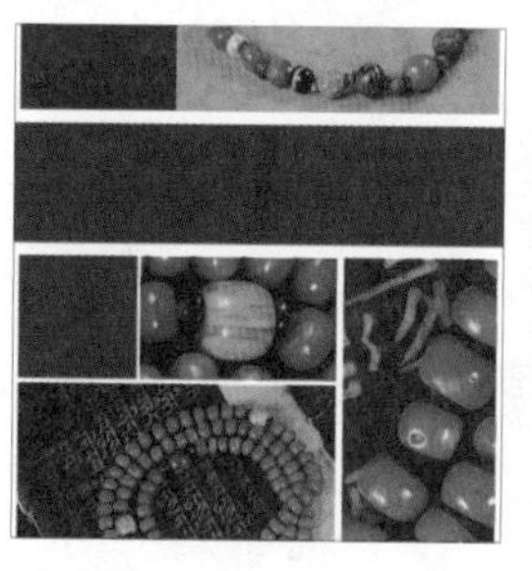

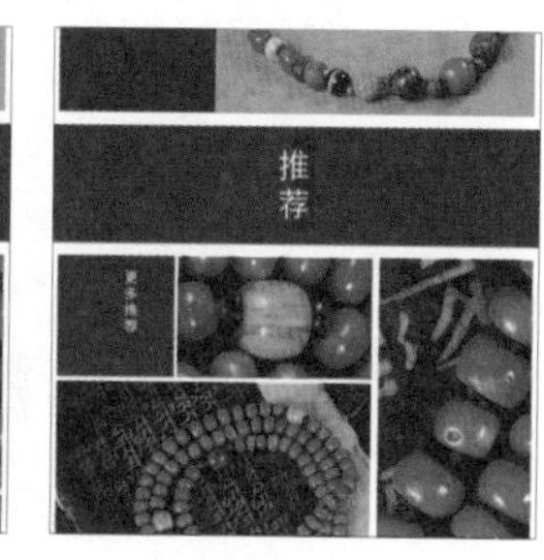

步骤23 在文字“更多推荐”上绘制一个矩形选区，如下左图所示。新建一个空白图层，然后对矩形选区执行“描边”操作，形成一个白色的线框图案。为该图层添加图层蒙版，使用黑色画笔在蒙版中对文字部分进行涂抹，隐藏文字上的线段，如下右图所示。

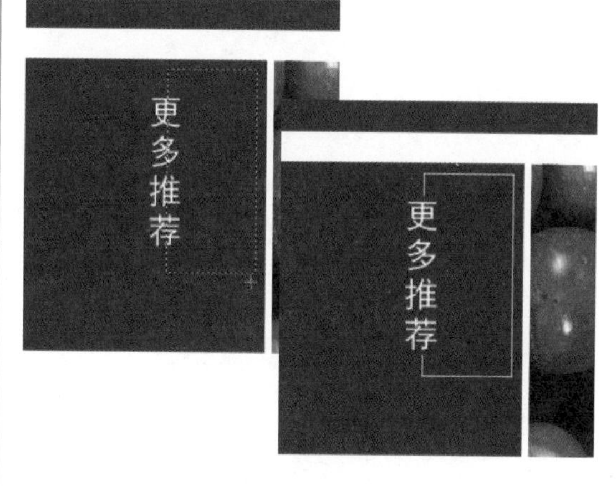

步骤24 按住空格键不放，使鼠标指针变为抓手形状，拖动画面至最下方，在浅褐色的矩形上绘制一个矩形选区并填充深褐色，如下左图所示。使用直排文字工具在深褐色矩形中输入这一版块的标题文字“折扣”，然后使用横排文字工具在下方输入文字“更多折扣”，并调整文字大小、颜色等，如下右图所示。

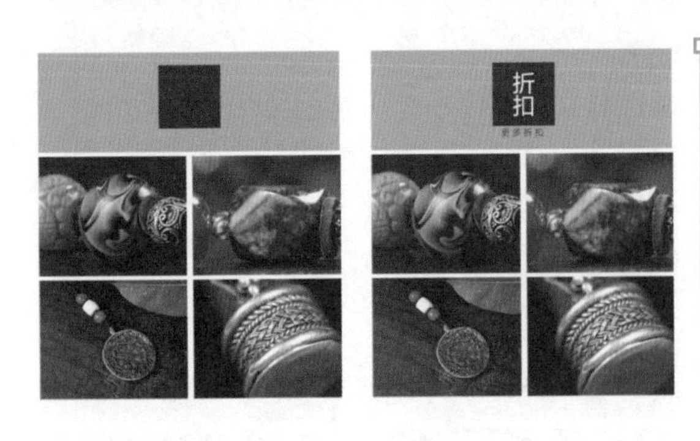

步骤25 按住空格键不放，使鼠标指针变为抓手形状，拖动画面至上方，在“新品”版块的右下角矩形中使用横排文字工具输入该版块中饰品的名称，文字颜色为白色，并调整字体、大小等，使其显示在矩形的中间，如下图所示。

步骤26 重复之前制作白色矩形线框的操作，新建一个空白图层，在饰品名称文字外绘制一个矩形选区，通过“描边”命令制作一个白色矩形线框，并结合图层蒙版和黑色画笔隐藏部分线段，如下左图所示。然后使用横排文字工具输入人民币符号与价格数字，使饰品名称与价格融为一体，更具设计感，如下右图所示。

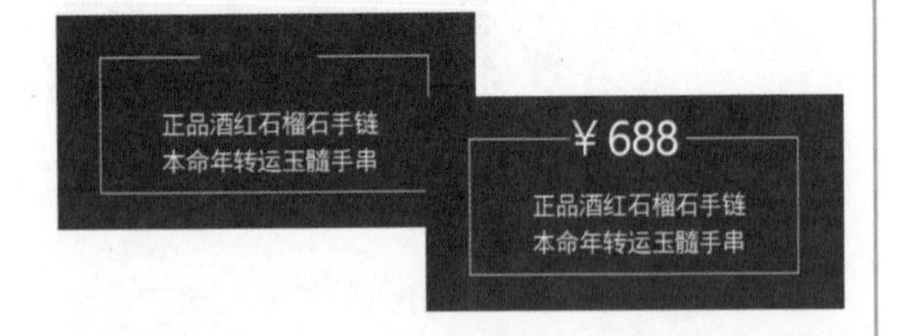

步骤27 按住空格键不放，使鼠标指针变为抓手形状，向下拖动画面，在“热卖”版块中使用直排文字工具添加饰品名称文字，如下左图所示。新建图层制作白色矩形线框，结合图层蒙版和黑色画笔隐藏部分线段，然后添加价格文字等，效果如下右图所示。

步骤28 继续在“推荐”版块中添加饰品名称、价格等，效果如下图所示。

步骤29 接下来在“折扣”版块上方添加优惠券领取按钮。用横排文字工具输入人民币符号、数字及“立即领取”的文字，然后采用之前的方法，新建图层后绘制白色矩形线框，结合图层蒙版和黑色画笔隐藏部分线段，制作出一个优惠券领取按钮，效果如下图所示。

步骤30 重复上一步的操作，继续制作出其余的优惠券领取按钮，要注意按照优惠金额由小到大的顺序排列，如下图所示。

步骤31 最后制作"折扣"版块的文字信息。新建空白图层，在画面最下方的四张图片的第一张图片底部绘制一个矩形选区并填充红褐色，取消选区后，使用横排文字工具在矩形中输入"友情价"的价格信息，数字要设置得更大一些，这样比较醒目，如下左图所示。继续在"友情价"的文字后输入原价信息，通过对比突显折扣力度。选中原价文字，在"字符"面板中将文字大小设置得小一些，并单击"删除线"按钮，在文字上添加删除线，如下右图所示。

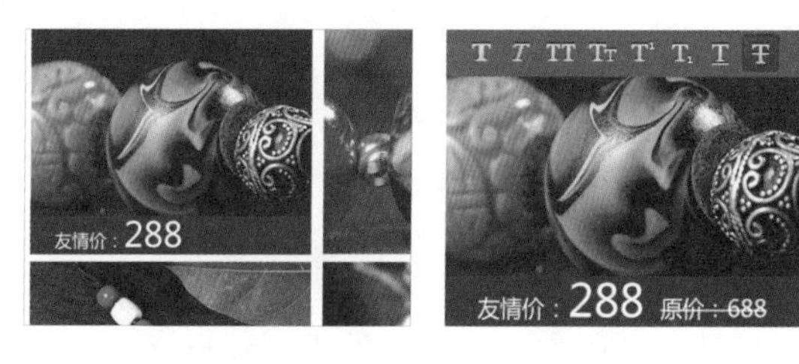

步骤32 重复前两步的操作，在其余三张图片上添加矩形图案和价格信息，如下图所示。至此，本案例就制作完成了。

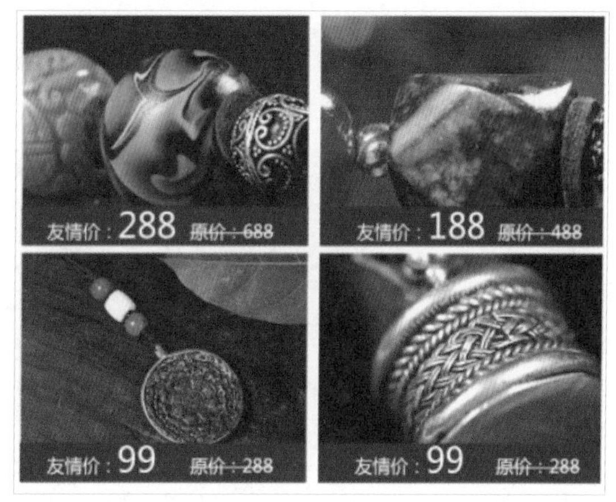

案例2　服饰店铺手机端店铺活动页面设计

初步构想

❶首先要确定店铺活动的类型。消费者在浏览店铺时，除了对"促销"比较感兴趣以外，对"上新"的关注度也较高。而商家坚持上架新商品，不仅能提高店铺的活跃度，而且更容易吸引消费者的眼球。因此，"宝贝上新"的店铺活动类型是留住消费者的不错选择。确定了活动类型后，还可以根据商品款式和上新时间等对活动进行进一步细分，以增加活动形式的丰富度。

❷在手机端，简洁而有创意的图像更能给消费者带来良好的视觉感受，所以围绕"宝贝上新"的活动类型，按照时间的先后顺序排列活动信息，同时明确每次上新的主题，可以方便消费者了解新品类型与活动内容。

灵感发散

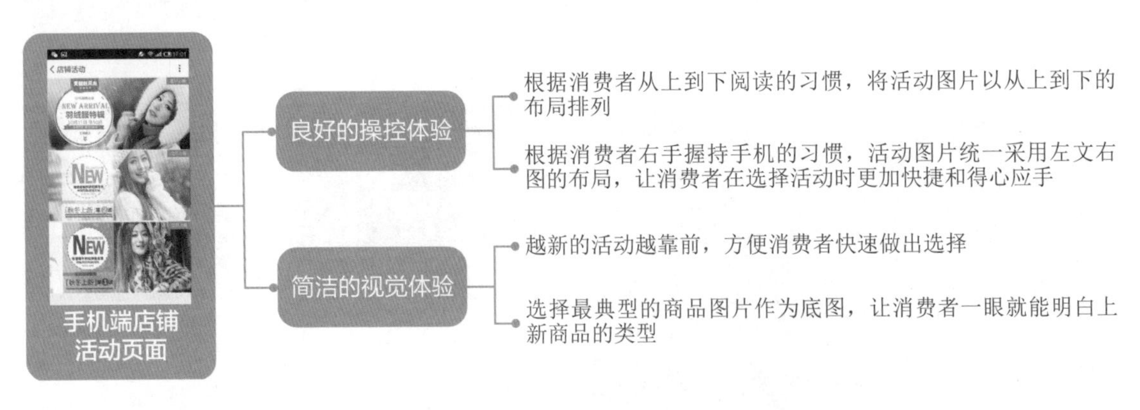

操作解析

素　材：随书资源\素材\10\12.jpg~15.jpg

源文件：随书资源\源文件\10\服饰店铺手机端店铺活动页面设计.psd

步骤01 在Photoshop中打开素材文件“12.jpg”，这是一张淘宝手机端“店铺活动”界面的截图，作为本案例的框架。为了便于管理和制作图像，先创建“秋冬上新”“秋冬上新第1波”“秋冬上新第2波”3个图层组，并选中“秋冬上新”图层组，如右图所示。

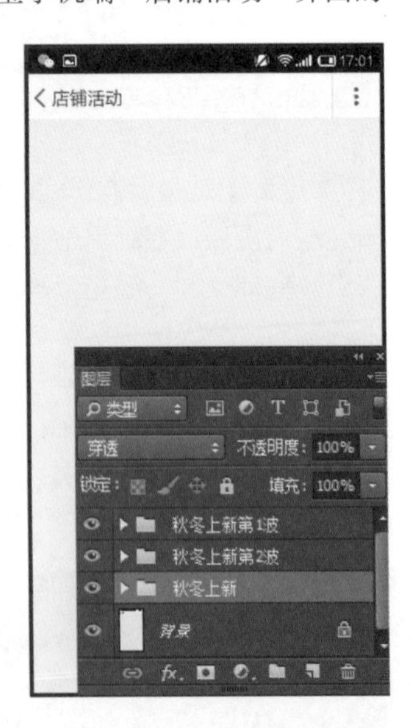

步骤02 使用矩形工具在“店铺活动”标题下方绘制一个黑色矩形，用于确定活动图片的摆放位置，如下图所示。

步骤03 打开素材文件“13.jpg”，将其中的商品图像复制到上一步绘制的黑色矩形上方，并做水平翻转。执行“图层 > 创建剪贴蒙版”菜单命令，创建剪贴蒙版，让图像只显示在矩形内部，效果如下图所示。

步骤04 接着制作文案部分。使用椭圆工具在要添加文案的位置绘制一个白色正圆形，为了避免圆形的颜色太抢眼，选中“椭圆 1”图层，将图层的“不透明度”降为79%，效果如下图所示。

步骤05 为了让画面更有层次感，将“椭圆 1”图层复制多份，然后用直接选择工具分别选中各个拷贝图层中的圆形，调整图形的颜色和不透明度，创建层叠的圆形图案，效果如下图所示。

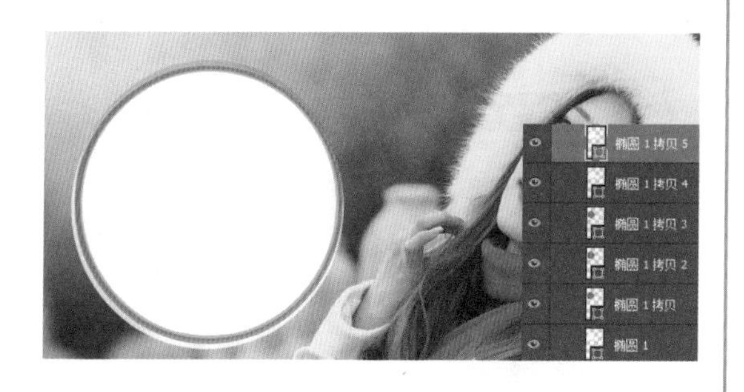

步骤06 使用横排文字工具在圆形图案中间单击输入文字“羽绒服特辑”，选中文字后在“字符”面板中设置文字属性。为了增加文字的可读性，将文字字体设置为工整的“方正兰亭粗黑”；同时为了迎合年轻女性这一目标消费群体的喜好，将文字颜色设置为粉红色（R255、G74、B172），如下图所示。

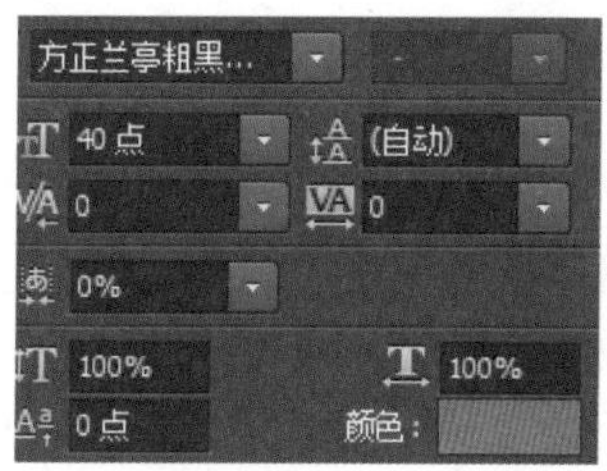

步骤07 继续使用横排文字工具在圆形图案中间和旁边输入更多的新品促销信息。输入完毕后，为了让文字的主次关系更清晰，对文字的大小、颜色做适当调整。然后使用图形绘制工具在需要着重突出的文字下方绘制装饰图形，效果如下图所示。

步骤08 添加文案后，为了营造轻松、活泼的视觉效果，可再添加一些装饰元素。新建“彩纸”图层组，用钢笔工具绘制不规则图形，如下左图所示。执行“图层 > 图层样式 > 渐变叠加”菜单命令，打开“图层样式”对话框，设置“渐变叠加”样式，为图形叠加渐变颜色，如下右图所示。

步骤 09 继续使用钢笔工具在圆形图案中间和旁边绘制更多图形，绘制后根据画面的整体效果，为部分图形也设置“渐变叠加”样式，形成如右图所示的彩纸飘洒效果，烘托活动的热闹气氛。

步骤 10 创建“宝贝上新”图层组，使用矩形工具在图像右上角绘制一个矩形并设置填充色为橙色（R255、G112、B21），使其更加醒目，如下左图所示。使用横排文字工具在矩形内部输入活动的类型文字“宝贝上新”，如下右图所示，完成第 1 个活动模块的设计。

步骤 11 接下来根据商品上新的时间，分别选择“秋冬上新第 2 波”和“秋冬上新第 1 波”图层组，用矩形工具在图层组中绘制白色矩形，确定商品图像的位置，如下左图所示。然后分别将素材文件“14.jpg”和“15.jpg”添加到矩形上方，并创建剪贴蒙版，把超出白色矩形范围的图像隐藏起来，如下右图所示。

步骤 12 使用矩形工具在中间的模块左侧绘制一个白色矩形，为让矩形与背景自然地融合在一起，将矩形所在图层的“不透明度”降至70%，效果如下图所示。

步骤 13 使用横排文字工具在矩形上输入新品促销信息，选中文字后在“字符”面板中更改文字的颜色和大小，使文字的主次关系更明朗。为了让画面更有设计感，用矩形工具和椭圆工具绘制简单的装饰图形。复制“秋冬上新”图层组中的“宝贝上新”图层组，将它移到“秋冬上新第 2 波”图层组下，统一画面效果，如下图所示。

步骤 14 最后使用相同的方法在第 3 个活动模块中添加文案信息，如下图所示。至此，本案例就制作完成了。